全国水利行业“十三五”规划教材（职业技术教育）
高等职业教育新形态一体化教材

土工技术与应用

主　编　张　茹　何向红
副主编　刘述丽　苏巧荣　仇文俊
毕小兵　张　信
主　审　王启亮

中国水利水电出版社
www.waterpub.com.cn
·北京·

内 容 提 要

本教材是“行水云课”数字教材，全书共分为7个学习项目：土的性质分类与地质勘察、土体渗流与防治、土体压缩与沉降、土体稳定分析、挡土结构工程、地基处理技术及土工技术应用拓展，每个学习项目中有情景提示、教学目标和内容导读，后附思考与练习。各学习项目下设学习任务，均包含基础知识学习和教学实训两部分内容。教材还配套了大量的课件、动画、视频、案例、试题等数字化教学资源，在教材关联处特别标记，可供检索阅览。

本教材可作为高职水建、水工类专业以及建工、道桥等专业的教材，还可作为土建工程技术人员的培训和参考用书。

图书在版编目（CIP）数据

土工技术与应用 / 张茹，何向红主编. -- 北京 : 中国水利水电出版社，2020.5
全国水利行业“十三五”规划教材. 职业技术教育 高等职业教育新形态一体化教材
ISBN 978-7-5170-8107-4

Ⅰ. ①土… Ⅱ. ①张… ②何… Ⅲ. ①土工学—高等职业教育—教材 Ⅳ. ①TU4

中国版本图书馆CIP数据核字(2020)第084856号

书　　名	全国水利行业“十三五”规划教材（职业技术教育） 高等职业教育新形态一体化教材 **土工技术与应用** TUGONG JISHU YU YINGYONG
作　　者	主　编　张　茹　何向红 副主编　刘述丽　苏巧荣　仇文俊　毕小兵　张　信 主　审　王启亮
出版发行	中国水利水电出版社 （北京市海淀区玉渊潭南路1号D座　100038） 网址：www.waterpub.com.cn E-mail：sales@waterpub.com.cn 电话：(010) 68367658（营销中心）
经　　售	北京科水图书销售中心（零售） 电话：(010) 88383994、63202643、68545874 全国各地新华书店和相关出版物销售网点
排　　版	中国水利水电出版社微机排版中心
印　　刷	清淞永业（天津）印刷有限公司
规　　格	184mm×260mm　16开本　16印张　369千字
版　　次	2020年5月第1版　2020年5月第1次印刷
印　　数	0001—2000册
定　　价	**49.00**元

前言

本教材以工程过程为导向，依据现行有关标准规范，按照学习项目和任务编排内容，每个学习项目均包含基础知识和实训两大模块，理论联系实际，强化技能提升，注重专业知识的实用性和对实践技能的培养，语言简明、重点突出，还配套了大量的课件、动画、视频、案例、试题等数字化教学资源，与纸质教材一体化设计，在教材内容关联处特别标记，可供检索阅览，形式新颖，内容丰富，有利于推行课程教学改革，提高专业人才培养质量。

参与本教材编写的人员及分工为：山西水利职业技术学院张茹（第一主编，学习项目7），长江工程职业技术学院何向红（第二主编，学习项目2），浙江同济科技职业学院刘述丽（副主编，学习项目6），黄河水利职业技术学院苏巧荣（副主编，学习项目1），山西水利职业技术学院仇文俊（副主编，学习项目3），山西水利职业技术学院毕小兵（副主编，学习项目4），长江工程职业技术学院张信（副主编，学习项目5），中金（西安）工程检测有限公司崔凯（参编，学习项目4），山西省运城市水务局宋孝斌（参编，学习项目7），全书由山西水利职业技术学院王启亮教授主审。

由于编者水平有限，时间仓促，书中难免出现疏漏和不妥之处，敬请使用者批评指正。

编者

2019年1月

“行水云课”数字教材使用说明

“行水云课”水利职业教育服务平台是中国水利水电出版社立足水电、整合行业优质资源全力打造的“内容”＋“平台”的一体化数字教学产品。平台包含高等教育、职业教育、职工教育、专题培训、行水讲堂五大版块，旨在提供一套与传统教学紧密衔接、可扩展、智能化的学习教育解决方案。

本套教材是整合传统纸质教材内容和富媒体数字资源的新型教材，将大量图片、音频、视频、3D动画等教学素材与纸质教材内容相结合，用以辅助教学。读者可通过扫描纸质教材二维码查看与纸质内容相对应的知识点多媒体资源，完整数字教材及其配套数字资源可通过移动终端APP、“行水云课”微信公众号或中国水利水电出版社“行水云课”平台查看。

内页二维码具体标识如下：

- Ⓕ为平面动画
- ▶为微课
- 3D为三维动画
- Ⓣ为试题
- PPT为课件
- Ⓟ为图片
- ▤为案例

多媒体知识点索引

续表

续表

续表

续表

续表

续表

续表

目　　录

学习项目1　土的性质分类与地质勘察

1.1
工程地质勘察导读

【情景提示】

美国加利福尼亚州1926年建成了高约70m的圣•佛朗西斯混凝土坝，两年后却发生垮坝事故。事后勘察查明，坝基一部分位于倾向河谷的片岩上，另一部分位于黏土充填的砾岩上，砾岩含有石膏脉，水库蓄水后砾岩中的胶结物遇水崩解，渗透水流将其淘蚀冲刷，从而引起大坝失事。由此可见，工程地质条件直接影响着建筑物的安全，在设计之前，必须通过各种勘察手段和测试方法进行工程地质勘察，了解岩土的基本性质，为设计和施工提供可靠的资料。

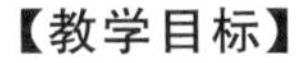
【教学目标】

1. 理解土的三相组成。
2. 理解土的粒组划分及颗粒分析。
3. 掌握土的基本物理性质指标的概念及测定方法，掌握土的其他物理性质指标的换算方法。
4. 掌握土的物理状态指标的测定及应用。
5. 掌握土的工程分类及鉴别方法。
6. 熟悉工程地质勘察基本方法。

【内容导读】

1. 重点介绍土的形成和土的组成，并辅以颗分试验指导。
2. 重点介绍土的物理性质指标，并辅以物理性质指标试验指导。
3. 重点介绍土的物理状态指标，并辅以物理状态指标试验指导。
4. 重点介绍土的工程分类和野外鉴别方法。
5. 介绍工程地质勘察方法，并辅以工程地质勘察报告案例阅读。

1.2
土的组成与基本性质

学习任务1.1　土的组成与基本性质

1.1.1　基础知识学习

1.3
土的形成

土是连续、坚硬的岩石在风化作用下形成的大小悬殊的颗粒，在原地残留或经过不同的搬运方式，在各种自然环境中形成的堆积物。由于形成年代和自然条件的不同，各种土的工程物理力学性质有很大差异。

1.1.1.1　土的形成

地壳表层的岩石，在太阳辐射热、大气、水和生物活动等因素作用和影响下，发生物理的和化学的变化，致使岩体崩解、剥落、破碎乃至逐渐分解的作用，称为风化作用。风化作用使坚硬致密的岩石松散破碎，改变了岩石原有的矿物组成和化学成分，使岩石的强度大大降低、变形增加，直接影响建筑物的安全稳定。

1. 风化作用的类型

根据风化作用的性质及其影响因素，岩石的风化作用可分为物理风化、化学风化及生物风化等三种类型。

（1）物理风化作用。地表或接近地表处，由于岩石释重和温度变化，使岩石、矿物在原地发生机械破碎而不改变其化学成分的过程称为物理风化作用。物理风化的结果是使岩石整体逐渐崩解破碎，形成岩屑、砂粒等碎屑物，除一部分受重力作用沿陡坡滚落，堆积于坡脚外，大部分残留于原地覆盖在基岩之上。除了岩石释重和温度变化使岩石发生物理风化外，岩石裂隙中水的冻结与融化、盐类的结晶、潮解与层裂等也能促使岩石发生物理风化作用。

1.4 物理风化作用

物理风化的结果，是岩石的整体性遭到破坏，随着风化程度的增加，逐渐成为岩石碎屑和松散的矿物颗粒。由于碎屑逐渐变细，使热力方面的矛盾逐渐缓和，因而物理风化随之相对削弱。但随着碎屑与大气、水、生物等外营力接触的自由表面不断增大，风化作用的性质发生了相应转化，在一定的条件下，化学作用将在风化过程中起主要作用。

（2）化学风化作用。在地表或接近地表条件下，岩石、矿物在原地发生化学变化并产生新矿物的过程称为化学风化作用。水和氧是引起化学风化作用的主要因素。自然界的水，不论是大气水、地表水或地下水，都溶解有多种气体（如 O_2、CO_2 等）和化合物（如酸、碱、盐等），因此自然界的水都是水溶液。溶液可通过溶解、水化、水解、碳酸化等方式促使岩石发生化学风化作用。化学风化作用破坏了原有矿物、岩石，产生了新的矿物、岩石。

1.5 化学风化作用

化学风化使岩石中的裂隙加大，孔隙增多，破坏了原来岩石的结构和成分，使岩层变成松散的土层。

（3）生物风化作用。岩石在动、植物及微生物影响下发生的破坏作用称为生物风化作用。表现为生物的生命活动过程和尸体腐烂分解过程对岩石的破坏作用。

1.6 生物风化作用

生物风化作用有生物物理风化作用和生物化学风化作用两种形式。

生物物理风化作用是生物的活动对岩石产生机械破坏的作用。例如，生长在岩石裂隙中的植物，其根部生长像楔子一样撑裂岩石，不断地使岩石裂隙扩大、加深，使岩石破碎，这种作用又称为根劈作用。穴居动物蚂蚁、蚯蚓等钻洞挖土，可不停地对岩石产生机械破坏，也使岩石破碎，土粒变细。

生物化学风化作用是生物的新陈代谢及死亡后遗体腐烂分解而产生的物质与岩石发生化学反应，促使岩石破坏的作用。例如，植物和细菌在新陈代谢过程中，通过分泌有机酸、碳酸、硝酸和氢氧化铵等溶液腐蚀岩石；动、植物遗体腐烂可分解出有机酸和气体（CO_2、H_2S）等，溶于水后可对岩石产生腐蚀破坏；遗体在还原环境中，可形成含钾盐、磷盐、氮的化合物和各种碳水化合物的腐殖质。腐殖质的存在可促进岩石物质的分解，对岩石起强烈的破坏作用。

矿物、岩石经过物理、化学风化作用后，再经过生物的化学风化作用，就不再是单纯的无机组成的松散物质，因为它还具有植物生长必不可少的腐殖质。这种具有腐殖质、矿物质、水和空气的松散物质称为土壤。不同地区的土壤具有不同的结构及物理、化学性质，据此全世界可以划分出许多土壤类型，而每一种土壤类型都是在其特有的气候条件下形成的。例如，在热带气候下，强烈的化学风化和生物风化作用，使易溶性物质淋失殆尽，形成富含铁、铝的红土壤。

2. 土的成因类型

经风化作用形成的未经胶结硬化的沉积物，也就是通常我们所说的“土”。不同成因类型的土，具有不同的分布规律和工程特征。

(1) 残积土（Q^{el}）。岩石已达到完全风化而未经搬运的碎屑物称为残积土。其分布主要受地形的控制，在宽广的分水岭上，雨水径流速度小，风化产物易于保留，残积土就比较厚。在平缓的山坡上也常有残积土覆盖。

在不同的气候条件、不同的原岩，产生不同矿物成分、不同物理力学性质的残积土。

残积土与基岩之间没有明显的界线，残积土有时与强风化岩很难区分，其矿物成分很大程度上与下卧基岩一致，如砂岩风化剥蚀后生成的残积土多为砂土。山区的残积土因原始地形变化很大且岩层风化程度不一，所以其厚度在小范围内可能变化极大。残积土没有层理构造，均质性很差，因而土的物理力学性质很不一致，同时多为棱角状的粗颗粒土，其孔隙率较大，作为建筑物地基容易引起不均匀沉降。

(2) 坡积土（Q^{dl}）。雨水降落到地面或积雪融化时，形成无数的网状坡面细流，从高处向低处缓慢流动，时而冲刷，时而沉积，不断使坡面的风化碎屑沿斜坡向下移动，最后在坡脚处沉积形成坡积土。

坡积土具有以下特征：

1) 厚度变化大，中下部较厚，向山坡上部和远离山脚方向均逐渐变薄尖灭。

2) 多由碎石和黏性土组成，成分与下覆基岩无关，与山坡上部基岩一致。

3) 层理不明显，碎石棱角明显。

4) 松散、富水，作为建筑物地基强度很低，且易沿与基岩接触面滑动。

(3) 洪积土（Q^{pl}）。由暴雨或大量积雪融水骤然集聚而成的暂时性山洪急流，具有很大的剥蚀和搬运能力，洪流出沟谷口后，由于流速骤减，被搬运的粗碎屑物质（如块石、砾石、粗砂等）大量堆积下来而形成的堆积物称为洪积土。

洪积土的组成物质由于搬运距离不长，一般分选不良。由于多次洪水规模不同，洪积土一般具有不规则的交错层理、透镜体、尖灭及夹层。

洪积土具有以下特征：

1) 靠近山坡沟口的粗碎屑沉积地段：孔隙大、透水性强、地下水埋藏深、压缩性小、承载力较高，是良好的天然地基。

2) 外围的细碎屑沉积地段：结构密实，承载力也较高。

3) 中间过渡段：有地下水溢出，对工程建筑不利。

(4) 冲积土（Q^{al}）。冲积土是河流流水的地质作用将两岸基岩及其上游覆盖的坡

冲积土

积、洪积土剥蚀后，搬运、沉积在河流坡降平缓地带形成的沉积物。冲积土分布广泛，粗粒的碎石土、卵石、砂土，承载力较高，是良好的天然地基，但如果作为水工建筑物的地基，其透水性好会引起严重的坝下渗漏；而对于压缩性高、承载力较低的黏土，一般需要进行地基处理。工程中应特别注意两种不良冲积土——软弱冲积层（如牛轭湖相沉积物）和淤泥及流砂（如松散的粉细砂层）。

冲积土具有以下特征：

1）呈现明显的层理构造。

2）具有明显的分选性。随着从上游到下游河水动力的不断减弱，搬运物质从粗到细逐渐沉积下来，一般在河流的上游及出山口地段沉积较粗粒的碎石土、砂土，在中游丘陵地带沉积中粗粒的砂土和粉土，在下游平原及三角洲地带，沉积最细的黏土。

3）具有良好的磨圆度。搬运作用显著，碎屑物质由带棱角颗粒（块石、碎石及角砾）经滚磨、碰撞逐渐形成亚圆形或圆形颗粒（漂石、卵石、圆砾）。

（5）风积物（Q^{eol}）。风积物是由风作为搬运动力，将碎屑物由风力强的地方搬运到风力弱的地方沉积下来的土。风积土主要由砂粒和更细的粉粒组成。风成砂的分选性较好，砂粒均匀，圆度和球度较高，表面常有一些相互撞击而形成的麻坑，常堆积成沙丘和沙垅等地形，砂层常形成高角度的斜交层理，厚度从数米到近百米。我国的黄土也是典型的风积土，主要分布在沙漠边缘的干旱与半干旱气候带。风积黄土的结构疏松，含水量小，浸水后具有湿陷性。

风积物具有以下特点：

1）碎屑性风积物主要是砂、粉砂及少量黏土级的碎屑物，其粒径范围在2mm以下。

2）碎屑物分选性好，其分选性甚至较冲积物更高，这是由风力搬运高度选择性所决定的。

3）碎屑颗粒磨圆度较好，即使是很细的粉砂（主要成分是石英）。

4）碎屑中存在较多的铁镁质及其他不稳定矿物，如辉石、角闪石、黑云母、方解石等，这些性质不稳定的矿物在由水力搬运的沉积物中较少存在。

5）具有规模极大的交错层理，其形成是风积物整体大规模移动的结果。

6）颜色多样，但是以红色和黄色为主，而绿色、黑色、白色很少。

冰碛物

（6）其他沉积物。除了上述五种主要成因类型的沉积物（残积土、坡积土、洪积土、冲积土和风积物）外，还有海洋沉积物（Q^{m}）、湖泊沉积物（Q^{l}）及冰川沉积物（Q^{gl}）等，它们分别由海洋、湖泊及冰川等的地质作用形成的。

海洋沉积物（Q^{m}）：海洋沉积物是指以海水为介质由海洋沉积作用所形成的海底沉积物。其中，滨海沉积物主要由卵石、圆砾和砂等组成，具有基本水平或缓倾的层理构造，其承载力较高，但透水性较大；浅海沉积物主要由细粒砂土、黏性土、淤泥和生物化学沉积物（硅质和石灰质）组成，有层理构造，较滨海沉积物疏松、含水量高、压缩性大而强度低；陆坡和深海沉积物主要是有机质软泥，成分均一。

湖泊沉积物（Q^{l}）：湖泊沉积物是指湖泊中沉积的物质。其中，在河流入湖口处，由砂、砾石堆积而形成以砂内含重矿物、粗贝壳屑与细粒为主的三角洲；在湖滨，由于波浪冲刷湖滨岩石，形成以砂砾为主的砂坝、砂堤和砂嘴；湖湾静水处沉积为淤泥，湖中心沉积为黑色淤泥和黏土。

冰川沉积物（Q^{gl}）：冰川沉积物是指冰川在运动中气温升高，由冰川融化运输而形成的沉积物，其特点是碎屑分选性差、磨圆度差，泥和角砾混杂，碎屑表面可能有冰川擦痕。

1.1.1.2　土的组成

天然状态下，土一般由固体、液体和气体三部分组成，这三部分通常称为土的三相组成（图 1.1.1）。其中固相即土颗粒，它构成土的骨架，土骨架之间有许多孔隙，孔隙由水和气体所填充；水和溶解于水的物质构成土的液相；空气及其他一些气体构成土的气相。若土中孔隙全部由气体所填充时，称为干土；若孔隙全部由水所充填时，称为饱和土；若孔隙中同时存在水和气体时，称为湿土。湿土为三相系，饱和土和干土都是二相系。

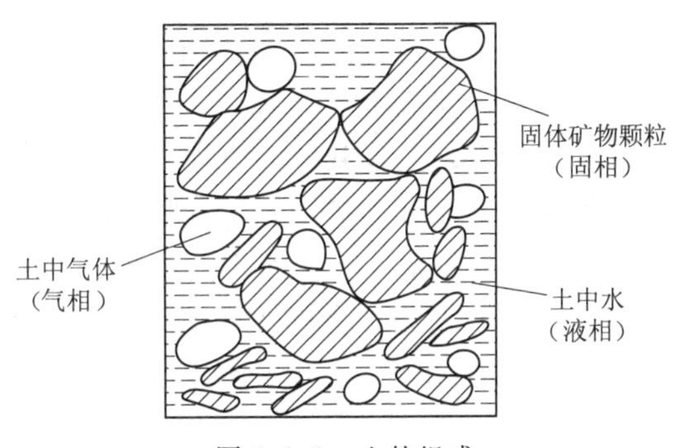

图 1.1.1　土的组成

这三相物质本身的特征以及它们之间的相互作用，对土的物理力学性质影响很大，下面将分别介绍三相物质的属性及其对土的物理力学性质的影响。

1. 土的固相

土的固相是土中最主要的组成部分，它由各种矿物成分组成，有时还包括土中所含的有机质。土粒的矿物成分、形状、粗细均不同，土的性质也不同。

（1）土的矿物成分。土的矿物成分取决于成土母岩的成分以及所经受的风化作用。按所经受的风化作用不同，土的矿物成分可分为原生矿物和次生矿物两大类。

岩石经物理风化作用后破碎形成的矿物颗粒，称为原生矿物。原生矿物在风化过程中，其化学成分并没有发生变化，它与母岩的矿物成分是相同的。常见的原生矿物有石英、长石和云母等。石英和长石多呈粒状，是砾石和砂的主要矿物成分，性质较稳定，强度很高。云母呈薄片状，强度较低，压缩性大，在外力作用下易变形。含云母较多的土，作建筑物的地基时，沉降量较大，承载力较低；作筑坝土料时不易压实。

岩石经化学风化作用所形成的矿物颗粒，称为次生矿物。次生矿物的矿物成分与母岩不同。常见的次生矿物有高岭石、伊利石（水云母）和蒙脱石（微晶高岭石）等三大黏土矿物。另外，还有一类易溶于水的次生矿物，称为水溶盐。

黏土矿物的颗粒很细，都小于 0.005mm，多是片状（或针状）的晶体，颗粒的比表面积（即单位体积或单位质量的颗粒表面积的总和）大，亲水性（指黏土颗粒表面与水相互作用的能力）强。黏土矿物的亲水性使黏性土具有黏聚性、可塑性、膨胀性、收缩性及透水性小等一系列特性。

黏性土中的水溶盐通常是由土中的水溶液蒸发后沉淀充填在土孔隙中的，它构成了土粒间不稳定的胶结物质。如黏性土中含有水溶盐类矿物，遇水溶解后会被渗透水流带走，导致地基或土坝坝体产生集中渗流，引起不均匀沉降及强度降低。因此，通常规定筑坝土料的水溶盐含量不得超过8%。如果水工建筑物地基土的水溶盐含量较大，必须采取适当的防渗措施，以防水溶盐流失对建筑物造成危害。

有时土中还会含有有机质成分，土中的有机质是在土的形成过程中动、植物的残骸及其分解物质与土混掺沉积在一起经生物化学作用生成的物质，其成分比较复杂，主要是植物残骸、未完全分解的泥炭和完全分解的腐殖质。当有机质含量小于5%时，称为无机土；当有机质含量为5%～10%时，称为有机质土；当有机质含量超过10%时，则称为泥炭质土；若有机质含量超过60%时，则称为泥炭，泥炭是在潮湿和缺氧环境中由未充分分解的植物遗体堆积而成的一种土。有机土一般呈深褐色或黑色，含水率高，具有臭味，亲水性很强，压缩性很大且不均匀，强度低，有机土不能作为堤坝工程的填筑土料，否则会影响工程的质量。

(2) 粒组的划分。自然界的土，颗粒大小变化很大，相差极为悬殊。大的土颗粒可大至数百毫米以上，小土颗粒可小至千分之几甚至万分之几毫米。土颗粒的大小称为“粒径”(grain size)，又称“粒度”或者“直径”。土的粒径与土的性质之间有一定的对应关系。工程中把粒径大小接近且工程性质相近的土划分为一组称为粒组。把土在性质上表现出有明显差异的粒径作为划分粒组的分界粒径。国内外规程规范对于土的粒组划分等级基本一致，即漂石、卵石、砾石、砂粒、粉粒和黏粒，但不同粒组所采用分界粒径有所差异，见表1.1.1。不同粒组的土，其矿物成分不同，性质也差别很大。

不同粒组组图

表1.1.1　土的粒组划分

粒组统称	《土工试验规程》(SL 237—1999) 《公路土工试验规程》(JTG E40—2007)			《建筑地基基础设计规范》(GB 50007—2011) 《岩土工程勘察规范》(GB 50021—2009)	
	粒组划分		粒组范围/mm	粒组划分	粒组范围/mm
巨粒组	漂石（块石）组		>200	漂石（块石）组	>200
	卵石（碎石）组		200～60	卵石（碎石）	200～20
粗粒组	砾粒	粗砾	60～20	粗砾	20～10
		中砾	20～5	中砾	10～5
		细砾	5～2	细砾	5～2
	砂粒	粗砂	2～0.5	粗砂	2～0.5
		中砂	0.5～0.25	中砂	0.5～0.25
		细砂	0.25～0.075	细砂	0.25～0.075
细粒组	粉粒		0.075～0.005	粉粒	0.075～0.005
	黏粒		<0.005	黏粒	<0.005

（3）颗粒级配。土中各粒组的相对含量用各粒组占土粒总质量的百分数表示，称为土的颗粒级配。土的粒组颗粒级配是通过颗粒大小分析试验来测定的。

颗粒大小分析试验简称颗分试验，试验方法有筛析法（适用于粒径大于0.075mm的粗粒土）和密度计法（适用于粒径小于0.075mm的细粒土）。

【例 1.1.1】　某地基土粒径不大于20mm，取1000g风干散粒土样进行筛析试验，试验结果列于表1.1.2中，试分析各粒组含量。

表 1.1.2　　　　[例 1.1.1] 筛析试验结果

筛孔径/mm	10.0	5.0	2.0	1.0	0.5	0.25	0.1	0.075	底盘
留筛质量/g	150	120	100	140	150	140	100	50	50

【解】　砾粒组粒径为2～20mm，包括留在10mm、5mm、2mm筛中的土之总和，则该粒组总的质量为150＋120＋100＝370(g)，占土样百分比为370/1000＝37％。

砂粒组粒径为0.075～2mm，又细分为粗砂、中砂、细砂。粗砂（0.5mm$<d\leqslant$2mm）包括留在1mm、0.5mm筛中的土之总和，则该粒组总的质量为140＋150＝290（g），占土样百分比为290/1000＝29％；中砂（0.25mm$<d\leqslant$0.5mm）为留在0.25mm筛中的土，则该粒组质量为140g，占土样百分比为140/1000＝14％；细砂（0.075mm$<d\leqslant$0.25mm）包括留在0.1mm、0.075mm筛中的土之总和，则该粒组总的质量为100＋50＝150(g)，占土样百分比为150/1000＝15％。

细粒组粒径小于0.075mm，为留在底盘中的土，则该粒组质量为50g，占土样百分比为50/1000＝5％。

计算结果填于表1.1.3中。

表 1.1.3　　　　[例 1.1.1] 筛析试验计算结果

筛孔径/mm	10.0	5.0	2.0	1.0	0.5	0.25	0.1	0.075	底盘
留筛质量/g	150	120	100	140	150	140	100	50	50
粒组名称	砾粒组			粗砂		中砂	细砂		细粒土
粒径的范围/mm	$d>2.0$			$2.0\geqslant d>0.5$		$0.5\geqslant d>0.25$	$0.25\geqslant d>0.075$		$d\leqslant 0.075$
各粒组土的百分含量/%	37			29		14	15		5

土颗粒大小分析试验的成果，通常在半对数坐标系中点绘成一条曲线，称为土的颗粒大小分布曲线，也称土的颗粒级配曲线，如图1.1.2所示，图中曲线的纵坐标为小于某粒径土的质量百分数，横坐标为用对数表示的土粒粒径。因为土中的粒径通常相差悬殊，横坐标用对数尺度可以把细粒部分的粒径间距放大，而将粗粒部分的间距缩小，把粒径相差悬殊的粗、细粒的含量都表示出来，尤其能把占总质量小、但对土的性质影响较大的微小土粒部分的含量清楚地表示出来。

由于粒径相近的颗粒所组成的土，具有某些共同的成分和特性，所以常根据颗粒级配曲线计算各粒组的百分比含量，评价土的级配是否良好，并作为对土进行工程分类的依据。

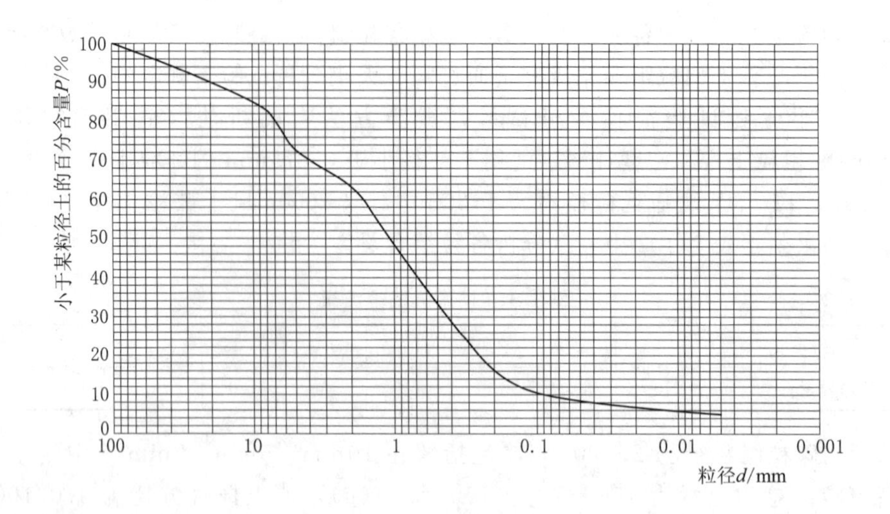

图 1.1.2 土的颗粒级配曲线

在颗粒级配曲线上，可根据土粒的分布情况定性地判别土的均匀程度或级配情况。如果曲线的坡度是渐变的，则表示土的颗粒大小分布是连续的，称为连续级配；如果曲线形状平缓（如图 1.1.3 中 A），土粒大小变化范围大，表示土粒大小不均匀，土的级配良好，该土粗细颗粒搭配较好，粗颗粒间的孔隙有细颗粒填充，易被压实到较高的密度，因而渗透性和压缩性较小，强度较大。如果曲线形状较陡（如图 1.1.3 中 B），土粒大小变化范围窄，表示土粒均匀，土的颗粒级配不良。如果曲线中出现水平段，则表示土中缺乏某些粒径的土粒，这样的级配称为不连续级配（如图 1.1.3 中 C），粒径为 0.01～2mm，曲线接近水平，说明该土缺乏这部分粒径的土粒，所以颗粒大小分布是不连续的。所以颗粒级配常作为选择筑建筑填土料的依据。为了判断土的颗粒级配是否良好，常用不均匀系数 C_u 和曲率系数 C_c 两个判别指标。

颗粒级配曲线例图

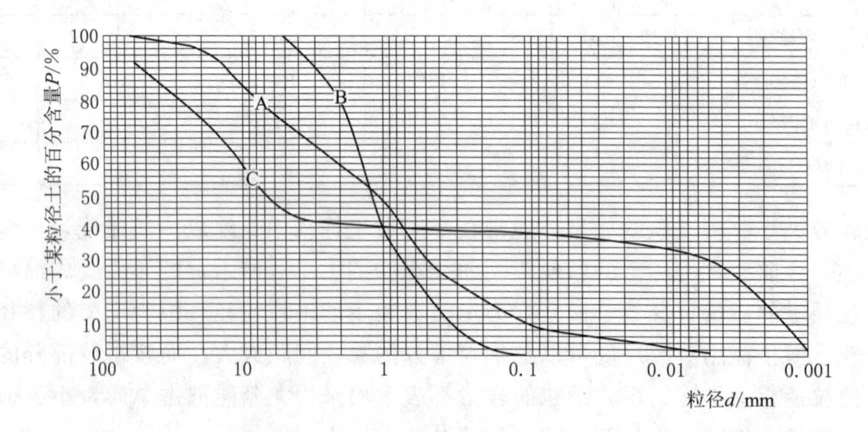

图 1.1.3 土的颗粒级配曲线对比

$$C_u = \frac{d_{60}}{d_{10}} \tag{1.1.1}$$

$$C_c=\frac{d_{30}^2}{d_{60}d_{10}} \tag{1.1.2}$$

式中　d_{60}、d_{30}、d_{10}——颗粒级配曲线上纵坐标为60%、30%、10%时所对应的粒径，d_{10}称为有效粒径，d_{60}称为限制粒径。

不均匀系数C_u是反映级配曲线坡度和颗粒大小不均匀程度的指标。C_u值越大，表示颗粒级配曲线的坡度就越平缓，土粒粒径的变化范围越大，土粒就越不均匀，土的级配越良好；反之，C_u值越小，表示曲线的坡度就越陡。土粒粒径的变化范围越小，土粒也就越均匀，工程上常将$C_u<5$的土称为均匀土，把$C_u\geqslant 5$的土称为不均匀土。

曲率系数C_c是反映d_{60}与d_{10}之间曲线主段弯曲形状的指标，一般C_c值为1～3时，表明颗粒级配曲线主段的弯曲适中，土粒大小的连续性较好；C_c值小于1或大于3时，颗粒级配曲线都有明显弯曲而呈阶梯状。《土工试验规程》(SL 237—1999)和《公路土工试验规程》(JTG E40—2007)中均规定：级配良好的土必须同时满足两个条件，即$C_u\geqslant 5$和$C_c=1\sim 3$；如不能同时满足这两个条件，则为级配不良的土。

【例1.1.2】 试确定［例1.1.1］中土的级配情况。

【解】 根据该土试验结果，计算小于某粒径土的百分含量，填于表1.1.4中。

表1.1.4　　［例1.1.2］筛析试验结果

筛孔径/mm	10.0	5.0	2.0	1.0	0.5	0.25	0.1	0.075	底盘
留筛质量/g	150	120	100	140	150	140	100	50	50
小于该孔径的百分含量/%	85	73	63	49	34	20	10	5	

绘制颗粒级配曲线如图1.1.4所示。

由图1.1.4查出$d_{60}=1.8\text{mm}$，$d_{30}=0.4\text{mm}$，$d_{10}=0.1\text{mm}$。则

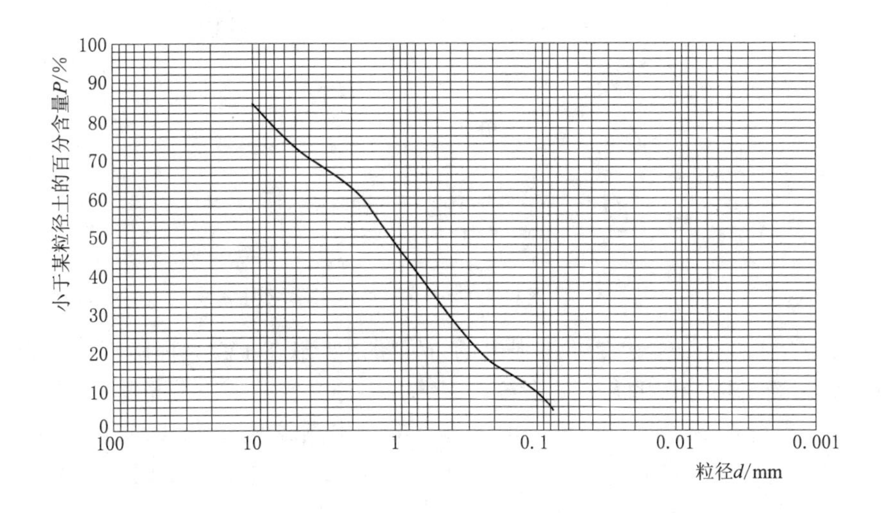

图1.1.4　［例1.1.2］图

$$C_u=\frac{d_{60}}{d_{10}}=\frac{1.8}{0.1}=18>5$$

表明土是不均匀的；

$$C_c=\frac{d_{30}^2}{d_{60}d_{10}}=\frac{0.4^2}{1.8\times0.1}=0.89\notin[1,3]$$

表明土是不连续的；

所以该土级配是不良好的。

图1.1.3中A、B、C三种土的级配情况请同学们课下练习。

2. 土的液相

土中液相成分以土中的水为主。土中的水按存在状态不同分为固态、液态、气态三种形式，其中液态水对土的性能影响较大，液态水又可分为结合水和自由水，如图1.1.5所示。

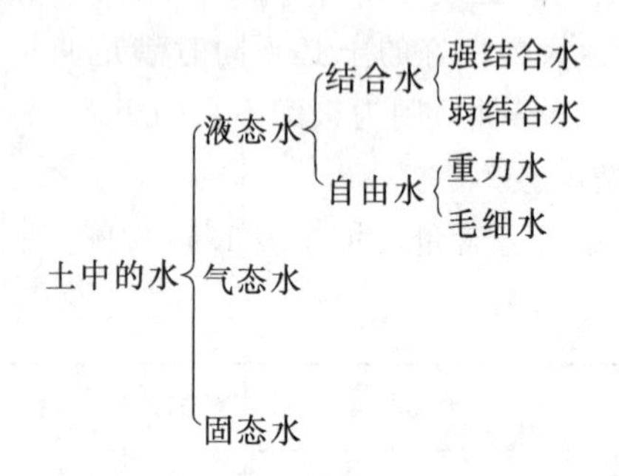

图1.1.5 土中的水的组成

（1）结合水。研究表明，大多数黏土颗粒表面带有负电荷，因而土粒周围形成了一定强度的电场，使孔隙中的水分子极化，这些极化后的极性水分子和水溶液所含的阳离子（如钾、钠、钙、镁等阳离子），在电场力的作用下定向地吸附在土颗粒周围，形成一层不可自由移动的水膜，该水膜称为结合水（又称吸着水），结合水又可根据受电场力作用的强弱分成强结合水和弱结合水，如图1.1.6所示。

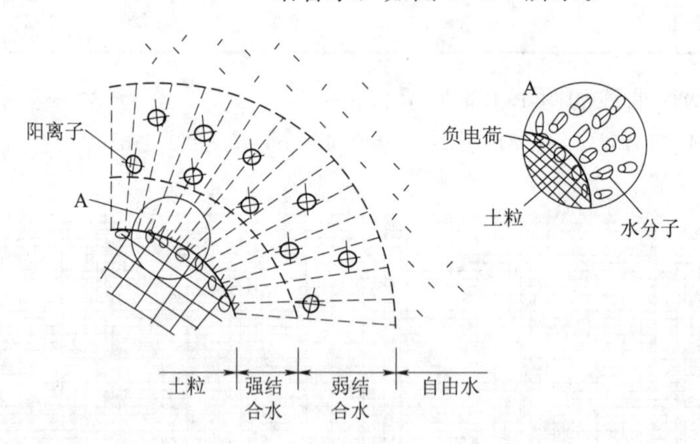

图1.1.6 土粒与水分子相互作用示意图

1）强结合水。强结合水是指被强电场力紧紧地吸附在土粒表面附近的结合水膜。这部分水膜因受电场力作用大，与土粒表面结合十分紧密，所以分子排列密度大，其密度为1.2～2.4g/cm^3，冰点很低，可达−78℃，沸点较高，在105℃以上才可以被释放，而且很难移动，没有溶解能力，不传递静水压力，失去了普通水的基本特性，其性质与固体相近，具有很大的黏滞性和一定的抗剪强度。

2）弱结合水。弱结合水是指分布在强结合水外围吸附力稍小的结合水。这部分水膜由于距颗粒表面较远，受电场力作用较小，它与土粒表面的结合不如强结合水紧密。其密度为 1.0～1.7g/cm^3，冰点低于 0℃，不传递静水压力，也不能在孔隙中自由流动，只能由水膜较厚处缓慢移向水膜较薄处，这种移动不受重力的影响。

（2）自由水。土孔隙不受土粒表面静电场力的作用的位于结合水外围的水称为自由水，自由水可在孔隙中自由移动，按其运动时所受的作用力的不同，可分为重力水和毛细水。

1）重力水。受重力作用而运动的水称重力水。重力水位于地下水位以下，重力水可以传递静水和动水压力，具有溶解能力，可溶解土中的水溶盐，使土的强度降低，压缩性增大；可以对土颗粒产生浮托力，使土的重力密度减小；它还可以在水头差的作用下形成渗透水流，并对土粒产生渗透力，使土体发生渗透变形。

2）毛细水。土中存在着很多大小不同的孔隙，这些孔隙有的可以相互连通形成弯曲的细小通道（毛细管）。由于水分子与土粒表面之间的附着力和水表面张力的作用，地下水将沿着土中的细小通道逐渐上升，形成一定高度的毛细水带，地下水位以上的自由水称为毛细水。

毛细水上升的高度取决于土的粒径、矿物成分、孔隙的大小和形状等因素，一般黏性土上升的高度较大，而砂土的上升高度较小，在工程实践中毛细水的上升（图 1.1.7）可能使地基浸湿，使地下室受潮或使地基、路基产生冻胀，造成土地盐渍化等问题。

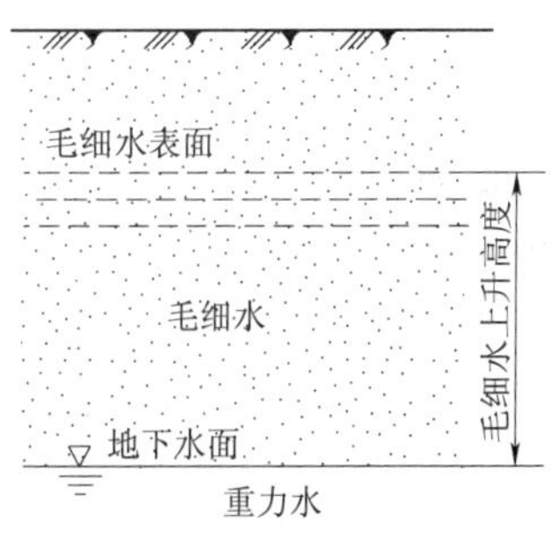

图 1.1.7 毛细水上升示意图

3. 土的气相

土中气体的成因，除来自空气外，也可由生物化学作用和化学反应所生成。土中的气体又可分为自由气体和封闭气体两种基本类型。

自由气体是一种与大气连通的气体，这种与大气连通的气体受外荷作用时，易被排出土外，对土的工程力学性质影响不大；封闭气体与大气不连通，以气泡形式存在于土体孔隙中。封闭气体可以使土的弹性增大，使土层不易被压实，延长了土的压缩过程；而当压力减小时，气泡就会恢复原状或重新游离出来，所以封闭气体对土的工程性质有很大影响。此外，封闭气体还能阻塞土内的渗流通道，使土的渗透性减小。因此在修筑土坝时，如果在土孔隙中存在封闭气体，会出现橡皮土的现象，致使土坝中间存在封闭气体而使坝体强度达不到设计要求。

1.1.1.3 土的结构

土的结构指土颗粒（土粒或土团）的大小、形状、土粒间的排列关系和土粒的联结特征。它与土的矿物成分、颗粒形状、沉积条件有关。土的结构对土的工程性质有重要影响。常见土的结构有以下三种。

1. 单粒结构

粗粒土由单个颗粒相互接触或大小颗粒镶嵌排列而成，这种结构排列有疏松和密实之分，如图 1.1.8 所示。如果颗粒大小混杂，表面光滑，在流速较快的水流中形成密实排列，这种土具有坚固的土颗粒骨架，压缩变形小，强度高，是良好的天然地基，如图 1.1.8（a）所示；如果颗粒为棱角状或片状，表面粗糙，在静水和流速较低的水流中形成疏松排列，此时孔隙大且数量多，土强度低，易于变形，工程性质较差，不宜作为天然地基，如图 1.1.8（b）所示。

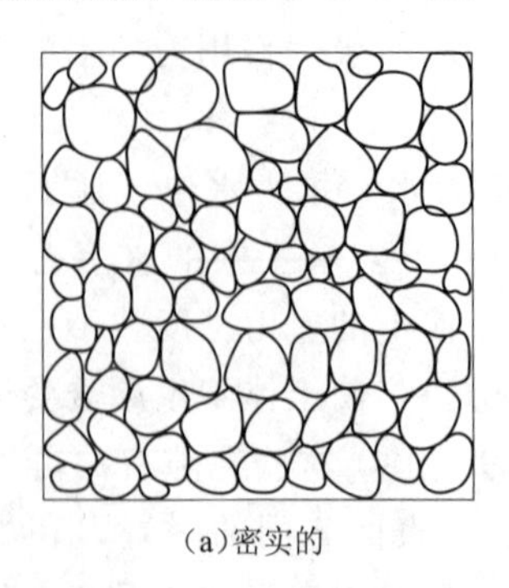

(a)密实的

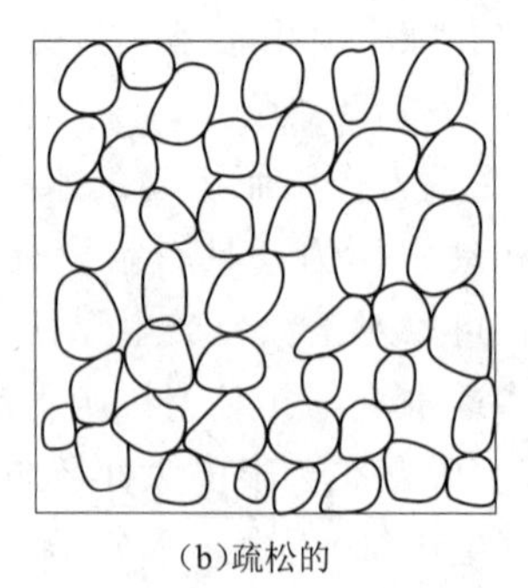

(b)疏松的

图 1.1.8 单粒结构

组成单粒结构的颗粒较粗，比表面积小，土颗粒周围几乎没有静电引力和水膜联结，只在潮湿状态下有微弱的毛细联结。

单粒结构是碎石（卵石）、砾石类土和砂土等无黏性土的基本结构形式。

2. 蜂窝结构

蜂窝结构指主要由较细土颗粒（粒级为 0.02～0.002mm）组成的土的结构形式。土颗粒在水中单个下沉，碰到已沉积的土粒时，由于土粒之间的分子吸力大于颗粒自重，土粒被吸引不再下沉，形成很大孔隙的蜂窝状结构，如图 1.1.9 所示。

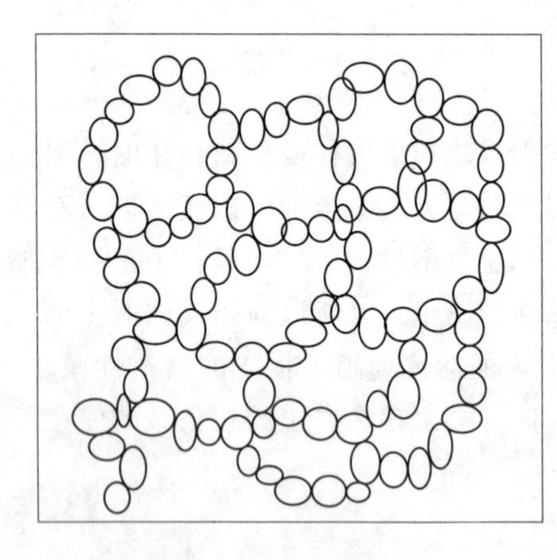

图 1.1.9 蜂窝结构

颗粒间以面-点、边-点或边-边受异性电引力和分子引力相联结组合，接触点引力大于下沉土粒重量形成链环状单元，很多这样的链环状单元联结起来，便形成孔隙较大的疏松多孔蜂窝状结构。

具有蜂窝结构的土压缩性较高，强度较低，透水性较差，具有一定的灵敏性，不宜作为建筑物的天然地基。

3. 絮状结构

粒径小于 0.005mm 的黏土颗粒，呈片状或鳞片状，在水中长期悬浮，并在水中运动形成小链环状的土集粒而下沉。这种小链环碰到另一小链环被吸引，形成大链环状的絮状结构，此种结构在海积黏土中常见，如图 1.1.10 所示。

絮状结构颗粒间以面-边或边-边相联结，土疏松多孔，具有絮状结构的土压缩性高，强度低，透水性差，具有很高的灵敏性，不宜作为建筑物的天然地基。

上述三种结构中，以密实的单粒结构土的工程性质最好，蜂窝结构次之，絮状结构最差。

具有蜂窝状和絮状结构的土体有如下特征：孔隙度很大（可达 50%～98%），而各单独孔隙的直径很小，特别是絮状结构的孔隙更小，但孔隙度更大，因此，土的压缩性更大。含水量很高，往往超过 50%，而且因以结合水为主，排水困难，故压缩过程缓慢，具有大的易变性。

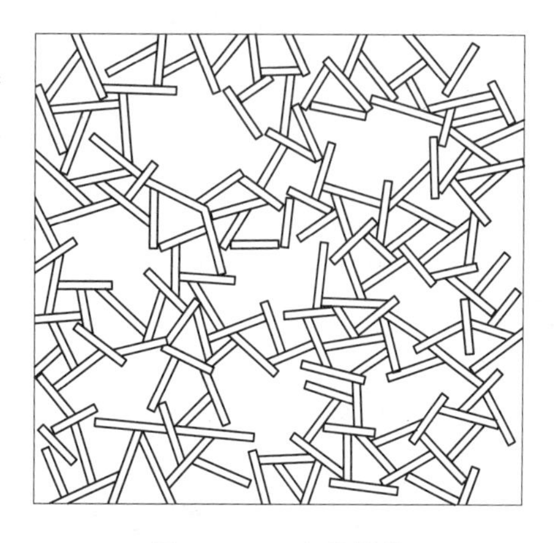

图 1.1.10　絮状结构

1.1.1.4　土的物理性质指标

土体三相间量（质量、体积）的比例关系称为土的物理性质指标，工程中常用土的物理性质指标作为评价土的工程性质优劣的基本指标。土中三相物质本身的特性以及它们之间的相互作用，对土的性质有着极大的影响。土的性质不仅取决于三相组成中各相本身的特性，而且三相之间量的比例关系也是一个非常重要的影响因素。如对于无黏性土，密实状态强度高，松散时强度低；而对于细粒土，含水少时硬，含水多时则软。

1. 土的三相草图

为了便于研究土中三相含量之间的比例关系，通常理想地把土中混杂在一起的三相含量分别集中在一起，并以图的形式表示出来，称为土的三相草图，如图 1.1.11 所示。图中各符号的意义如下：m 表示质量，V 表示体积；下标 a 表示气体，下标 s 表示土粒，下标 w 表示水，下标 v 表示孔隙。如 m_s、V_s 分别表示土粒质量和土粒体积。

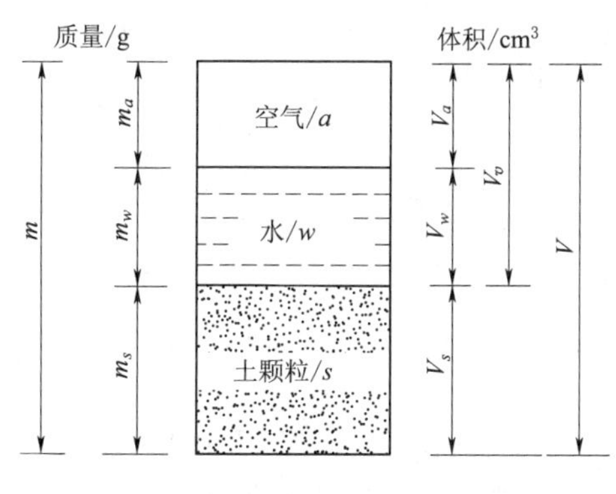

图 1.1.11　土的三相草图

在土的三相草图中，有如下关系：

$$m = m_s + m_w + m_a$$

m_a 一般情况下很小，可以忽略不计，所以 $m = m_s + m_w$。

$$V_v = V_w + V_a$$

$$V = V_s + V_w + V_a = V_s + V_v$$

因为水的密度 $\rho_w = 1\mathrm{g/cm^3}$，所以 V_w 在数值上等于 m_w。

2. 实测指标

土的物理性质指标中，有一些要通过试验测定，称为实测指标，又称基本指标，包括密度、天然含水率和土粒比重；另外一些可以根据实测指标经过换算得出，称为换算指标，又称计算指标或间接指标，包括土在不同状态下的密度和重度，表示土中孔隙情况的孔隙比、孔隙率，以及表示土中孔隙被水充填情况的饱和度。

(1) 含水率(含水量)ω。土的含水率是指土中水的质量与土粒质量的比值，以百分数表示，其表达式为

$$\omega=\frac{m_w}{m_s}\times 100\% \tag{1.1.3}$$

土的含水率在实验室用烘干法测定，在施工现场一般用酒精燃烧法等测定。

土的含水率是反映土干湿程度的指标，通过土体含水率可以了解土的含水情况，计算土的干密度、孔隙比、液性指数、饱和度等指标，含水率是土的重要的基本物理性质指标。在天然状态下，土的含水率变化幅度很大，一般来说，砂土的含水率为0～40%，黏性土的含水率为15%～60%，淤泥或泥炭的含水率可高达100%～300%。

(2) 土的密度ρ和土的重度γ。土的密度是指单位体积土的质量，常用用ρ表示，其单位为g/cm^3，表达式为

$$\rho=\frac{m}{V}=\frac{m_s+m_w}{V} \tag{1.1.4}$$

土的密度在实验室用环刀法测定，在施工现场一般用灌砂法或灌水法、核子密度仪测定。

一般土的密度为1.6～2.2g/cm^3。密度是土的另一个重要基本物理性质指标，通过密度可以了解土的疏密状态，供换算土的其他物理性质指标和工程设计及施工质量控制之用。

土的重度是指单位土体所受的重力，常用γ表示，其单位为kN/m^3，表达式为

$$\gamma=\frac{W}{V}=\frac{W_s+W_w}{V} \tag{1.1.5}$$

$$\gamma=\frac{W}{V}=\frac{mg}{V}=\rho g \tag{1.1.6}$$

式中 W——土体重力；

g——重力加速度，在国际单位制中常用$9.81m/s^2$，为换算方便，也可近似用$g=10m/s^2$进行计算。

(3) 土粒比重G_s。土粒比重是指土在105～110℃温度下烘至恒重时的质量与同体积4℃时纯水的质量之比值，简称比重，又称相对密度，土粒比重无量纲，其表达式为

$$G_s=\frac{m_s}{V_s\rho_w^{4℃}} \tag{1.1.7}$$

式中 $\rho_w^{4℃}$——4℃时纯水的密度，取$\rho_w^{4℃}=1g/cm^3$。

土粒比重在实验室用比重瓶法、浮称法等测定。

通过土粒比重可计算土的孔隙比、饱和度等，是土的基本物理性质指标之一，也是评价土类的主要指标。土的比重值的大小取决于土的矿物成分和土中有机质含量，颗粒越细比重越大，有机质含量越多比重越小，有经验的地区可按经验值选用。砂土的比重一般为2.65～2.69，粉土的比重约为2.70～2.71，粉质黏土的比重一般为2.72～2.73，黏土的比重一般为2.74～2.76。

3. 间接指标（换算指标）

（1）表示土中孔隙情况的指标。

a. 孔隙比 e。土的孔隙比是指土中孔隙体积与土固体颗粒体积的比值，其表达式为

$$e=\frac{V_v}{V_s} \tag{1.1.8}$$

b. 孔隙率 n。土的孔隙率是指土中孔隙体积与土体总体积的比值，常用百分数表示，其表达式为

$$n=\frac{V_v}{V}\times 100\% \tag{1.1.9}$$

孔隙率表示土中孔隙体积占土体总体积的百分数，所以其值恒小于 100%。

土的孔隙比大小与土粒的大小及其排列的松密程度有关。一般砂土的孔隙比为 0.4～0.8，黏土为 0.6～1.5，有机质含量高的土，孔隙比甚至可高达 2.0 以上。孔隙比和孔隙率都是反映土的密实程度的指标。对于同一种土，孔隙比或孔隙率越大，表明土越疏松；反之，土越密实。在计算地基沉降量和评价砂土的密实度时，常用孔隙比而不用孔隙率。

（2）表示土中孔隙被水充填情况的指标——饱和度 S_r。饱和度是土中水的体积与孔隙体积之比，反映土中孔隙被水充填的程度，用百分数表示，其表达式为

$$S_r=\frac{V_w}{V_v}\times 100\% \tag{1.1.10}$$

理论上，当 $S_r=100\%$时，表示土体孔隙中全部充满了水，土是完全饱和的；当 $S_r=0$ 时，表明土是完全干燥的。实际上，土在天然状态下极少达到完全干燥或完全饱和状态，因为风干的土仍会含有少量水分，即使完全浸没在水下，土中还可能会有一些封闭气体存在。

按饱和度的大小，可将砂土分为以下几种不同的湿润状态：$S_r\leqslant 50\%$，稍湿；$50\%<S_r\leqslant 80\%$，很湿；$S_r>80\%$，饱和。

（3）土在不同状态下的密度和重度。

1）干密度 ρ_d 和干重度 γ_d。土的干密度是指单位体积土体中土粒的质量，即土体中土粒质量 m_s 与总体积 V 的比值，表达式为

$$\rho_d=\frac{m_s}{V} \tag{1.1.11}$$

单位体积的干土所受的重力称干重度，可按下式计算：

$$\gamma_d=\frac{W_s}{V}=\frac{m_s g}{V}=\rho_d g \tag{1.1.12}$$

土的干密度（或干重度）是评价土的密实程度的指标，干密度（或干重度）越大表明土越密实，干密度越小表明土越疏松。因此，在填筑堤坝、路基等填方工程中，常把干密度作为填土设计和施工质量控制的指标。

2）饱和密度 ρ_{sat} 和饱和重度 γ_{sat}。土的饱和密度是指土在饱和状态时，单位体积土的质量。此时，土中的孔隙完全被水所充满，土体处于固相和液相的二相状态，其表达式为

$$\rho_{sat}=\frac{m_s+V_v\rho_w}{V} \tag{1.1.13}$$

土的饱和重度是指土在饱和状态时，单位体积土的重量，其表达式为

$$\gamma_{sat}=\frac{W_s+V_v\gamma_w}{V}=\frac{(m_s+V_v\rho_w)g}{V}=\rho_{sat}g \tag{1.1.14}$$

3）浮密度 ρ' 和浮重度 γ'。土在水下时，单位体积的有效质量称为土的浮密度，或称有效密度，其表达式为

$$\rho'=\frac{m_s-V_s\rho_w}{V} \tag{1.1.15}$$

土在水下时，单位体积的有效重量称为土的浮重度，或称有效重度。地下水位以下的土，由于受到水的浮力的作用，土体的有效重量应扣除水的浮力的作用，其表达式为

$$\gamma'=\frac{W_s-V_s\gamma_w}{V}=\gamma_{sat}-\gamma_w \tag{1.1.16}$$

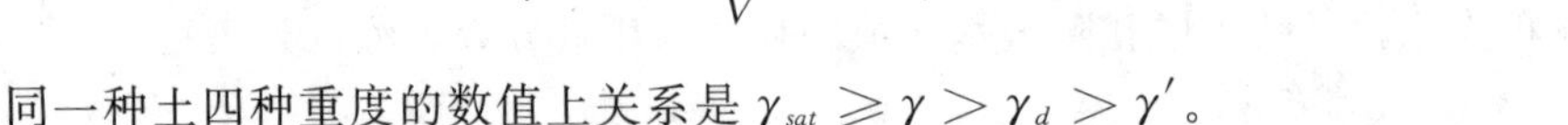

同一种土四种重度的数值上关系是 $\gamma_{sat}\geqslant\gamma>\gamma_d>\gamma'$。

物理性质指标换算

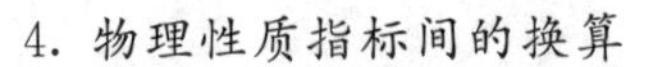

4. 物理性质指标间的换算

土的密度 ρ、土粒比重 G_s 和含水率 ω 通过试验测定，其他指标可根据它们的定义并利用三相草图导出其换算公式。

因为土的物理性质指标都是三相基本物理量间的相对比例关系，所以换算指标时可假设三相草图中的任一项等于1，如设 $V_s=1$ 或 $V=1$ 或 $m_s=1$ 或 $m=1$，然后根据已知指标的定义利用三相草图算出各相的数值，即可计算出其他指标值。

【例 1.1.3】 已知土的基本物理性质指标 ρ、ω、G_s，求其他物理性质指标。

【解】 设 $V_s=1$，由比重定义得

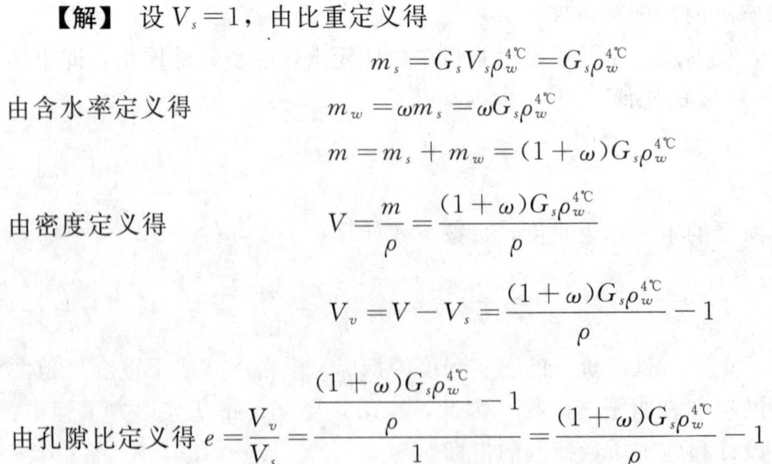

$$m_s=G_sV_s\rho_w^{4℃}=G_s\rho_w^{4℃}$$

由含水率定义得
$$m_w=\omega m_s=\omega G_s\rho_w^{4℃}$$

$$m=m_s+m_w=(1+\omega)G_s\rho_w^{4℃}$$

由密度定义得
$$V=\frac{m}{\rho}=\frac{(1+\omega)G_s\rho_w^{4℃}}{\rho}$$

$$V_v=V-V_s=\frac{(1+\omega)G_s\rho_w^{4℃}}{\rho}-1$$

由孔隙比定义得 $e=\frac{V_v}{V_s}=\frac{\frac{(1+\omega)G_s\rho_w^{4℃}}{\rho}-1}{1}=\frac{(1+\omega)G_s\rho_w^{4℃}}{\rho}-1$

由干重度定义得 $\gamma_d=\frac{m_s g}{V}=\frac{G_s\rho_w^{4℃}g}{\frac{(1+\omega)G_s\rho_w^{4℃}}{\rho}}=\frac{\rho g}{1+\omega}=\frac{\gamma}{1+\omega}$

由饱和重度定义得 $\gamma_{sat}=\frac{(m_s+V_v\rho_w)g}{V}=\frac{(G_s+V_v)\rho_w^{4℃}g}{V}=\frac{(G_s+e)\gamma_w}{1+e}$

由浮重度定义得 $\gamma'=\frac{(m_s-V_s\rho_w)g}{V}=\frac{(G_s\cdot\rho_w^{4℃}-V_s\rho_w)g}{V}=\frac{G_s-1}{1+e}\gamma_w$

实际工程中，为了减少计算工作量，可根据表 1.1.5 给出的土的物理性质指标的关系及其最常用的计算公式直接计算。

表 1.1.5　土的三相比例换算公式

指标	符号	表达式	换算公式
孔隙比	e	$e=\frac{V_v}{V_s}$	$e=\frac{G_s\gamma_w(1+w)}{\gamma}-1$　$e=\frac{G_s\gamma_w}{\gamma_d}-1$　$e=\frac{wG_s}{s_r}$　$e=\frac{n}{1-n}$
干重度	γ_d	$\gamma_d=\frac{m_s g}{V}$	$\gamma_d=\frac{\gamma}{1+w}$　$\gamma_d=\frac{G_s\gamma_w}{1+e}$　$\gamma_d=\frac{nS_r}{w}\gamma_w$
饱和重度	γ_{sat}	$\gamma_{sat}=\frac{m_s g+V_v\gamma_w}{V}$	$\gamma_{sat}=\frac{(G_s-1)\gamma}{G_s(1+w)}+\gamma_w$　$\gamma_{sat}=\frac{(G_s+e)\gamma_w}{1+e}$ $\gamma_{sat}=\gamma'+\gamma_w$　$\gamma_{sat}=\gamma_d+n\gamma_w$
浮重度	γ'	$\gamma'=\frac{m_s g-V_s\gamma_w}{V}$	$\gamma'=\frac{(G_s-1)\gamma}{G_s(1+w)}$　$\gamma'=\frac{(G_s-1)\gamma_w}{1+e}$ $\gamma'=\gamma_{sat}-\gamma_w$　$\gamma'=(G_s-1)(1-n)\gamma_w$
饱和度	s_γ	$S_\gamma=\frac{V_w}{V_v}\times100\%$	$S_\gamma=\frac{wG_s\gamma}{G_s\gamma_w(1+w)-\gamma}$　$S_\gamma=\frac{wG_s}{e}$ $S_\gamma=\frac{wG_s\gamma_d}{G_s\gamma_w-\gamma_d}$　$S_\gamma=\frac{\gamma(1+e)-G_s\gamma_w}{e\gamma_w}$
孔隙率	n	$n=\frac{V_v}{V}\times100\%$	$n=1-\frac{\gamma}{G_s\gamma_w(1+w)}$　$n=1-\frac{\gamma_d}{G_s\gamma_w}$　$n=\frac{e}{1+e}$

【例 1.1.4】 某建筑工地用环刀法测土的密度。已知环刀体积 $V=60cm^3$，环刀质量是 50.0g，测得环刀及土的总质量是 170.0g；用烘干法测土的含水率，已知称量盒的质量为 10.20g，测得湿土及称量盒的质量为 30.20g，烘干至恒重后测得干土及称量盒的质量为 27.70g，测得土样的比重 $G_s=2.68$。求该土的天然密度 ρ 和重度 γ、天然含水率 ω、干重度 γ_d、孔隙比 e 和饱和度 S_r。

【解】 (1) 天然密度和重度。

$$\rho=\frac{m}{V}=\frac{170.0-50.0}{60.0}=2.0(g/cm^3)$$

$$\gamma=\rho g=2.0\times9.81=19.62(kN/m^3)$$

（2）天然含水率。

$$\omega=\frac{m_w}{m_s}\times 100\%=\frac{m_{盒加湿土}-m_{盒加干土}}{m_{盒加干土}-m_{盒}}\times 100\%=\frac{30.20-27.70}{27.70-10.20}\times 100\%=14.3\%$$

（3）干重度。

$$\gamma_d=\frac{\gamma}{1+\omega}=\frac{19.62}{1+0.143}=17.17(\text{kN/m}^3)$$

（4）孔隙比。

$$e=\frac{G_s\gamma_w}{\gamma_d}-1=\frac{2.68\times 9.81}{17.17}-1=0.531$$

（5）饱和度。

$$S_r=\frac{\omega G_s}{e}\times 100\%=\frac{0.143\times 2.68}{0.531}\times 100\%=72.2\%$$

【例 1.1.5】 某原状土的基本物理性质指标为：土粒比重 $G_s=2.68$，土的密度 $\rho=1.70\text{g/cm}^3$，含水率 $\omega=10\%$。求该土的其他物理性质指标。

【解】 利用三相草图求其他物理性质指标。

设 $V_s=1\text{cm}^3$，

由比重定义得

$$m_s=G_sV_s\rho_w^{4℃}=2.68\times 1\times 1=2.68(\text{g})$$

由含水率定义得

$$m_w=\omega m_s=10\%\times 2.68=0.268(\text{g})$$

$$m=m_s+m_w=2.68+0.268=2.948(\text{g})$$

由密度定义得

$$V=\frac{m}{\rho}=\frac{2.948}{1.70}=1.734(\text{cm}^3)$$

$$V_v=V-V_s=1.734-1=0.734(\text{cm}^3)$$

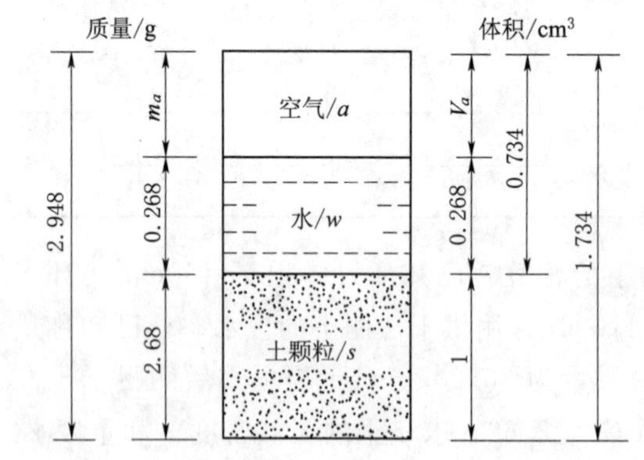

图 1.1.12 ［例 1.1.5］图

由水的密度定义得 $V_w=0.268\text{cm}^3$

画出土的三相草图，将各部分量值表示在图中，如图 1.1.12 所示。则由孔隙比定义得

$$e=\frac{V_v}{V_s}=\frac{0.734}{1}=0.734$$

由干密度和干重度定义得

$$\rho_d=\frac{m_s}{V}=\frac{2.68}{1.734}=1.55(\text{g/cm}^3)$$

$$\gamma_d=\frac{m_sg}{V}=1.55\times 10=15.5(\text{kN/m}^3)$$

由饱和密度和饱和重度定义得

$$\rho_{sat}=\frac{m_s+V_v\rho_w}{V}=\frac{2.68+0.734}{1.734}=1.97(\text{g/cm}^3)$$

$$\gamma_{sat}=\rho_{sat}g=1.97\times 10=19.7(\text{kN/m}^3)$$

由浮重度定义得 $\gamma'=\dfrac{(m_s-V_s\rho_w)g}{V}=\dfrac{(2.68-1)\times 10}{1.734}=9.7(\text{kN/m}^3)$

由饱和度定义得 $S_r=\dfrac{V_w}{V_v}\times 100\%=\dfrac{0.268}{0.734}\times 100\%=36.5\%$

1.1.1.5　土的物理状态指标

土的三相比例关系不仅反映土的物理性质，同样决定着土的物理状态，如土是干燥的或潮湿的、疏松的或紧密的。土的物理状态对土的工程性质（如强度、压缩性）影响较大，一般饱和疏松的土，其强度小，压缩性大。不同类别的土其物理状态特征也不同。无黏性土的力学性质主要受密实程度的影响，因此研究无黏性土的物理状态主要考虑其密实程度；而黏性土则主要受含水率变化的影响，含水率不同其软硬程度不同。

1. 黏性土

（1）黏性土的稠度状态。所谓稠度，是指黏性土在某一含水率时的稀稠程度或软硬程度，黏性土处在某种稠度时所呈现出的状态，称为稠度状态。黏性土随着含水率的增加呈现四种稠度状态：固态、半固态、可塑状态和流动状态，如图 1.1.13 所示。当土中含水率很小时，土中水全部为强结合水，此时土粒表面的结合水膜很薄，土颗粒靠得很近，土颗粒间的联结很强，因此，当土粒之间只有强结合水时，按水膜厚薄不同，土呈现为坚硬的固态或半固态。随着含水率的增加，土粒周围结合水膜加厚，结合水膜中除强结合水外还有弱结合水，此时，土处于可塑状态。土在这一状态范围内，具有可塑性，即被外力塑成任意形状而土体表面不发生裂缝或断裂，外力去掉后仍能保持其形变的特性。黏性土只有在可塑状态时，才表现出可塑性。当含水率继续增加，土中除结合水外还有自由水时，土粒多被自由水隔开，土粒间的结合水联结消失，土就处于流动状态。土的稠度状态不同，强度及变形特性也不同，土的工程性质也会有所不同。

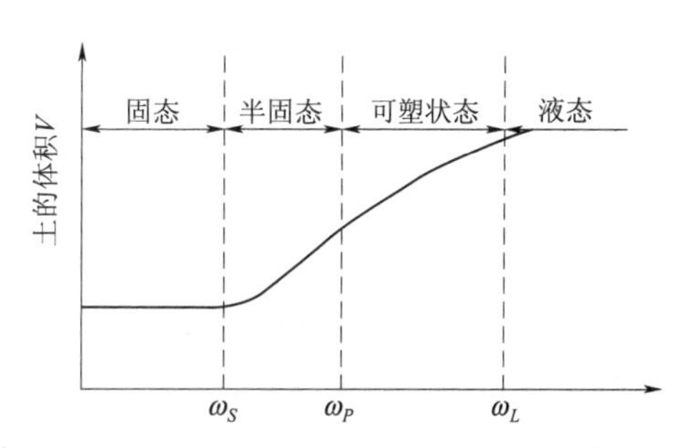

图 1.1.13　黏性土的稠度状态

黏性土从一个稠度状态过渡到另一个稠度状态时的分界含水率称为界限含水率，也称稠度界限。黏性土四种稠度状态之间有三个界限含水率，分别叫做缩限 ω_S、塑限 ω_P 和液限 ω_L，如图 1.1.13 所示，这些指标需通过试验测定。

1）缩限 ω_S 是指黏性土从固态变到半固态的界限含水率。当含水率小于缩限 ω_S 时，土体的体积不随含水率的减小而缩小。

2）塑限 ω_P 是指黏性土从半固态变到可塑状态的界限含水率，此时土体的体积会随含水率的增加而有所增加。塑限是可塑状态的下限含水率。

3）液限 ω_L 是指黏性土从可塑状态变到流动状态的界限含水率。液限是可塑状态的上限含水率。

（2）黏性土可塑性和稠度状态的确定。

1）塑性指数 I_P。塑性指数 I_P 是指液限与塑限的差值，其表达式为

$$I_P = \omega_L - \omega_P \quad (1.1.17)$$

塑性指数表明了黏性土处在可塑状态时含水率的变化范围，习惯上用去掉百分号的数值来表示。

塑性指数的大小与土的黏粒含量及矿物成分有关，土的塑性指数 I_P 越大，说明土中黏粒含量越多，土处在可塑状态时含水率变化范围也就越大，土的可塑性越强；反之，I_P 值越小，说明土中黏粒含量越少，土处在可塑状态时含水率变化范围越小，土的可塑性越弱。所以，塑性指数是一个能反映黏性土性质的综合性指数。工程上可采用塑性指数对黏性土进行分类和评价。《建筑地基基础设计规范》（GB 50007—2011）按塑性指数大小对黏性土进行分类：粉土（$I_P \leqslant 10$），粉质黏土（$10 < I_P \leqslant 17$），黏土（$I_P > 17$）。

2）液性指数 I_L。黏性土的液性指数指天然含水率与塑限的差值和液限与塑限的差值之比。其表达式为

$$I_L = \frac{\omega - \omega_P}{\omega_L - \omega_P} = \frac{\omega - \omega_P}{I_P} \quad (1.1.18)$$

土的含水率在一定程度上可以说明土的软硬程度。但只知道土的天然含水率还不能说明土所处的稠度状态，只有把天然含水率 ω 与土的塑限 ω_P 和液限 ω_L 进行比较，才能判定天然土的稠度状态。《建筑地基基础设计规范》（GB 50007—2011）、《岩土工程勘察规范》（GB 50021—2009）、《公路桥涵地基与基础设计规范》（JTG D63—2007）都是根据土的液性指数 I_L 划分黏性土的稠度状态，见表1.1.6，上述三个规范的划分标准是一致的。

表1.1.6　按液性指标划分黏性土的稠度状态

稠度状态	坚　硬	可　塑			流　塑
		硬　塑	可　塑	软　塑	
液性指数 I_L	$I_L \leqslant 0$	$0 < I_L \leqslant 0.25$	$0.25 < I_L \leqslant 0.75$	$0.75 < I_L \leqslant 1$	$I_L > 1$

值得注意的是，黏性土的塑限与液限都是将土样扰动后测定，没有考虑土的原状结构对强度的影响，因此用它评价原状土的天然稠度状态，往往偏于保守。

2. 无黏性土

无黏性土是单粒结构的散粒体，它的密实状态对其工程性质影响很大。密实的砂土，结构稳定，强度较高，压缩性较小，是良好的天然地基。疏松的砂土，特别是饱和的松散粉细砂，结构常处于不稳定状态，容易产生流砂，在振动荷载作用下，还可能会发生液化，对工程建筑地基不利。所以，对无黏性土常根据其密实程度来判定其天然状态土层的工程性质。

（1）用孔隙比 e 判别。判别无黏性土密实状态最简便的方法是用孔隙比 e，孔隙比越小，表示土越密实；孔隙比越大，土越疏松。但由于颗粒的形状和级配对孔

隙比的影响很大，而孔隙比没有考虑颗粒级配这一重要因素的影响，故应用时存有缺陷。

《工程地质手册》（第四版，中国建筑工业出版社，2006）规定砂土可以用 e 判定其密实度，见表 1.1.7。

表 1.1.7　砂土密实程度按孔隙比分类

砂土类别	密　实	中　密	稍　密	松　散
砾砂、粗砂、中砂	$e\leqslant 0.6$	$0.6<e\leqslant 0.75$	$0.75<e\leqslant 0.85$	$e>0.85$
细砂、粉砂	$e\leqslant 0.7$	$0.7<e\leqslant 0.85$	$0.85<e\leqslant 0.95$	$e>0.95$

（2）用相对密实度 D_r 判别。为弥补孔隙比没有考虑颗粒形状和级配的缺陷，在工程上常采取相对密实度评价砂土的密实程度，相对密实度（D_r）是将天然状态的孔隙比 e 与最疏松状态的孔隙比 e_{max} 和最密实状态的孔隙比 e_{min} 进行对比，作为衡量砂土密实度的指标，判断无黏性土的密实程度，其表达式为

$$D_r=\frac{e_{max}-e}{e_{max}-e_{min}} \tag{1.1.19}$$

式中　e_{max}——砂土在最疏松状态时的孔隙比；

e_{min}——砂土在最密实状态时的孔隙比；

e——砂土在天然状态下的孔隙比。

显然，D_r 越大，土越密实。当 $D_r=0$ 时，表示土处于最疏松状态；当 $D_r=1$ 时，表示土处于最紧密状态。工程中根据相对密实度 D_r，将砂土的密实程度划分为密实、中密和疏松三种状态，其标准如下：$D_r>0.67$，密实；$0.67\geqslant D_r>0.33$，中密；$D_r\leqslant 0.33$，疏松。

相对密实度 D_r 由于考虑了颗粒级配的影响，所以在理论上是较完善的，但在测定 e_{max} 和 e_{min} 时人为因素影响很大，试验结果不稳定。

（3）用标准贯入试验锤击数 N 判别。对于天然土体，较普遍的做法是采用标准贯入试验锤击数 N 来现场判定砂土的密实度。标准贯入试验是在现场进行的原位试验。该试验是用质量为 63.5kg 的穿心锤，以一定高度（76cm）的落距自由落体，将贯入器打入土中 30cm 所需要的锤击数称为标准贯入锤击数 N。显然锤击数 N 越大，表明土层越密实；反之 N 越小，土层越疏松。按标准贯入锤击数 N 划分砂土密实度，见表 1.1.8。

表 1.1.8　按标准贯入锤击数 N 确定砂土的密实度

密实度	密　实	中　密	稍　密	松　散
标准贯入锤击数 N	$N>30$	$30\geqslant N>15$	$15\geqslant N>10$	$N\leqslant 10$

对于碎石土，一般采用圆锥动力触探锤击数来判定其密实度，其试验类型见表 1.1.9，碎石土密实度分类见表 1.1.10。

表 1.1.9　　圆锥动力触探试验类型

类型	落锤		探头		探杆	指　标	适用条件
	锤质量/kg	落距/cm	直径/mm	锥角/(°)	直径/mm		
轻型	10	50	40	60	25	贯入 30cm 读数 N_{10}	浅部填土、砂土、粉土、黏性土
重型	63.5	76	74	60	42，50	贯入 10cm 读数 $N_{63.5}$	砂土、中密以下碎石土、极软岩
超重型	120	100	74	60	50～63	贯入 10cm 读数 N_{120}	密实和很密碎石土、软岩、极软岩

表 1.1.10　　碎石土密实度分类

重型动力触探锤击数 $N_{63.5}$	$N_{63.5}>20$	$20\geqslant N_{63.5}>10$	$10\geqslant N_{63.5}>5$	$N_{63.5}\leqslant5$	
密实度	密实	中密	稍密	松散	
超重型动力触探锤击数 N_{120}	$N_{120}>14$	$14\geqslant N_{120}>11$	$11\geqslant N_{120}>6$	$6\geqslant N_{120}>3$	$N_{120}\leqslant3$
密实度	很密	密实	中密	稍密	松散

【例 1.1.6】 从某建筑工地地基中取原状土样，用 76g 液塑限联合测定仪测得土的液限 $\omega_L=40.8\%$，塑限 $\omega_P=22.5\%$，天然含水率 $\omega=30.2\%$。问：根据《建筑地基基础设计规范》(GB 50007—2011) 该处地基土为何种黏土？该处地基土处于什么状态？

【解】 塑性指数：$I_P=\omega_L-\omega_P=40.8-22.5=18.3$

液性指数：　$$I_L=\frac{\omega-\omega_P}{\omega_L-\omega_P}=\frac{30.2-22.5}{40.8-22.5}=0.42$$

因为　$I_P=18.3>17$，根据《建筑地基基础设计规范》(GB 50007—2011)，该土定名为黏土。

因为　$0.75>I_L=0.42>0.25$，该土处于可塑状态。

【例 1.1.7】 某砂土地基的天然重度 $\gamma=18.5\text{kN/m}^3$，含水率 $\omega=20\%$，土粒比重 $G_s=2.65$，试验测得该砂土最小孔隙比 $e_{\min}=0.4523$，最大孔隙比 $e_{\max}=0.8802$，问该土层处于什么状态？

【解】 (1) 求砂土的天然孔隙比 e。

$$e=\frac{G_s\gamma_w(1+\omega)}{\gamma}-1=\frac{2.65\times9.81\times(1+0.20)}{18.5}-1=0.6863$$

(2) 求砂土的相对密度 D_r。

$$D_r=\frac{e_{\max}-e}{e_{\max}-e_{\min}}=\frac{0.8802-0.6863}{0.8802-0.4523}=0.43$$

因为 $0.67>D_r=0.43>0.33$，故该砂层处于中密状态。

1.1.1.6　土的击实性

土的击实性指土体在一定的击实功能作用下，土颗粒克服粒间阻力，产生位移，颗粒重新排列，使土的孔隙比减小，密实度增大，从而提高强度，减小压缩性和渗透性。但在击实过程中，即使采用相同的击实功能，对于不同种类、不同含水率的土，击实效果也不完全相同。因此，为了技术上可靠和经济上合理，必须对填土的击实性进行研究。

1. 击实试验

研究土的击实性的方法有两种：一是在室内用标准击实仪进行击实试验，测定土的干密度和含水率的关系，从击实曲线上确定土的最大干密度和相应的最优含水率，为设计与施工提供重要依据，具体见后面教学实训部分；另一种是在现场用碾压机具进行碾压试验，施工时以施工参数（包括碾压设备的型号、振动频率及重量、铺土厚度、加水量、碾压遍数等项）及干密度同时控制。

2. 影响土击实性的因素

(1) 土粒级配。在相同的击实功条件下，级配不同的土，其击实特性是不相同的。颗粒级配良好的土，最大干密度较大，最优含水率较小，可满足强度和稳定性的要求。

土料质量控制是保证填筑质量的重要一环，所以土方填筑前要做颗粒分析试验，并选择符合设计要求的土料。

(2) 土的含水率。击实曲线上的干密度随着含水率的变化而变化，如图 1.1.14 所示。在含水率较小时，土粒周围的结合水膜较薄，土粒间的结合水的联结力较大，可以抵消部分击实功的作用，土粒不易产生相对移动而挤密，所以土的干密度较小。如果土的含水率过大，使孔隙中出现了自由水并将部分空气封闭，在击实荷载作用下，不可能使土中多余的水分和封闭气体排出，从而孔隙水压力不断升高，抵消了部分击实功，击实效果反而下降，结果是土的干密度减小。当含水率在最优含水率附近时，水在土体中起一种润滑作用，土粒间的结合水的联结力和摩阻力较小，土中孔隙水压力和封闭气体的抵消作用也较小，土粒间易于移动而挤密，可得到较大的干密度。黏性土的最优含水率一般接近黏性土的塑限。

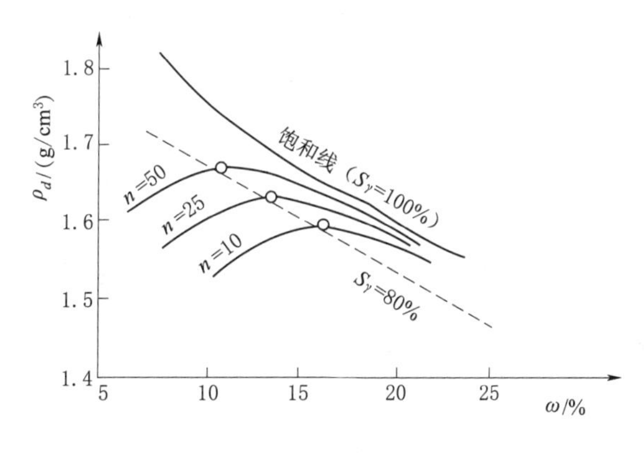

图 1.1.14 土的击实曲线

将不同含水率及所对应的土体达到饱和状态时的干密度点绘于图 1.1.12，得到饱和度为 100％的饱和曲线。从图中可见，试验的击实曲线在峰值右侧逐渐接近于饱和曲线，并且大体上与它平行，但永不相交。这是因为在任何含水率下，填土都不会被击实到完全饱和状态，土内总存留一定量的封闭气体，故填土是非饱状态。试验证明，一般黏性土在其最佳击实状态下（击实曲线峰点），其饱和度通常为 80％左右。

(3) 击实功。在室内击实试验中，当锤重和锤落距一定时，击实功的大小可用锤击数 n 来表示。对于同一种土，击实功小，则所能达到的最大干密度也小，反之击实功大，所能达到的最大干密度也大；而最优含水率正好相反，即击实功小，则最优含水率大，而击实功大，则最优含水率小。应该指出，击实效果增大的幅度是随着击实功能的增大而降低的，企图单纯地用增加击实功能的办法来提高土的干密度是不经济的，而应该综合地加以考虑，如图1.1.12所示。

砂和砾等粗粒土的击实性也与含水率有关，一般在完全干燥或者充分洒水饱和的状态下，容易击实到较大的干密度，而在潮湿状态，由于毛细压力的作用，增加了土粒间的连接，填土不易击实，干密度显著降低。

3. 压实系数

土体填筑压实必须进行压实质量控制，压实系数是施工质量检测的关键指标之一，它是指工地上实际要达到的干密度 ρ_d 与室内标准击实实验所得最大干密度 $\rho_{d\max}$ 的比值，即 $\lambda=\frac{\rho_d}{\rho_{d\max}}$。压实系数的大小直接决定着现场填土的压实质量是否符合施工技术规范的要求。由于填土存在着最优含水率，因此在填土施工时应将土料的含水率控制在最优含水率的±2%，以期获得最好的压实效果。另外，填筑压实还应根据土料的性质、填筑部位、施工工艺和气候条件等因素综合考虑。

1.1.2 教学实训

1.18 筛分

1.19 标准分析筛

1.1.2.1 颗粒分析试验

1. 试验方法与适用范围

颗粒分析常用方法有筛析法（适用于粒径大于0.075mm的粗粒土）和密度计法（适用于粒径小于0.075mm的细粒土）。如土中粗细兼有，可联合使用以上两种方法。

2. 筛析法

（1）仪器设备。

1）一组标准分析筛。

粗筛孔径为60mm、20mm、10mm、5mm、2mm。

细筛孔径为1mm、0.5mm、0.25mm、0.1mm、0.075mm。

2）天平：称量1000g，最小分度值0.1g；称量200g，最小分度值0.01g。

3）台秤：称量5kg，最小分度值1g。

4）摇筛机：筛析过程中能上下振动。

5）其他：瓷盘、毛刷、白纸、木碾、橡皮板等。

（2）操作步骤。

1）取土：从风干、碾散的土样中，用四分法取代表性的试样。

粒径小于2mm颗粒的土取100～300g；

最大粒径小于10mm颗粒的土取300～1000g；

最大粒径小于20mm颗粒的土取1000～2000g；

最大粒径小于40mm颗粒的土取2000～4000g；

最大粒径小于60mm颗粒的土取4000g以上。

2）过2mm筛：将试样过2mm筛，分别称出筛上筛下土的质量。

3）筛析：将2mm筛上试样放入依次叠好的粗筛最上层筛中，进行筛析；将2mm

筛下试样放入依次叠好的细筛最上层筛中放在摇筛机振摇，振摇时间一般为 10～15min。

4）称量：由最大孔径筛开始，顺序将各筛取下，在白纸上用手轻叩摇晃，如仍有土粒漏下，应继续轻叩摇晃，至无土粒漏下为止。漏下的土粒应全部放入下级筛内，并将留在各筛上的土分别称量，准确至 0.1g。

5）说明：2mm 筛下的土质量小于总质量的 10%，可省略细筛筛析；2mm 筛上的土质量小于总质量的 10%，可省略粗筛筛析；小于 0.075mm 土质量大于总质量的 10%，按密度计法测定粒径小于 0.075mm 颗粒土的质量。

（3）数据记录与整理。

1）计算小于某粒径土的质量百分数。

$$X=\frac{\text{小于某粒径的试样质量(g)}}{\text{所取试样的总质量(g)}}\times 100\% \tag{1.1.20}$$

式中　X——小于某粒径试样质量占试样总质量的百分数，%。

计算准确至 0.1g，各粒组试样质量总和与筛前试样总质量之差不得大于试样总质量的 1%。试验记录见表 1.1.11。

2）以小于某粒径试样质量占试样总质量的百分数 X（%）为纵坐标，以粒径 d（mm）为横坐标（对数值），在单对数坐标纸绘制颗粒大小分布曲线（图 1.1.2）。

3）按式（1.1.1）计算不均匀系数 C_u，按式（1.1.2）计算曲率系数 C_c，并确定土的级配情况。

表 1.1.11　颗粒大小分析试验记录表（筛析法）

工程名称：＿＿＿＿＿＿　土样说明：＿＿＿＿＿＿　试验日期：＿＿＿＿＿＿

试 验 者：＿＿＿＿＿＿　计 算 者：＿＿＿＿＿＿　校 核 者：＿＿＿＿＿＿

筛号	孔径/mm	留筛土的质量/g	累计筛土质量/g	小于该孔径土质量/g	小于该孔径的土百分比/%
	10				
	5				
	2				
	1				
	0.5				
	0.25				
	0.1				
	0.075				
	底盘				
总计					

3. 密度计法

（1）试验原理。密度计法是利用不同大小的土粒在水中的沉降速度不同来确定小于某粒径的土粒含量。将风干、分散的代表性土样倒入盛水的1000mL玻璃量筒中，搅拌成均匀的悬液状，根据斯托克斯（Stokes）定理，球状的细颗粒在水中的下沉速度与颗粒直径的平方成正比。因此可以利用粗颗粒下沉速度快、细颗粒下沉速度慢的原理，把颗粒按下沉速度进行粗细分组，计算出不同土粒的粒径及其小于该粒径的质量百分数。密度计法适用于粒径小于0.075mm的细粒土。

1.20

密度计法颗分试验组图

1.21

密度计

（2）试验仪器设备。

1）密度计。

甲种密度计，刻度单位以20℃时每1000mL悬液内所含土质量的克数表示，刻度为−5～50，最小分度值为0.5。

乙种密度计，刻度单位以20℃时悬液的比重表示，刻度为0.995～1.020，最小分度值为0.0002。

2）量筒。内径约60mm，高约450mm，容积1000mL，刻度为0～1000mL，分度值为10mL。

3）试验筛。

细筛：孔径2mm、1mm、0.5mm、0.25mm、0.1mm。

洗筛：孔径0.075mm。

4）洗筛漏斗。上口直径略大于洗筛直径，下口直径略小于量筒内径。

5）天平。称量1000g，最小分度值0.1g；称量500g，最小分度值0.01g；称量200g，最小分度值0.001g。

6）搅拌器。轮径50mm，孔径3mm，杆长约400mm，带螺旋叶。

7）煮沸设备。附冷凝管装置。

8）温度计。刻度为0～50℃，最小分度值0.5℃。

9）其他。秒表、锥形瓶（容积500mL）、研钵、木杵、电导率仪等。

10）试验所用试剂。

分散剂：4%六偏磷酸钠、6%双氧水、1%硅酸钠。

水溶盐检验试剂：10%盐酸、5%氯化钡、10%盐酸、5%硝酸银。

（3）方法步骤。

1）试验的试样，宜采用风干试样。当试样中易溶盐含量大于0.5%时，应洗盐。易溶盐含量的检验方法可用电导法或目测法。

电导法：按电导率仪使用说明书操作，测定温度T时试样溶液（土水比为1∶5）的电导率，并按式（1.1.21）计算20℃时的电导率。

$$K_{20}=\frac{K_T}{1+0.02(T-20)} \tag{1.1.21}$$

式中 K_{20}——20℃时悬液的导电率，μS/cm；

K_T——温度T时悬液的导电率，μS/cm；

T——测定时悬液的温度，℃。

当 K_{20} 大于 1000μS/cm 时应洗盐，当 K_{20} 大于 2000μS/cm 时应测定易溶盐的含量。

目测法：取风干试样 3g 置于烧杯中，加适量纯水调成糊状研散，再加纯水 25mL，煮沸 10min，冷却后移入试管中，放置过夜，观察试管，出现凝聚现象时应洗盐。

洗盐方法：将分析用试样放入调土杯内，注入少量蒸馏水，拌和均匀。迅速倒入贴有滤纸的漏斗中，并注入蒸馏水冲洗过滤。附在调土杯上的土粒全部洗入漏斗。若发现滤液浑浊，需重新过滤。

应经常使漏斗内的液面保持高出土面约 5cm。每次加水后，用表面皿盖住漏斗。

检查易溶盐清洗程度，可用 2 个试管各取刚滤下的滤液 3～5mL，一管加入数滴 10%盐酸和 5%氯化钡；另一管加入数滴 10%硝酸和 5%硝酸银。若发现一管中有白色沉淀，则证明土中的易溶盐仍未洗净，应继续清洗，直至检查时不再发现白色沉淀为止。

洗盐后将漏斗中的试样仔细清洗，风干试样。

2）将风干试样 30g，倒入 500mL 锥形瓶，注入纯水 200mL，浸泡过夜。将锥形瓶置于煮沸设备上连接冷凝管进行煮沸，煮沸时间一般为 1h。

3）将冷却后的悬液移入烧杯中，静置 1min，将上部悬液倒入量筒。遗留杯底沉淀物用带橡皮头研杵研散，再加适量水搅拌，静置 1min，再将上部悬液过 0.075mm 筛，如此重复清洗（最后所得悬液不得超过 1000mL）直至杯底砂粒洗净，将筛上和杯中砂粒合并洗入蒸发皿中，倾去清水，烘干，称量并按筛分法的步骤进行细筛分析，并计算各级颗粒占试样总质量的百分比。

4）将过筛悬液倒入量筒，加入 4%六偏磷酸钠 10mL，再注入纯水至 1000mL。如加入六偏磷酸钠后仍产生凝聚的试样应选用其他分散剂。

5）将搅拌器放入量筒中，沿悬液深度上下搅拌 1min，往复 30 次，勿使悬液溅出，使悬液内土粒均匀分布。

6）取出搅拌器，将密度计放入悬液中，立即开动秒表，测记 1min、5min、30min、120min、1440min 时的密度计读数。根据试样情况或实际需要，可增加密度计读数或缩短最后一次读数的时间。每次读数均应在预定时间前 10～20s，将密度计放入悬液中，且接近读数的深度，保持密度计浮泡处在量筒中心，不得贴近量筒内壁。

7）密度计读数均以弯液面上缘为准。甲种密度计应准确至 0.5，乙种密度计应准确至 0.0002。每次读数后，应取出密度计放入盛有纯水的量筒中，并应测定相应的悬液温度，准确至 0.5℃，放入或取出密度计时，应小心轻放，不得扰动悬液。

（4）数据记录与整理。

1）小于某粒径的试样质量占试样总质量的百分比计算。

甲种密度计：

$$X=\frac{100}{m_d}C_s(R+m_t+n-C_D) \tag{1.1.22}$$

式中　X——小于某粒径的试样质量百分比，%；

m_d ——试样干土质量，g；

C_s ——土粒比重校正值，查表1.1.12；

m_t ——悬液温度校正值，查表1.1.13；

n ——弯液面校正值；

C_D ——分散剂校正值；

R ——甲种密度计读数。

表1.1.12　土粒比重校正值

土粒比重	比重校正值		土粒比重	比重校正值	
	甲种密度计 C_s	乙种密度计 C_s'		甲种密度计 C_s	乙种密度计 C_s'
2.50	1.038	1.666	2.70	0.989	1.588
2.52	1.032	1.658	2.72	0.985	1.581
2.54	1.027	1.649	2.74	0.981	1.575
2.56	1.022	1.641	2.76	0.977	1.568
2.58	1.017	1.632	2.78	0.973	1.562
2.60	1.012	1.625	2.80	0.969	1.556
2.62	1.007	1.617	2.82	0.965	1.549
2.64	1.002	1.609	2.84	0.961	1.543
2.66	0.998	1.603	2.86	0.958	1.538
2.68	0.993	1.595	2.88	0.954	1.532

表1.1.13　悬液温度校正值

悬液温度/℃	甲种密度计温度校正值 m_t	乙种密度计温度校正值 m_t'	悬液温度/℃	甲种密度计温度校正值 m_t	乙种密度计温度校正值 m_t'
10.0	−2.0	−0.0012	20.5	+0.1	+0.0001
10.5	−1.9	−0.0012	21.0	+0.3	+0.0002
11.0	−1.9	−0.0012	21.5	+0.5	+0.0003
11.5	−1.8	−0.0011	22.0	+0.6	+0.0004
12.0	−1.8	−0.0011	22.5	+0.8	+0.0005
12.5	−1.7	−0.0010	23.0	+0.9	+0.0006
13.0	−1.6	−0.0010	23.5	+1.1	+0.0007
13.5	−1.5	−0.0009	24.0	+1.3	+0.0008
14.0	−1.4	−0.0009	24.5	+1.5	+0.0009
14.5	−1.3	−0.0008	25.0	+1.7	+0.0010
15.0	−1.2	−0.0008	25.5	+1.9	+0.0011
15.5	−1.1	−0.0007	26.0	+2.1	+0.0013
16.0	−1.0	−0.0006	26.5	+2.2	+0.0014
16.5	−0.9	−0.0006	27.0	+2.5	+0.0015
17.0	−0.8	−0.0005	27.5	+2.6	+0.0016
17.5	−0.7	−0.0004	28.0	+2.9	+0.0018
18.0	−0.5	−0.0003	28.5	+3.1	+0.0019
18.5	−0.4	−0.0003	29.0	+3.3	+0.0021
19.0	−0.3	−0.0002	29.5	+3.5	+0.0022
19.5	−0.1	−0.0001	30.0	+3.7	+0.0023
20.0	0.0	0.000			

乙种密度计：

$$X=\frac{100V}{m_d}C_s'[(R'-1)+m_t'+n'-C_D']\rho_{w20} \tag{1.1.23}$$

式中　X——小于某粒径的试样质量百分比，%；

m_d——试样干质量，g；

C_s'——土粒比重校正值，查表 1.1.13；

m_t'——悬液温度校正值，查表 1.1.14；

n'——弯液面校正值；

C_D'——分散剂校正值；

R'——乙种密度计读数；

V——悬液体积，取 1000mL；

ρ_{w20}——20℃时纯水的密度，取 0.998232g/cm^3。

2）试样颗粒粒径计算。

$$d=\sqrt{\frac{1800\times10^4\times\eta}{(G_s-G_{wT})\rho_{w0}g}\times\frac{L}{t}} \tag{1.1.24}$$

式中　d——试样颗粒粒径，mm；

ρ_{w0}——4℃时水的密度，g/cm^3；

η——水的动力黏滞系数，10^{-6}kPa·s，查表 1.1.14；

G_{wT}——温度 T 时水的比重；

L——某一时间段内土粒沉降距离，cm；

t——沉降时间，s；

g——重力加速度，取 981cm/s^2。

表 1.1.14　　水的动力黏滞系数

温度/℃	动力黏滞系数 η/(10^{-6}kPa·s)	温度/℃	动力黏滞系数 η/(10^{-6}kPa·s)	温度/℃	动力黏滞系数 η/(10^{-6}kPa·s)
5.0	1.516	13.5	1.188	22.0	0.968
5.5	1.498	14.0	1.175	22.5	0.952
6.0	1.470	14.5	1.160	23.0	0.941
6.5	1.449	15.0	1.144	24.0	0.919
7.0	1.428	15.5	1.130	25.0	0.899
7.5	1.407	16.0	1.115	26.0	0.879
8.0	1.387	16.5	1.101	27.0	0.859
8.5	1.367	17.0	1.088	28.0	0.841
9.0	1.347	17.5	1.074	29.0	0.823
9.5	1.328	18.0	1.061	30.0	0.806
10.0	1.310	18.5	1.048	31.0	0.789
10.5	1.292	19.0	1.035	32.0	0.773
11.0	1.274	19.5	1.022	33.0	0.757
11.5	1.256	20.0	1.010	34.0	0.742
12.0	1.239	20.5	0.988	35.0	0.727
12.5	1.223	21.0	0.986		
13.0	1.206	21.5	0.974		

试验记录见表1.1.15。

表1.1.15　　密度计法记录表

工程名称：＿＿＿＿　土样说明：＿＿＿＿　试验日期：＿＿＿＿

试 验 者：＿＿＿＿　计 算 者：＿＿＿＿　校 核 者：＿＿＿＿

风干土质量：＿＿＿＿　干土总质量：30g　密度计号：＿＿＿＿

量 筒 号：＿＿＿＿　烧瓶号：＿＿＿＿　湿土质量：＿＿＿＿

小于0.075mm颗粒土质量百分数：＿＿＿＿　含 盐 量：＿＿＿＿

含 水 率：＿＿＿＿　干土质量：＿＿＿＿　土粒比重：＿＿＿＿

试样处理说明：＿＿＿＿　比重校正值：＿＿＿＿　弯液面校正值：＿＿＿＿

试验时间	下沉时间 t/min	悬液温度 T/℃	密度计读数					土粒落距 L/cm	粒径 d/mm	小于某粒径的土质量百分数/%	小于某粒径的总土质量百分比数/%
			密度计读数 R	温度校正值/ m	分散剂校正值 C_D	$R_M=R+m+n-C_D$	$R_H=R_MC_S$				

根据计算结果绘制颗粒大小分布曲线，与筛析法相同；当密度计法和筛析法联合分析时，应将试样总质量折算后绘制颗粒大小分布曲线，并应将两段曲线连成一条平滑的曲线。

1.1.2.2 含水率试验

含水率是土的基本物理性质指标之一，它反映了土的干湿状态，是计算土的干密度、孔隙比、饱和度、液性指数等不可缺少的依据，也是建筑物地基、路堤、土坝等施工质量控制的重要指标。

1. 试验方法与适用范围

含水率试验方法有烘干法（室内试验标准方法）、酒精燃烧法（适用于简易测定细粒土含水率）及比重法（适用于砂类土）等。

2. 烘干法

1.22 Ⓟ 烘干法仪器设备组图

（1）仪器设备。

1）烘箱：保持温度105～110℃的自动控制电热恒温烘箱，或其他能源烘箱。

2）天平：称量200g，最小分度值0.01g。

3）其他：干燥器、称量盒、调土刀等。

（2）操作步骤。

1）称湿土：选取具有代表性的试样15～30g，放入已称过质量并记下盒号的称量盒内，立即盖好盒盖，称出盒加湿土质量，准确到 0.01g。

2）烘土：打开盒盖，将盒盖扣在盒底，放入烘箱中在 105～110℃下烘至恒重，烘土时间对黏质土不少于 8h，砂类土不少于 6h；对有机质含量超过干土 10%的土，温度应控制在 65～70℃的恒温下烘至恒重。然后取出盖好盒盖，放在干燥器内冷却至室温。

3）称干土：从干燥器内取出试样，称出盒加干土质量，准确至 0.01g。

（3）数据记录与整理。

$$\omega=\frac{m_{(\text{盒}+\text{湿土})}-m_{(\text{盒}+\text{干土})}}{m_{(\text{盒}+\text{干土})}-m_{(\text{盒})}}\times 100\% \tag{1.1.25}$$

式中 ω——含水率，计算精确至 0.1%。

本试验需要进行两次平行测定，取其算术平均值，允许平行差值见表 1.1.16。

表 1.1.16　　含水率测定的平行差值

含水率/%	允许平行差值/%
<10	0.5
10～40	1.0
>40	2.0

含水率的试验记录见表 1.1.17。

表 1.1.17　　含水率试验记录表

工程名称：__________ 土样说明：__________ 试验日期：__________

试 验 者：__________ 计 算 者：__________ 校 核 者：__________

土样编号	盒号	盒质量/g	盒加湿土质量/g	盒加干土质量/g	水分质量/g	干土质量/g	含水率/%	平均含水率/%
		①	②	③	④=②-③	⑤=③-①	⑥=④/⑤	⑦

3. 酒精燃烧法

（1）仪器设备。

1）酒精：纯度 95%。

2）天平：称量 200g，最小分度值 0.01g。

3）其他：滴管、火柴、调土刀、称量盒等。

（2）操作步骤。

1）称湿土：选取具有代表性的试样砂质土 20～30g，黏质土 5～10g，放入已称过质量并记下盒号的称量盒内，立即盖好盒盖，称出盒加湿土质量，准确到 0.01g。

2）烧土：用滴管将酒精注入放有试样的称量盒中，直至盒中出现自由液面。为使酒精和试样充分混合，可将盒底在桌面上轻轻敲击。点燃酒精直至自然熄灭。将试样冷却数分钟，再重复燃烧两次。

3）称干土：第三次火焰熄灭后立即盖好盒盖，称出盒加干土质量，准确至0.01g。

（3）数据记录与整理。同烘干法。

4. 比重法

（1）仪器设备。

1）玻璃瓶：容积500mL以上。

2）天平：称量1000g，最小分度值0.5g。

3）其他：漏斗、小勺、吸水球玻璃片、土样盘、玻璃棒等。

（2）操作步骤。

1）取土样：取具有代表性的砂质土试样200～300g，放入土样盘内，记下土样质量，记作m。

2）排气：向玻璃瓶中注入清水至1/3左右。用漏斗将土样盘中的试样倒入瓶中，用玻璃棒搅拌1～2min，直至含气完全排出。

3）称瓶、土、水、玻璃片总质量：向瓶中加清水，静置1min后用吸水球洗去泡沫，再加清水至充满，盖上玻璃片，擦干外壁称量，精确至0.5g。记下瓶、土、水、玻璃片总质量，记作m_1。

4）称瓶、水的质量：倒去瓶中混合液，洗净，向瓶中加清水至全部充满，盖上玻璃片，擦干外壁称量，精确至0.5g。记下瓶、水、玻璃片质量，记作m_2。

（3）数据记录与整理。

$$\omega=\left[\frac{m(G_s-1)}{G_s(m_1-m_2)}-1\right]\times 100\% \tag{1.1.26}$$

式中　ω——含水率，计算精确至0.1%。

本试验需要进行两次平行测定，取其算术平均值，允许平行差值见表1.1.16。

含水率试验记录见表1.1.18。

表1.1.18　　含水率试验记录表（比重法）

工程名称：＿＿＿＿＿＿　土样说明：＿＿＿＿＿＿　试验日期：＿＿＿＿＿＿

试 验 者：＿＿＿＿＿＿　计 算 者：＿＿＿＿＿＿　校 核 者：＿＿＿＿＿＿

土样编号	瓶号	湿土质量/g	瓶、土、水、玻璃片总质量/g	瓶、水、玻璃片总质量/g	土粒比重	含水率/%	平均含水率/%
		①	②	③	④	⑤	⑥

1.1.2.3　密度试验

土的密度是土的基本物理性质指标之一，它反映土的密实程度，特别是土的干密度，是建筑物地基、路堤、土坝等施工质量控制的重要指标。

1. 试验方法适用范围

室内试验有环刀法、蜡封法，现场有灌砂法、灌水法、核子密度仪法等。一般黏质土采用环刀法，土样易碎裂难以切削可用蜡封法。下面主要介绍环刀法。

2. 仪器设备

1）环刀：内径6～48cm，高度2～3cm。

2）天平：称量200g，最小分度值0.1g。

3）其他：切土刀、钢丝锯、玻璃片等。

3. 操作步骤

1）切取土样：取擦拭干净的环刀称取环刀质量，记作m_1。在环刀内壁涂一薄层凡士林，刃口向下放在土样（原状土样或制备所需状态的扰动试样）上，然后将环刀垂直下压，并用切土刀沿环刀外侧切削土样，边压边削至土样高出环刀，根据试样的软硬采用钢丝锯或削土刀整平环刀两端土样。取剩余代表性土样测得含水率。

2）试样称量：擦净环刀外壁，称环刀和土的总质量，记作m_2，精确至0.1g。

4. 数据记录与整理

$$\rho=\frac{m_2-m_1}{V} \tag{1.1.27}$$

式中　V——环刀容积，cm^3。

本试验需进行2次平行测定，平行差值不得大于$0.03g/cm^3$，取两次测值的算术平均值作为试验结果。

试验记录见表1.1.19。

表1.1.19　　　　密度试验记录表格（环刀法）

工程名称：＿＿＿＿＿＿　土样说明：＿＿＿＿＿＿　试验日期：＿＿＿＿＿＿

试　验　者：＿＿＿＿＿＿　计　算　者：＿＿＿＿＿＿　校　核　者：＿＿＿＿＿＿

土样编号	环刀号	环刀＋土质量/g	环刀质量/g	土的质量/g	环刀体积/cm^3	密度/(g/cm^3)	平均密度/(g/cm^3)
		①	②	③＝①－②	④	⑤＝③/④	⑥

1.1.2.4　比重试验

土粒比重是土的基本物理性质指标之一，用于计算其他土的物理力学性质指标，如孔隙比、饱和度、临界水力坡降等。

1. 试验方法与适用范围

按照土粒粒径不同，比重试验可分为三种：比重瓶法适用于粒径小于5mm的土；浮称法适用于粒径大于5mm的土，其中粒径大于20mm的颗粒小于总质量的10%；

虹吸筒法适用于粒径大于5mm的土，其中粒径大于20mm的颗粒大于总质量的10%。联合测定时取加权平均值作为土粒比重。下面介绍前两种。

2. 比重瓶法

（1）仪器设备。

1）比重瓶（图1.1.15）：容量为100mL（或50mL），分长颈和短颈两种。

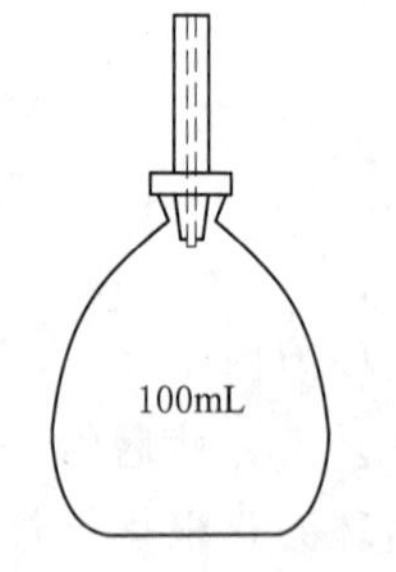

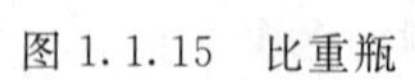
图1.1.15 比重瓶

2）天平：称量200g，最小分度值0.001g。

3）恒温水槽：灵敏度±1℃。

4）其他：砂浴（能调节温度）、真空抽气设备、烘箱、纯水或中性液体（如煤油等）、温度计（测量范围0～50℃，最小分度值0.5℃）、筛（孔径2mm和5mm）、漏斗、滴管等。

（2）操作步骤。

1）取样称量：将比重瓶洗净烘干，称取比重瓶质量，记作m_1。取通过5mm筛的烘干土样约15g（若用50mL的比重瓶，可取烘干土样12g），用玻璃漏斗装入洗净烘干的比重瓶内，称出瓶和土的质量，记作m_2，精确至0.001g。

2）煮沸排气：将已装有干土的比重瓶中注入纯水至半瓶，轻轻摇动比重瓶，将比重瓶放在砂浴上煮沸，煮沸时间自悬液沸腾时算起，砂及砂质粉土不小于30 min，黏土及粉质黏土不小于1h，煮沸时应注意不使悬液溢出瓶外。

3）注水称量：如系短颈瓶将纯水注入比重瓶近满，塞好瓶塞，使多余水分从瓶塞的毛细管中溢出；如系长颈比重瓶，注水至略低于瓶的刻度处，可用滴管调整液面恰至刻度处（以弯液面下缘为准），待瓶内悬液温度稳定且上部悬液澄清，擦干瓶外壁的水，称出瓶、水和土的总质量，记作m_3，称量后立即测出瓶内水的温度。

4）查取瓶和水的质量：根据测的温度，从温度与瓶、水质量关系曲线中查取瓶、水质量，记作m_4（实验室提供）。

5）测定含有可溶盐、亲水性胶体或有机质的土比重时，用中性液体（如煤油）等代替纯水，用真空抽气法代替煮沸法，排除土中空气。抽气时真空度须接近1个大气压（−98kPa），从达到1个大气压时算起，抽气时间一般为1～2h，直至悬液内无气泡逸出时为止。其余步骤同3）和4）。

（3）数据记录与整理。用纯水测定时比重的计算公式为

$$G_s=\frac{m_2-m_1}{(m_2-m_1)+m_4-m_3}G_{wt} \tag{1.1.28}$$

式中 G_s——土粒的比重，精确至0.001；

m_1——瓶质量，g；

m_2——瓶、土总质量，g；

m_3——瓶、水、土总质量，g；

m_4——瓶、水质量，g；

G_{wt}——t℃时纯水的比重，精确至0.001，查表1.1.20。

本试验须同时进行两次平行测定，取其算术平均值，保留两位小数，其平行差不

得大于 0.02。

表 1.1.20　　不同温度时水的比重 G_{wt}（近似值）

水温/℃	4.0～12.5	12.5～19.0	19.0～23.5	23.5～27.5	27.5～30.5	30.5～33.5
水的比重	1.000	0.999	0.998	0.997	0.996	0.995

（4）试验记录。比重试验记录见表 1.1.21。

表 1.1.21　　比重试验（比重瓶法）

工程名称：＿＿＿＿＿　土样说明：＿＿＿＿＿　试验日期：＿＿＿＿＿

试 验 者：＿＿＿＿＿　计 算 者：＿＿＿＿＿　校 核 者：＿＿＿＿＿

比重瓶编号	温度/℃	水的比重	瓶质量/g	瓶、土质量/g	干土质量/g	瓶、水质量/g	瓶、水、土总质量/g	同体积的水体质量/g	土粒比重	平均值
	①	②	③	④	⑤=④－③	⑥	⑦	⑧=⑤+⑥－⑦	⑨=⑤×②/⑧	⑩

3. 浮称法

（1）仪器设备。

1）铁丝筐：孔径小于 5mm，直径 10～15cm，高 10～20cm。

2）盛水容器：适合铁丝筐沉入。

3）天平或秤：称量 2kg，最小分度值 0.2g；称量 10kg，最小分度值 1g。

4）其他：烘箱、温度计、孔径 5mm 和 20mm 的筛等。

（2）操作步骤。

1）称取土样：取粒径大于 5mm 的有代表性试样 500～1000g（若用秤称则称 1～2kg）。

2）洗样：冲洗试样直至颗粒表面无尘土和其他污物。

3）浸水：将试样浸在水中 24 小时后取出，立即放入铁丝筐，缓缓浸没于水中，并在水中摇晃，至无气泡逸出时为止。

4）称铁丝筐和试样在水中的总质量，记作 m_1，精确至 0.2g。

5）称试样干质量：取出试样烘干称量，记作 m_2，精确至 0.2g。

6）称铁丝筐在水中的质量，记作 m_3，精确至 0.2g。立即测量容器内水的温度，精确至 0.5℃。

7）本试验应进行两次平行测定，两次测定差值不得大于 0.02，取其算术平均

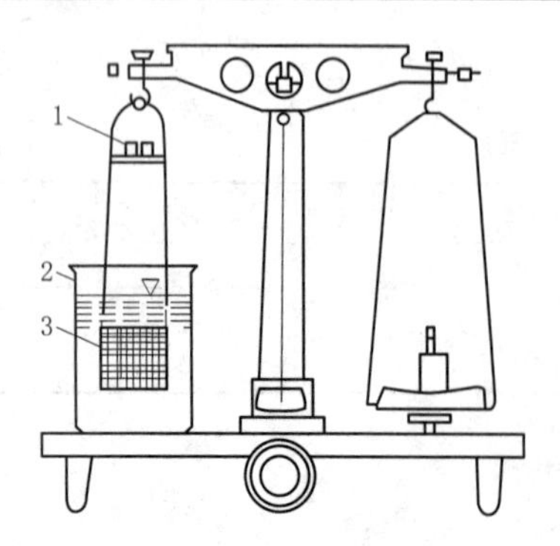

图 1.1.16 浮称法示意图

1—调天平平衡砝码盘；

2—盛水容器；3—盛粗粒土的铁丝筐

值，如图 1.1.16 所示。

(3) 数据记录与整理。

浮称法比重的计算公式为

$$G_s = \frac{m_2}{m_2 - (m_1 - m_3)} G_{wt} \qquad (1.1.29)$$

式中 G_s——土粒的比重，精确至 0.001；

m_1——铁丝筐和试样在水中的总质量，g；

m_2——试样干质量，g；

m_3——铁丝筐在水中质量，g；

G_{wt}——t℃时纯水的比重，精确至 0.001。

试验记录见表 1.1.22。

表 1.1.22　　比重试验（浮称法）

工程名称：＿＿＿＿＿＿　土样说明：＿＿＿＿＿＿　试验日期：＿＿＿＿＿＿

试 验 者：＿＿＿＿＿＿　计 算 者：＿＿＿＿＿＿　校 核 者：＿＿＿＿＿＿

野外编号	室内编号	温度/℃	水的比重	烘干土质量/g	铁丝筐加试样在水中质量/g	铁丝筐在水中质量/g	试样在水中质量/g	土粒比重	平均值
		①	②	③	④	⑤	⑥=④－⑤	⑦=③×②/(③－⑥)	⑧

1.1.2.5 界限含水率试验

界限含水率试验是测定黏性土的液限 ω_L 和塑限 ω_P，计算土的塑性指数 I_P 和液性指数 I_L，用于对黏性土进行分类及判断黏性土的状态，供工程设计和施工使用。

1. 试验方法与适用范围

试验方法有滚搓法塑限试验、碟式仪液限试验和液塑限联合测定法等。

滚搓法塑限试验

2. 滚搓法塑限试验

(1) 仪器设备。

1) 毛玻璃板：约 200mm×300mm。

2) 缝宽 3mm 的模板或直径 3mm 的金属丝，或分度值为 0.02mm 的卡尺。

3) 其他：天平（称量 200g，最小分度值 0.01g）、烘箱、干燥器、称量盒、调土刀等。

(2) 操作步骤。

1) 制备土样：取过 0.5mm 筛的代表性试样约 100g，加纯水拌和，浸润静置过夜。从制备好的试样中取出 50g 左右，为使试验前试样的含水率接近塑限，可将试样在手中捏揉至不黏手，或用吹风机稍微吹干，然后将试样捏扁，如出现裂缝表示此时含水率已接近塑限。

2）搓土条：取接近塑限的试样一小块，先用手搓成椭圆形，然后再用手掌在毛玻璃上轻轻搓滚。搓滚时手掌均匀施加压力于土条上，不得使土条在毛玻璃板上无力滚动，土条不得有中空现象，土条长度不宜超过手掌宽度。当土条直径搓到 3mm，且土条表面出现裂纹或断裂时，表示试样的含水率达到塑限。若土条搓成 3mm 时，仍未产生裂缝及断裂，表示这时试样的含水率高于塑限，应将其捏成一团，按上述方法重新搓滚；若土条直径未达 3mm 时即断裂，表示试样含水率小于塑限，应弃去，重新取土样。

3）测含水率：取合格土条 3～5g，放入称量盒内，随即盖紧盒盖，测定含水率。此含水率即为塑限。

4）本试验需进行 2 次平行测定，取算术平均值，精确至 0.1%，平行差值中，高液限土不大于 2%，低液限土不大于 1%。

（3）数据记录与整理。塑限 ω_P。计算公式为

$$\omega_P=\left(\frac{m_0}{m_d}-1\right)\times 100\% \tag{1.1.30}$$

式中　m_0——湿土质量，g；

m_d——干土质量，g。

试验记录见表 1.1.23。

表 1.1.23　　塑限试验（滚搓法）

工程名称：________　土样说明：________　试验日期：________

试 验 者：________　计 算 者：________　校 核 者：________

土样编号	盒号	盒质量/g	盒+湿土质量/g	盒+干土质量/g	水分质量/g	干土质量/g	含水率/%	塑限/%
		①	②	③	④=②−③	⑤=③−①	⑥=④/⑤	⑦

3. 碟式仪液限试验

（1）仪器设备。

1）碟式液限仪：由土碟和支架组成专用仪器并有专用划刀，如图 1.1.17 所示。

2）天平：称量 200g，最小分度值 0.01g。

3）其他：烘箱、干燥器、称量盒、调土刀、筛（孔径 0.5mm）等。

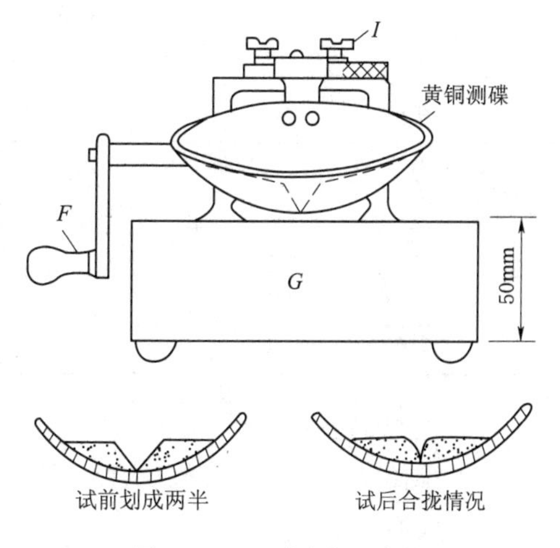

图 1.1.17　碟式仪示意图

（2）操作步骤。

1）制备土样：取过 0.6mm 筛的土样（天然含水率的土样或风干土样均可）约 100g，放在调土皿中，按需要加纯水，用

调土刀反复搅拌至均匀。

2）装样：取一部分试样，平铺于土碟的前半部，铺土时应防止试样中混入气泡。用调土刀将试样样面修平，使最厚处为10mm，多余试样放回调土皿中。以蜗形轮为中心，用划刀自后至前沿土碟中央将试样划成槽缝清晰的两半。为避免槽缝边扯裂或试样在土碟中滑动，允许从前至后，再从后至前多划几次，将槽逐步加深以代替一次划槽，最后一次从后至前的划槽能明显地接触碟底。但应尽量减少划槽的次数。

3）试验：以2rad/s的速率转动摇柄，使土碟反复起落，坠击于底座上，数记击数，直至试样两边在槽底的合拢长度为13mm，记录击数，并在槽的两边采取试样10g左右测定其含水率。

4）重复试验：将土碟中的剩余试样移至调土皿中，再加水彻底拌和均匀，按上述步骤再做2次试验。这2次土的稠度应使合拢长度为13mm时所需击数为15～35次（25次以上及以下各1次）。然后测定各击数下试样的相应含水率。

（3）数据记录与整理。按式（1.1.31）计算试样含水率：

$$\omega_n=\left(\frac{m_0}{m_d}-1\right)\times 100\% \qquad (1.1.31)$$

式中 ω_n——n击数下试样的含水率，%；

m_0——n击数下试样的湿土质量，g；

m_d——试样的干土质量，g。

根据试验结果，以含水率为纵坐标，以击次在对数横坐标上，绘制曲线，如图1.1.18所示，查得曲线上击数25次所对应的含水率即为该试样的液限。

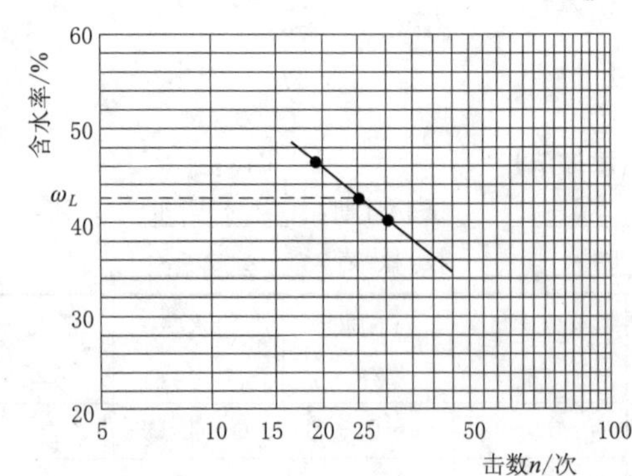

图1.1.18 含水率与击数关系曲线

试验记录见表1.1.24。

表1.1.24 **碟式仪液限试验**

工程名称：＿＿＿＿ 土样说明：＿＿＿＿ 试验日期：＿＿＿＿

试 验 者：＿＿＿＿ 计 算 者：＿＿＿＿ 校 核 者：＿＿＿＿

土样编号	击数 N	盒号	盒质量/g	盒+湿土质量/g	盒+干土质量/g	水分质量/g	干土质量/g	含水率/%	液限/%
			①	②	③	④=②－③	⑤=③－①	⑥=④/⑤	⑦

4. 液塑限联合测定法

适用粒径$d\leqslant$5mm、有机质含量不大于试样干土总质量的5%的土。

（1）仪器设备。

1）液塑限联合测定仪：包括带标尺的圆锥仪、电磁铁、显示屏、控制开关、试样杯（直径 40～50mm，高 30～40mm）。圆锥仪质量 76g，锥角为 30°。

2）其他：天平（称量 200g，最小分度值 0.01g）、调土刀、凡士林、烘箱、干燥器、称量盒等。

（2）操作步骤。

1）制备试样：当土样均匀时，采用天然含水率的土制备试样；当土样不均匀时，采用风干土制备试样，取过 0.5mm 筛下的代表性土样。用纯水分别将土样调成接近液限、塑限和两者中间状态的均匀土膏，放入保湿器，浸润 24h。

2）装土入试样杯：将制备好的土膏用调土刀充分调拌均匀，密实填入试样杯中，填满后刮平试样表面。

3）接通电源：调平液塑限联合测定仪，在圆锥仪上抹一薄层凡士林，接通电源，使电磁铁吸稳圆锥。

4）调节屏幕准线：将屏幕上的标尺调在零位刻线处，将试样杯放在联合测定仪的升降座上，调整升降座，使圆锥尖刚好接触试样表面，指示灯亮时圆锥在自重下沉入试杯，经 5s 后测读圆锥下沉深度。

5）测含水率：取出试样杯，挖去锥尖入土处的凡士林，取锥体附近的试样不少于 10g 放入称量盒内，测含水率。

6）重复以上步骤分别测定其余两个试样的圆锥下沉深度及相应的含水率。液塑限联合测定应不少于三个试样。

（3）数据记录与整理。

1）按式（1.1.32）计算含水率：

$$\omega=\left(\frac{m_0}{m_d}-1\right)\times 100\% \tag{1.1.32}$$

式中　ω——含水率，计算精确至 0.1%；

m_0——湿土质量，g；

m_d——干土质量，g。

2）以含水率为横坐标，圆锥入土深度为纵坐标，在双对数坐标纸上绘制三个含水率与相应的圆锥下沉深度关系曲线。三点应在一条直线上。如果三点不在一条直线上，通过高含水率 a 点和其余两点 b、c 分别连成两条直线，在圆锥下沉深度为 2mm 处查得相应的两个含水率，当两个含水率的差值小于 2%时，以两点含水率的平均值与高含水率的点连一条直线 B 线作为试验结果；当两个含水率的差值不小于 2%时，应补做试验（图 1.1.19）。

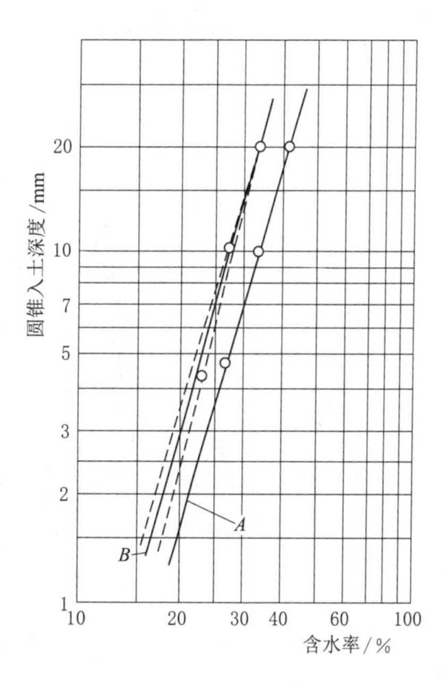

图 1.1.19　圆锥下沉深度与含水率关系

3）在含水率与圆锥下沉深度的关系图上查得圆锥下沉深度为 17mm 所对应的含水率为液限，下沉深度为 10mm 所对应的含水率为 10mm

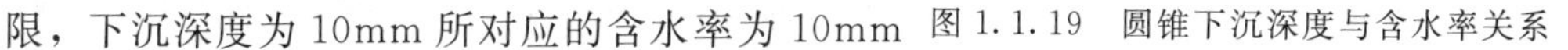

液限。圆锥下沉深度为2mm所对应的含水率为塑限。

试验记录见表1.1.25。

表1.1.25　液塑限联合测定试验

工程名称：__________　土样说明：__________　试验日期：__________

试 验 者：__________　计 算 者：__________　校 核 者：__________

土样编号	圆锥下沉深度/mm	盒号	盒质量/g	盒+湿土质量/g	盒+干土质量/g	水分质量/g	干土质量/g	含水率/%	液限/%	塑限/%	塑性指数	液性指数
			①	②	③	④=②−③	⑤=③−①	⑥=④/⑤	⑦	⑧	⑨=⑦−⑧	

1.1.2.6　击实试验

击实试验的目的是在标准击实方法下测定土的密度与含水率的关系，从而确定土的最大干密度和最优含水率，为工程设计和现场施工提供资料，作为控制路堤、土坝或填土地基等密实度的重要指标。

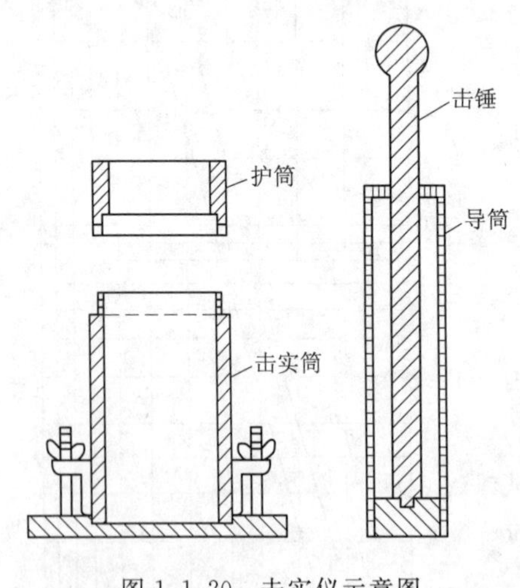

图1.1.20　击实仪示意图

1. 试验方法与适用范围

击实试验分轻型和重型两种，轻型击实试验适用于粒径小于5mm的黏性土，重型击实试验适用于粒径小于20mm的土。

2. 仪器设备

(1) 击实仪：由击实筒、击锤和护筒组成，如图1.1.20所示。击实仪的击锤应配导筒，击锤与导筒间应有足够的间隙使锤能自由下落。电动操作的击锤必须有控制落距的跟踪装置和锤击点按一定角度（轻型53.5°、重型45°）均匀分布的装置。

(2) 天平：称量200g，分度值0.1g。

(3) 台称：称量10kg，分度值5g。

(4) 标准筛：孔径为20mm圆孔筛和5mm标准筛。

(5) 其他：烘箱、喷水设备、碾土器、盛土器、推土器（宜用螺旋式或液压式千斤顶，如无此装置，也可用刮刀和修土刀从击实筒中取出试样）、修土刀和保湿设备等。

3. 操作步骤

（1）试样制备：试样制备分为干法制备和湿法制备两种。干法制备是取代表性风干土样（轻型约为 20kg，重型约为 50kg），放在橡皮板上用木碾或碾土器碾散，轻型击实试验过 5mm 筛，重型击实试验过 20mm 筛，将筛下土样拌匀，并测定土样的风干含水率；湿法制备是取天然含水率的代表性土样（轻型 20kg，重型 50kg），按轻型和重型击实要求碾散过筛，将筛下土拌匀。

（2）加水拌和：干法制备根据土的塑限预估最优含水率，按依次相差 2%的含水率制备一组试样（不少于 5 个），轻型击实试验中有 2 个含水率大于塑限，2 个小于塑限，1 个接近塑限，重型击实试验至少有 3 个含水率小于塑限。所需加水量按式（1.1.33）计算：

$$m_w = \frac{m}{1 + 0.01\omega_0} \times 0.01(\omega - \omega_0) \tag{1.1.33}$$

式中　m_w——土样所需加水质量，g；

m——风干土样的质量，g；

ω——土样所要求的含水率，%；

ω_0——风干土样的含水率，%。

将一定量土样平铺于不吸水的盛土盘内（轻型击实取土样约 2.5kg，重型击实约 5.0kg），用喷水设备向土样均匀喷洒所需的加水量，拌匀后装入塑料袋或盛土器内静置 12h 以上。

湿法制备是分别将天然土样风干或加水到所要求的不同含水率（须使含水率分布均匀）。

（3）分层击实：将击实仪放在坚实地面上，击实筒内壁和底板涂一薄层润滑油，连接好击实筒与底板，安装好护筒；从制备好的一份试样中称取一定量土料，分层倒入击实筒内并将土面整平，分层击实。轻型击实试验分 3 层，每层土料质量 600～800g（其量应使击实后试样的高度略高于击实筒 1/3），每层 25 击；重型击实试验分 5 层，每层土料质量宜为 900～1100g，每层 56 击。如为手工击实，应保证使击锤自由铅直下落，锤击点必须均匀分布于土面上；如为机械击实，可将定数器拨到所需的击数处，按动电钮进行击实。击实后，每层试样的高度应大致相等，两层交接面的土面应刨毛。击实完成后，超出击实筒顶的试样高度应小于 6mm。

（4）修平称量：用修土刀沿护筒内壁削挖后，扭动并取下护筒，测出超高（取多个测值平均，准确至 0.1mm）；齐筒顶细心削平试样，拆除底板（如试样底面超出筒外也应修平），擦净筒外壁称量，准确至 1g。

（5）测含水率：用推土器推出筒内试样，从试样中心处取 2 个一定量土料（轻型为 15～30g，重型为 50～100g）平行测定土的含水率，称量准确至 0.01g，含水率平行误差不得超过 1%。

按步骤 3）～5）对其他不同含水率的土样进行击实，一般不重复使用土样。

4. 数据记录与整理

用式（1.1.34）计算试样干密度：

$$\rho_d = \frac{\rho}{1+0.01\omega} \tag{1.1.34}$$

式中 ρ_d ——干密度，g/cm^3；

ρ ——湿密度，g/cm^3；

ω ——含水率，%。

试验记录见表 1.1.26。

表 1.1.26　　击实试验记录表

工程名称：＿＿＿＿＿　土样说明：＿＿＿＿＿　试验日期：＿＿＿＿＿

试 验 者：＿＿＿＿＿　计 算 者：＿＿＿＿＿　校 核 者：＿＿＿＿＿

试验序号	干密度					含水率							
	筒加土质量/g	筒质量/g	湿土质量/g	密度/(g/cm^3)	干密度/(g/cm^3)	盒号	盒加湿土质量/g	盒加干质量/g	盒质量/g	湿土质量/g	干土质量/g	含水率/%	平均含水率/%
	①	②	③	④	⑤		⑥	⑦	⑧	⑨	⑩	⑪	⑫
			①－②	$\frac{③}{V}$	$\frac{④}{1+0.01⑫}$					⑥－⑧	⑦－⑧	$\left(\frac{⑨}{⑩}-1\right)\times 100$	
最大干密度： g/cm^3						最优含水率： %							

注　表中 V 为击实筒容积，分 947.4cm^3 和 2103.9cm^3 两种规格。

以干密度为纵坐标，含水率为横坐标，绘制干密度与含水率关系曲线，即击实曲线，曲线上峰值占所对应的坐标分别为土的最大干密度和最优含水率，如曲线不能绘出准确的峰值点，应进行补点试验。

学习任务 1.2　土的工程分类与野外鉴别

1.31 土的工程分类与野外鉴别

1.2.1　基础知识学习

自然界的土类众多，其成分和工程性质变化很大。土的工程分类的目的就是将工程性质相近的土归成一类并予以定名，以便于对土的工程性能进行合理的评价和研究，使工程技术人员对土有共同的认识，便于经验交流。不同的工程将土用于不同的目的，如建筑物工程将土作为地基，隧道工程将土作为环境，堤坝工程将土作为建筑材料，不同的应用目的对土评价的侧重面不同，这就形成了不同行业有不同的分类习惯和分类标准。

土的分类法有两大类：一类是实验室分类法，该分类方法主要是根据土的颗粒级配及塑性等进行分类，常在工程技术设计阶段使用；另一类是目测法或野外鉴别法，是在现场勘察中根据经验和简易的试验进行土的简易分类。

1.2.1.1 水利工程土的分类法［《土工试验规程》(SL 237—1999) 分类法］

1. 鉴别有机土和无机土

根据土中完全分解、部分分解到未分解的动植物残骸和无定型物质判断是有机土还是无机土。一般有机土呈黑色、青黑色或暗色，有臭味，含纤维质，手触有弹性和海绵感。当不能判定时，可将试样在 105～110℃的烘箱中烘焙一昼夜，烘焙后试样液限降低到未烘焙试样液限的 3/4 时，试样为有机质土。有机质含量为 $5\% \leqslant Q_u \leqslant 10\%$的土称为有机质土，有机质含量 $Q_u > 10\%$的土称为有机土。

2. 无机土的细分类

无机土按巨粒土、粗粒土和细粒土进行细分类。

先根据该土样的颗粒级配曲线，确定巨粒组（$d > 60$mm）的质量占土总质量的百分数，当土样中巨粒组质量大于总质量的 50%时，该土称为巨粒类土；当土样中巨粒组质量为总质量的 15%～50%时，该土称为巨粒混合土；当土样中巨粒组质量小于总质量的 15%时，可扣除巨粒，按粗粒土或细粒土的相应规定分类定名。

当粗粒组（$0.075\text{mm} < d \leqslant 60\text{mm}$）质量大于总质量的 50%时，该土称为粗粒类土；当细粒组质量不小于总质量的 50%时，该土则为细粒类土。然后再对巨粒类土、巨粒混合土、粗粒类土或细粒类土进一步细分。

3. 巨粒类土、巨粒混合土、粗粒类土或细粒类土的分类

（1）巨粒类土、巨粒混合土的分类和定名。巨粒类土又分为巨粒土和混合巨粒土，即巨粒含量为 75%～100%的划分为巨粒土；巨粒含量为 50%～75%的划分为混合巨粒土。当巨粒组质量为总土质量的 15%～50%时，则称为巨粒混合土。巨粒类土和巨粒混合土的分类定名，详见表 1.2.1。

表 1.2.1 巨粒土和含巨粒土的分类

土类	粒组含量		土代号	土名称
巨粒土	巨粒含量 75%～100%	漂石粒含量>50%	B	漂石
		漂石粒含量≤50%	C_b	卵石
混合巨粒土	巨粒含量小于 75%，大于 50%	漂石粒含量>50%	BSI	混合土漂石
		漂石粒含量≤50%	C_bSI	混合土卵石
巨粒混合土	巨粒含量 15%～50%	漂石含量>卵石含量	SIB	漂石混合土
		漂石含量≤卵石含量	SIC_b	卵石混合土

（2）粗粒类土的分类和定名。

1）砾类土的分类：粗粒组 $0.075\text{mm}<d\leqslant 60\text{mm}$ 质量大于总质量的 50%时，称粗粒类土，粗粒类土又分为砾类土和砂类土。当粗粒类土中砾粒组（$2\text{mm}<d\leqslant 60\text{mm}$）质量大于总质量 50%的土称砾类土；砾粒组质量小于或等于总质量的 50%的土称砂类土。砾类土又根据其中的细粒含量和类别以及粗粒组的级配划分，详见表 1.2.2。

表 1.2.2　　砾类土的分类

土类	粒组含量		土代号	土名称
砾	细粒含量小于 5%	级配：$C_u>5$ 且 $C_c=1\sim3$	GW	级配良好的砾
		级配：不同时满足上述要求	GP	级配不良的砾
含细粒土砾	细粒土含量 5%～15%		GF	含细粒土砾
细粒土质砾	15%＜细粒含量≤50%	细粒为黏土	GC	黏土质砾
		细粒为粉土	GM	粉土质砾

注　表中细粒土质砾土类，应按细粒土在塑性图中位置定名。

2）砂类土的分类：砂类土又根据其中的细粒含量和类别以及粗粒组的级配划分，详见表 1.2.3。

表 1.2.3　　砂类土分类

土类	粒组含量		土代号	土名称
砂	细粒含量小于 5%	级配：$C_u>5$ 且 $C_c=1\sim3$	SW	级配良好的砂
		级配：不同时满足上述要求	SP	级配不良的砂
含细粒土砂	细粒土含量 5%～15%		SF	含细粒土砂
细粒土质砂	15%＜细粒含量≤50%	细粒为黏土	SC	黏土质砂
		细粒为粉土	SM	粉土质砂

注　表中细粒土质砂土类，应按细粒土在塑性图中位置定名。

（3）细粒类土的分类和定名。细粒质量不小于总质量的 50%的细粒类土又分为细粒土、含粗粒的细粒土和有机质土。粗粒组质量小于总质量的 25%的土称为细粒土；粗粒组质量为总质量的 25%～50%的土称为含粗粒的细粒土；有机质含量为 $5\%\leqslant Q_u\leqslant 10\%$ 的称为有机质土。细粒土、含粗粒的细粒土和有机质土的细分如下：

1）细粒土的分类：细粒土根据塑性图分类。塑性图以土的液限 ω_L 为横坐标，塑性指数 I_P 为纵坐标，如图 1.2.1 所示。塑性图中有 A、B 两条线，A 线方程 $I_P=$

0.73(ω_L－20)，A 线上侧为黏土，下侧为粉土。B 线方程为 ω_L ＝50％，ω_L ＜ 50％为低液限，ω_L ≥50％为高液限。这样通过 A、B 两条线将塑性图划分为四个区域，每个区域都标出两种土类名称的符号。应用时，根据土的 ω_L 和 I_P 值可在图中得到相应的交点，按照该点所在区域的符号，由图 1.2.1 便可查出土的名称。

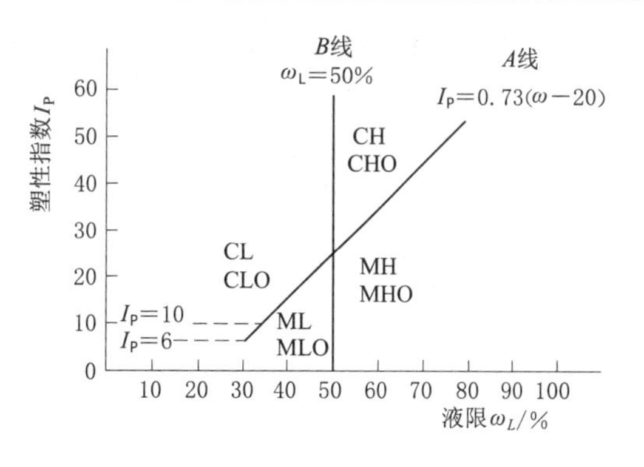

图 1.2.1　塑性图

2）含粗粒的细粒土分类：含粗粒的细粒土应先按表 1.2.4 的规定确定细粒土名称，再按下列规定最终定名。

表 1.2.4　　　　**细 粒 土 分 类 表**

土的塑性指标在图中的位置		土代号	土名称
塑性指数 I_P	液限 ω_L		
$I_P \geqslant 0.73(\omega_L-20)$ 和 $I_P \geqslant 10$	$\omega_L \geqslant 50\%$	CH	高液限黏土
	$\omega_L < 50\%$	CL	低液限黏土
$I_P < 0.73(\omega_L-20)$ 和 $I_P < 10$	$\omega_L \geqslant 50\%$	MH	高液限粉土
	$\omega_L < 50\%$	ML	低液限粉土

粗粒中砾粒占优势，称含砾细粒土，土代号后缀以代号 G，如 CHG 为含砾高液限黏土。

粗粒中砂粒占优势，称含砂细粒土，土代号后缀以代号 S，如 MLS 为含砂低液限黏土。

3）有机质土的分类：有机质土是按表 1.2.4 规定定出细粒土名称后，再在各相应土类代号之后缀以代号 O，如 CHO 为含有机质高液限黏土。也可直接从塑性图中查出有机质土的定名。

4. 特殊土分类

自然界中还分布有许多特殊性质的土，如黄土、红黏土、膨胀土、冻土等特殊土，分别根据相应规范，如《湿陷性黄土地区建筑规范》(GB 50025—2004)、《膨胀土地区建筑技术规范》(GB 50112—2013)、《冻土地区建筑地基基础设计规范》(JGJ 118—2011) 等的相应规定进行分类。

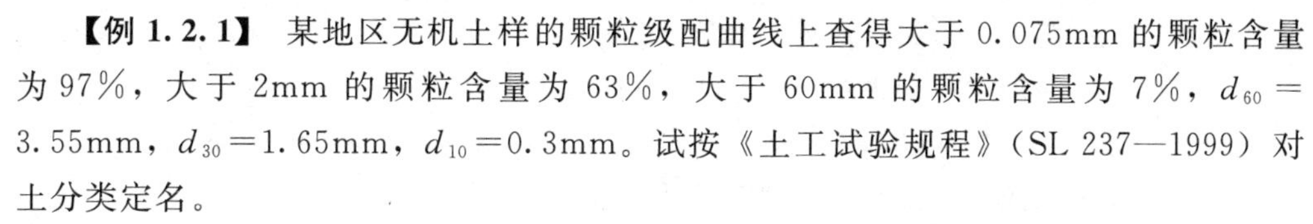

【例 1.2.1】 某地区无机土样的颗粒级配曲线上查得大于 0.075mm 的颗粒含量为 97％，大于 2mm 的颗粒含量为 63％，大于 60mm 的颗粒含量为 7％，d_{60} ＝3.55mm，d_{30}＝1.65mm，d_{10}＝0.3mm。试按《土工试验规程》(SL 237—1999) 对土分类定名。

【解】 根据《土工试验规程》(SL 237—1999) 的规定：

因该土样的粗粒组含量为97%−7%=90%，大于50%，该土属粗粒类土。

因该土样砾粒组含量为63%−7%=56%，大于50%，该土属于砾类土。

因该土样细粒组含量为100%−97%=3%，小于5%，该土属于砾，需根据级配情况进行细分。

该土的不均匀系数 $C_u=\dfrac{d_{60}}{d_{10}}=\dfrac{3.55}{0.3}=11.8>5$

曲率系数 $C_c=\dfrac{d_{30}^2}{d_{60}\times d_{10}}=\dfrac{1.65^2}{3.55\times 0.3}=2.65$

$1<C_c<3$，故属良好级配，因此该土定名为级配良好的砾，即GW。

5. 土的野外鉴别

土的野外鉴别是用目测法代替筛析法确定土颗粒组成及其特征。

土粒粒组含量的确定可将研碎的风干试样摊成一薄层凭目测估计土中巨粒、粗粒、细粒组所占的比例，再按规定确定其为巨粒土、粗粒土（砾类土或砂类土）和细粒土。

(1) 鉴别依据。用干强度、手捻、搓条、摇振和韧性反应等定性方法代替用仪器测定土的塑性。

1) 干强度试验是将一小块土捏成土团风干后用手指掰断、捻碎。根据用力大小可区分如下：

干强度高：很难或用力才能捏碎或掰断；

干强度中等：稍用力即可捏碎或掰断；

干强度低：易于捏碎或捻成粉末。

2) 手捻试验是将稍湿或硬塑的小土块在手中揉捏，然后用拇指和食指将土捻成片状，根据手感和土片光滑度可区分如下：

塑性高：手感滑腻，无砂，捻面光滑；

塑性中等：稍有滑腻感，有砂粒，捻面稍有光泽；

塑性低：稍有黏性，砂感强，捻面粗糙。

3) 搓条试验是将含水率略大于塑限的湿土块在手中揉捏均匀，再在手掌上搓成土条，根据土条断裂而能达到的最小直径区分如下：

韧性大：能揉成土团，再搓成条捏而不碎；

韧性中等：可再揉成团，捏而不易碎；

韧性小：勉强或不能揉成团，稍捏或不捏即碎。

4) 摇振反应试验是将软塑至流动的小土块捏成土球，放在手掌上反复摇晃，并用另一手振击该手掌，土中自由水渗出，球面呈现光泽；用两手指捏土球，放松手水又被吸入，光泽消失，根据上述渗水和吸水反应快慢区分如下：

反应快——立即渗水和吸水；

反应中等——渗水和吸水中等；

反应慢或无反应——渗水和吸水慢或不渗不吸。

5) 韧性是将土块搓直径3mm土条，再揉成团，再次搓条，根据韧性判断。

（2）鉴别标准。根据干强度、手捻、搓条、韧性和摇振反应等判定土的类型，可参考表 1.2.5～表 1.2.7 对土类进行野外简易分类。

表 1.2.5　　细粒土简易鉴别表

半固态时的干强度	硬塑—可塑状态时的手捻感和光滑度	土在可塑状态时		软塑—流动状态时的摇振反应	土类代号
		可搓成最小直径/mm	韧性		
低—中	灰黑色，粉粒为主，稍黏，捻面粗糙	2	低	快—中	MLO
中	砂粒稍多，有黏性，捻面较粗糙、无光泽	2～3	低	快—中	ML
中—高	有砂粒，稍有滑腻感，捻面稍有光泽，灰黑色者为 CLO	1～2	中	无—很慢	CL CLO
中	粉粒较多，有滑腻感，捻面较光滑	1～2	中	无—慢	MH
中—高	灰黑色，无砂，滑腻感强，捻面光滑	<1	中—高	无—慢	MHO
高—很高	无砂感，滑腻感强，捻面有光泽，灰黑色者为 CHO	<1	高	无	CH CHO

表 1.2.6　　砂土的野外鉴别

鉴别特征	砾砂	粗砂	中砂	细砂	粉砂
观察颗粒粗细	约有 1/4 以上颗粒比荞麦或高粱粒（2mm）大	约有一半以上颗粒比小米粒（0.5mm）大	约有一半以上颗粒与砂糖或白菜籽（>0.25mm）近似	大部分颗粒与玉米粉（>0.1mm）近似	大部分颗粒与小米粉（<0.1mm）近似
干燥时的状态	颗粒完全分散	颗粒完全分散，个别胶结	颗粒基本分散，部分胶结，胶结部分一碰即散	颗粒大部分分散，少量胶结，胶结部分稍加碰撞即散	颗粒少部分分散，大部分胶结，胶结部分稍加压即散
湿润时用手拍后的状态	表面无变化	表面无变化	表面偶有水印	表面有水印（翻浆）	表面有显著翻浆现象
黏着程度	无黏着感	无黏着感	无黏着感	偶有轻微黏着感	有轻微黏着感

表 1.2.7 黏性土、粉土的野外鉴别

鉴别方法	类别		
	黏土	粉质黏土	粉土
	$I_P>17$	$10<I_P\leqslant17$	$I_P\leqslant10$
湿润时用刀切	切面非常光滑，刀刃有黏腻的阻力	切面稍光滑、规则	无光滑面，切面比较粗糙
用手捻摸时的感觉	湿土用手捻摸有滑腻感，当水分较大时极易黏手，感觉不到有颗粒的存在	仔细捻摸感到有少量细颗粒，稍有滑腻感，有黏滞感	感觉有细颗粒存在或感觉粗糙，有轻微滑腻感或无黏滞感
黏着程度	湿土极易黏着物体（包括金属与玻璃），干燥后不易剥去，用水反复洗才能去掉	能黏着物体，干燥后较易剥掉	一般不黏着物体，干燥后一碰就掉
湿土搓条情况	能搓成小于 0.5mm 的土条（长度不短于手掌），手持一端不易断裂	能搓成小于 0.5～2mm 的土条	能搓成小于 2～3mm 的土条
干土性质	坚硬，类似陶器碎片，用锤击方可打碎，不易击碎成粉末	用锤击易击碎碎，用手难捏碎	用手很易捏碎

注 I_P 为塑性指数。

1.2.1.2 国标和公路桥涵地基与基础设计规范分类

《公路桥涵地基与基础设计规范》(JTG D63—2007)、《建筑地基基础设计规范》(GB 50007—2011) 及《岩土工程勘察规范》(GB 50021—2009) 对各类土的分类方法和分类标准基本相同。该分类标准将作为建筑地基的土（岩）分为岩石、碎石土、砂土、粉土、黏性土和人工填土六大类，另有淤泥质土、红黏土、膨胀土黄土等特殊土。

1. *岩石*

作为建筑地基的岩石根据其坚硬程度和完整程度分类。岩石按饱和单轴抗压强度分为坚硬岩、较硬岩、较软岩、软岩和极软岩，详见表 1.2.8；岩石风化程度可分为未风化、微风化、中等风化、强风化和全风化岩石，详见表 1.2.9。

表 1.2.8 岩石坚硬程度的划分

坚硬程度类别	坚硬岩	较硬岩	较软岩	软岩	极软岩
饱和单轴抗压强度准值 f_{rk}/MPa	$f_{rk}>60$	$60\geqslant f_{rk}>30$	$30\geqslant f_{rk}>15$	$15\geqslant f_{rk}>5$	$f_{rk}\leqslant5$

表 1.2.9　　岩石风化程度划分

风化程度	特　征
未风化	岩质新鲜，表面未有风化迹象
微风化	岩质新鲜，表面稍有风化迹象
中等风化	1. 结构和构造层理清晰； 2. 岩石被节理、裂缝分割成块状（200～500mm），裂缝中填充少量风化物。锤击声脆，且不易击碎； 3. 用镐难挖掘，用岩心钻方可钻进
强风化	1. 结构和构造层理不甚清晰，矿物成分已显著变化； 2. 岩石被节理、裂缝分割成碎石状（20～200mm），碎石用手可以折断； 3. 用镐难挖掘，用手摇钻不易钻进
全风化	1. 结构和构造层理错综杂乱，矿物成分变化很显著； 2. 岩石被节理、裂缝分割成碎屑状（<20mm），用手可捏碎； 3. 用锹镐挖掘困难，用手摇钻钻进极困难

2. 碎石土

粒径大于 2mm 的颗粒含量超过总质量 50%的土为碎石土。根据土中粒组含量及颗粒形状可进一步分为漂石或块石、卵石或碎石、圆砾或角砾。粒径大于 200mm 的颗粒超过总质量 50%，称为漂石（棱角不明显）或块石（棱角明显）；粒径大于 20mm 的颗粒超过总质量 50%，称为卵石（棱角不明显）或碎石（棱角明显）；粒径大于 2mm 的颗粒超过总质量 50%，称为砾石。分类标准见表 1.2.10。

表 1.2.10　　碎石土的分类

土的名称	颗粒形状	粒组含量
漂石	圆形及亚圆形为主	粒径大于 200mm 的颗粒超过总质量 50%
块石	棱角形为主	
卵石	圆形及亚圆形为主	粒径大于 20mm 的颗粒超过总质量 50%
碎石	棱角形为主	
圆砾	圆形及亚圆形为主	粒径大于 2mm 的颗粒超过总质量 50%
角砾	棱角形为主	

注　分类时，应根据粒组含量由上到下以最先符合者确定。

3. 砂土

粒径大于 2mm 的颗粒含量不超过总质量的 50%、粒径大于 0.075mm 的颗粒含量超过全重 50%的土为砂土。根据粒组含量可进一步分为砾砂、粗砂、中砂、细砂和粉砂，分类标准见表 1.2.11。

表 1.2.11 砂土的分类

土的名称	粒组含量
砾砂	粒径大于2mm的颗粒占全重的25%～50%
粗砂	粒径大于0.5mm的颗粒超过全重的50%
中砂	粒径大于0.25mm的颗粒超过全重的50%
细砂	粒径大于0.075mm的颗粒超过全重的85%
粉砂	粒径大于0.075mm的颗粒超过全重的50%

注 1. 定名时应根据颗粒级配由大到小以最先符合者确定。
2. 当砂土中小于0.075mm的土的塑性指数大于10时，应定名"含黏性土"，如含黏性土的粗砂等。

4. 粉土

塑性指数 $I_P \leqslant 10$ 且粒径大于0.075mm的颗粒含量不超过全重50%的土为粉土。

5. 黏性土

塑性指数 $I_P > 10$ 的土为黏性土。黏性土按塑性指数大小又分为黏土（$I_P > 17$）和粉质黏土（$10 < I_P \leqslant 17$）。此塑性指数应为10mm液限计算而得。

6. 人工填土

人工填土是指由于人类活动而形成的堆积物。人工填土物质成分较复杂，均匀性也较差，按堆积物的成分和成因划分如下：

（1）素填土。由碎石、砂土、粉土或黏性土所组成的填土。

（2）杂填土。含有建筑物垃圾、工业废料及生活垃圾等杂物的填土。

（3）冲填土。由水力冲填泥沙形成的填土。

在工程建设中所遇到的人工填土，各地区往往不一样。在历代古城，一般都保留有人类文化活动的遗物或古建筑的碎石、瓦砾。在山区常是由于平整场地而堆积、未经压实的素填土。城市建设常遇到的是煤渣、建筑垃圾或生活垃圾堆积的杂填土，一般是不良地基，多需进行处理。

7. 特殊性土

在《建筑地基基础设计规范》（GB 50007—2011）等规范中，还指出了一些具备特殊性质的土，如淤泥、淤泥质土、红黏土和膨胀土及湿陷性黄土，其各自的特性如下：

（1）淤泥和淤泥质土。淤泥和淤泥质土是指在静水或缓慢流水环境中沉积，经生物化学作用形成的黏性土。天然含水率大于液限，天然孔隙比 $e \geqslant 1.5$ 的黏性土称为淤泥；天然含水率大于液限而天然孔隙比 $1 \leqslant e < 1.5$ 为淤泥质土。淤泥和淤泥质土的主要特点是含水率大、强度低、压缩性高、透水性差，固结需时间长。一般地基需要预压加固。

（2）红黏土。红黏土是指碳酸盐岩系出露的岩石，经风化作用而形成的褐红色的黏性土的高塑性黏土。其液限一般大于50%，具有上层土硬、下层土软，失水后有明显的收缩性及裂隙发育的特性。红黏土经再搬运后，仍保留其基本特征，其液限 ω_L 大于45%的土称为次红黏土。针对以上红黏土地基情况，可采用换土对起伏岩面进行必要的清除，对孔洞予以充填或注意采取防渗及排水措施等。

（3）膨胀土。土中黏粒成分主要由亲水性矿物组成，同时具有显著的吸水膨胀性和失水收缩性，其自由胀缩率不小于40%的黏性土为膨胀土。膨胀土一般强度较高，压缩性较低，易被误认为工程性能较好的土，但由于具有胀缩性，在设计和施工中如果没有采取必要的措施，会对工程造成危害。

（4）湿陷性黄土。黄土广泛分布于我国西北地区（华北地区也有），是一种第四纪时期形成的黄色粉状土。当土体浸水后沉降，其湿陷系数不小于0.015的土称为湿陷性黄土。天然状态下的黄土质地坚硬、密度低、含水量低、强度高。但湿陷性黄土一旦浸水后，土粒间的可溶盐类会被水溶解或软化，在土的自重应力和建筑物荷载作用下使土粒间原有结构遭到破坏，并发生显著的沉陷，其强度也迅速降低。对湿陷性黄土地基一般采取防渗、换填、预浸法等处理。

【例 1.2.2】 某地区无机土样的颗粒级配曲线上查得大于0.075mm的颗粒含量为97%，大于2mm的颗粒含量为63%，大于20mm的颗粒含量为7%，$d_{60}=3.55$mm，$d_{30}=1.65$mm，$d_{10}=0.3$mm。试按《公路桥涵地基与基础设计规范》（JTG D63—2007）或《建筑地基基础设计规范》（GB 50007—2011）对土分类定名。

【解】 按《公路桥涵地基与基础设计规范》（JTG D63—2007）或《建筑地基基础设计规范》（GB 50007—2011）分类如下：

1）因该土样大于2mm的颗粒含量为63%，大于50%，该土属于碎石土。

2）又因大于20mm的颗粒含量为7%，小于50%，该土不属于卵石或碎石土；而大于2mm的颗粒含量为63%，超过50%，则该土为圆砾或角砾。

1.2.2　教学实训：土的野外鉴别

1. 实训任务

现场对土进行野外鉴别。

2. 实训目标

能根据鉴别标准对土进行野外鉴别并分类定名。

3. 实训内容

以小组为单位，采用简易鉴别方法，在现场对土进行野外鉴别，确定土的名称。

学习任务 1.3　工 程 地 质 勘 察

1.3.1　基础知识学习

在水利水电工程建设中，工程地质勘察是一项基础工作，是运用工程地质理论和各种勘察测试技术手段和方法，为解决工程建设中地质问题而进行的调查研究工作。工程地质勘察是工程建设的先行工作，其成果资料是工程项目决策、设计和施工等的重要依据。

1.3.1.1　工程地质勘察的目的与任务

工程地质勘察的目的是为了查明库区和水工建筑物地区的工程地质条件，为工程建设规划、设计、施工提供可靠的地质依据，以充分利用有利的地质条件，避开或改造不利的地质因素，保证水利工程建筑物的安全和正常使用。工程地质勘察必须结合具体建（构）筑物类型、要求和特点以及当地的自然条件和环境来进行，勘察工作要有明确的目的性和针对性。

工程地质勘察的任务可归纳如下：

（1）查明流域的工程地质条件，为选择库址、坝址、引水线路和其他建筑物的位置提供地质依据。

（2）查明影响建筑物地基稳定和水库渗漏的工程地质问题，并为解决这些问题提供必需的地质资料。

（3）预测建筑物施工和正常运营期间可能产生的工程地质问题及其对建筑物安全和正常运行的影响，提出改善不良工程地质条件的方案和处理措施。

（4）查明工程建设所需要的各种天然建筑材料的产地、储量、质量、开采运输条件。

（5）查明地下水的类型、分布、埋藏条件，以及地下水的水质、储量、开采条件，以便为合理开发地下水资源提供依据。

（6）对于不利于建筑的岩土层，提出切实可行的处理方法或防治措施。

1.3.1.2 工程地质勘察阶段和工作内容

水利水电工程建设工程项目设计一般分为规划、可行性研究、初步设计和招标阶段、施工图设计四个阶段。为了提供各设计阶段所需的工程地质资料，勘察工作相应地划分为规划阶段勘察、可行性研究阶段勘察（选址勘察）、初步设计阶段勘察、招标设计阶段勘察、施工图设计阶段勘察五个阶段。对于工程地质条件复杂或有特殊施工要求的重要建筑物地基，应进行预可行性及施工勘察；对于地质条件简单、建筑物占地面积不大的场地，或有建设经验的地区，可适当简化勘察阶段。

1. 规划阶段勘察

规划阶段勘察应对规划方案和近期开发工程选择进行地质论证，并提供工程地质资料。

规划阶段勘察应包括以下内容：

（1）了解规划河流、河段或工程的区域地质和地震概况。

（2）了解规划河流、河段或工程的工程地质条件，为各类型水资源综合利用工程规划选点、选线和合理布局进行地质论证。重点了解近期开发工程的地质条件。

（3）了解各梯级坝址和水库的工程地质条件和工程地质问题，论证梯级兴建的可能性。

（4）了解引调水工程、防洪排涝工程、灌区工程、河道整治工程等的工程地质条件。

（5）对规划河流（段）和各类规划工程天然建筑材料进行普查。

2. 可行性研究阶段勘察

可行性研究阶段勘察应在河流、河段或工程规划方案的的基础上选择工程的建设位置，并应对选定坝址、场址、线路等和推荐的建筑物基本形式、代表性工程布置方案进行地质论证，提供工程地质资料。

可行性研究阶段工程地质勘察包括以下内容：

（1）进行区域构造稳定性研究，确定场地地震动参数，并对工程场地的构造稳定性作出评价。

（2）初步查明工程区和建筑物的工程地质条件、存在的主要工程地质问题，并作出初步评价。

（3）进行天然建筑材料初查。

（4）进行移民集中安置点选址的工程地质勘察，初步评价新址区场地的整体稳定性和适宜性。

3. 初步设计阶段勘察

初步设计阶段勘察是在可行性研究阶段选定的坝（场）址、线路上进行。查明各类建筑物和水库区的工程地质条件，为选定建筑物形式、轴线、工程总布局提供地质依据。对选定的各类建筑物的主要工程地质问题进行评价，并提供工程地质资料。

初步设计阶段工程地质勘察工作内容如下：

（1）根据需要复核或补充区域构造稳定性研究与评价。

（2）查明水库区水文地质工程地质条件、工程地质条件，评价存在的工程地质问题，预测蓄水后的变化，提出工程处理措施建议。

（3）查明各类水利水电工程建筑物区的工程地质条件，评价存在的工程地质问题，为建筑物设计及地基处理方案提供地质资料和建议。

（4）查明导流工程及其他主要临时建筑物的工程地质条件。根据需要进行施工和生活用水水源调查。

（5）进行天然建筑材料详查。

（6）设立或补充、完善地下水动态观测和岩土体位移监测设施，并进行监测。

（7）查明移民新址区工程地质条件，评价场地的稳定性和适宜性。

4. 招标设计阶段勘察

招标设计阶段勘察应在审查批准的初步设计报告基础上，复核初步设计阶段的地质资料与结论，查明遗留的工程地质问题，为完善和优化设计及编写招标文件提供地质依据。

招标设计阶段工程地质勘察的工作内容如下：

（1）复核初步设计阶段的主要勘察成果。

（2）查明初步设计阶段遗留的工程地质问题。

（3）查明初步设计阶段工程地质勘察报告审查中提出的工程地质问题。

（4）提供与优化设计有关的工程地质资料。

5. 施工图设计阶段勘察

施工图设计阶段勘察是在招标设计阶段基础上，检验、核定前期勘察的地质资料与结论，补充论证专门性工程地质问题，进行施工地质工作，为施工详图设计、优化设计、建设实施、竣工验收等提供工程地质依据。

施工图设计阶段工程地质勘察工作内容如下：

(1) 对招标设计报告评审中要求补充论证的和施工中出现的工程地质问题进行勘察。

(2) 水库蓄水过程中可能出现的专门性工程地质问题。

(3) 优化设计所需的专门性工程地质勘察。

(4) 进行施工地质工作，检验、核定前期勘察成果。

(5) 提出对工程地质问题处理措施的建议。

(6) 提出施工期和运行期工程地质监测内容、布置方案和技术要求的建议。

1.3.1.3 工程地质勘察方法

工程地质勘察的基本方法有工程地质测绘、工程地质勘探与取样、工程地质现场测试与长期观测、工程地质资料室内整理等。

1. 工程地质测绘

(1) 工程地质测绘的主要内容。工程地质测绘是最基本的勘察方法和基础性工作，通过测绘将测区的工程地质条件反映在一定比例尺的地形底图上，工程地质图是工程地质测绘的最终成果。

工程地质测绘的内容包括工程地质条件的全部要素，同时注意对已有建筑区和采掘区的调查。

1) 岩土体的研究。工程地质测绘的主要研究内容，要求查明测绘区内地层岩性、岩土分布特征及成因类型、岩性变化特点等。要特别注意研究性质软弱及性质特殊的软土、软岩、软弱夹层、破碎岩体、膨胀土、可溶岩等；另要注意查清易于造成渗漏的砂砾层及岩溶化灰岩分布情况，应注重岩土体物理力学性质的定量研究。

2) 地质构造的研究。研究褶皱的形态、产状、分布，断裂的性质、规模、产状、活动性，构造岩的性质、胶结程度，裂隙的分布延伸、充填、粗糙度等，第四系地层的厚度、土层组合及空间分布情况，着重注意分析地质构造与建筑工程的关系。

3) 地形地貌研究。研究地形的几何特征包括地形切割密度及深度，沟谷发育形态及方向；低山丘陵、阶地和平原等的划分及其特征。

4) 水文地质条件研究。通过地质构造和地层岩性分析，结合地下水的天然或人工露头以及地表水的研究，查明含水层和隔水层、岩层透水性、地下水类型及埋藏与分布、地下水位、水质、水量、地下水动态等。必要时还可配合取样分析、动态长期观测、渗流试验等进行试验研究。

5) 调查研究各种物理地质现象。弄清各种物理地质现象存在的情况，分析其发育发展规律及形成条件和机制，判明其目前所处状态对建筑物和地质环境的影响。

6) 天然建筑材料研究。注意寻找天然建筑材料，并对其质量和数量作出初步评价。

(2) 工程地质测绘的范围和比例尺。工程地质测绘与调查，在选择场址阶段应搜集研究已有的地质资料，进行现场踏勘；初步勘察阶段，当场地的地质条件较复杂时，应进行工程地质测绘；详细勘察阶段，仅在初步勘察测绘的基础上对某些专门地质问题作必要的补充。工程地质测绘调查的范围应包括场地及附近与研究内容有关的地段。测绘范围确定应考虑建筑类型、建筑物的工艺要求、工程地质条件复杂程度等。

对于测绘范围的确定，在一般情况下应大于建筑占地面积，但也不宜过大，以解决实际问题的需要为前提。

工程地质测绘所用地形图的比例尺，一般有以下三种：

小比例尺测绘：比例尺为1∶5000～1∶50000，一般在可行性研究勘察阶段使用；

中比例尺测绘：比例尺为1∶2000～1∶5000，一般在初步勘察阶段时采用；

大比例尺测绘：比例尺为1∶200～1∶1000，适用于详细勘察阶段或地质条件复杂和重要建筑物地段，以及需要解决某一特殊问题时采用。

对于建筑地段的地质界线，测绘精度在图上的误差不应超过3mm，其他地段不应超过5mm。

(3) 工程地质测绘方法。工程地质测绘方法有像片成图法和实地测绘法。

像片成图法是利用地面摄影或航空（卫星）摄影的像片，在室内根据判释标志，结合所掌握的区域地质资料，把判明的地层岩性、地质构造、地貌、水系和不良地质现象等，调绘在单张像片上，并在像片上选择需要调查的若干地点和线路，然后据此做实地调查，进行核对、修正和补充。将调查的结果转绘在地形图上而成工程地质图。

实地测绘法指在野外进行测绘工作，常采用的方法有3种：

路线法：沿着一些选择的路线，穿越测绘场地，将沿线所测绘或调查的地层、构造、地质现象、水文地质、地质界线和地貌界线等填绘在地形图上。路线可为直线型或折线型。观测路线应选择在露头及覆盖层较薄的地方；观测路线方向大致与岩层走向、构造线方向及地貌单元相垂直。

布点法：根据地质条件复杂程度和测绘比例尺的要求，预先在地形图上布置一定数量的观测路线和观测点。观测点一般布置在观测路线上，但要考虑观测目的和要求，如为了观察研究不良地质现象、地质界线、地质构造及水文地质等。

追索法：沿地层走向或某一地质构造线，或某些不良地质现象界线进行布点追索，主要目的是查明局部的工程地质问题。追索法通常是在布点法或线路法基础上进行的，它是一种辅助方法。

2. 工程地质勘探

(1) 工程地质勘探的任务。工程地质勘探一般在工程地质测绘的基础上进行，直接深入地下岩土层取得所需要的工程地质资料，是探明深部地质情况的一种可靠的方法。工程地质勘探的主要方式有工程地质钻探、坑（槽）探和物探，其主要任务如下：

1) 探明建筑场地的岩性及地质构造。研究各地层的厚度、性质及其变化，划分地层并确定其接触关系，研究基岩的风化程度、划分风化带，研究岩层的产状、裂隙发育程度及其随深度的变化，研究褶皱、断裂、破碎带及其他地质构造的空间分布和变化。

2）探明水文地质条件。包括含水层、隔水层的分布、埋藏、厚度、性质及地下水位。

3）探明地貌及物理地质现象。包括河谷阶地、冲洪积扇、坡积层的位置和土层结构，岩溶的规模及发育程度，滑坡及泥石流的分布、范围、特性等。

4）提取岩土样及水样，提供野外试验条件。

（2）工程地质物探。物探是以专用仪器探测地壳表层各种地质体的物理场来进行地层划分，判明地质构造、水文地质及各种物理地质现象的地球物理勘探方法。因为地质体的不同结构和特性，如成层性、裂隙性和岩土体的含水性、空隙性、物质成分、固结胶结程度等常以地质体的导电性、磁性、弹性、密度、放射性等地球物理性质或地球物理场的差异表现出来。采用不同的探测方法，如电法、地震法、磁法、重力法以及放射性勘探等方法可以测定不同的物理场，用以了解地质体的特征，分析解决地质问题。应用最广的是电法勘探和地震法勘探。

电法勘探是研究地下地质体电阻率差异的地球物理勘探方法，该法通常是通过电测仪测定人工或天然电场中岩土地质体的导电性大小及其变化，再经过专门量板解释从而区分地层、构造以及覆盖层和风化层厚度、含水层分布和深度、古河道、主导充水裂隙方向等。

地震法勘探是利用地质介质的波动性来探测地质现象的一种物探方法。基本原理是利用爆炸或敲击方法向岩体内激发地震波，地震波以弹性波动方式在岩体内传播。根据不同介质弹性波传播速度的差异来判断地质现象。按弹性波的传播方式，地震勘探又分为直达波法、反射波法和折射波法。地震法勘探可以用于了解地下地质构造，如基岩面、覆盖层厚度、风化层、断层等。

3. 工程地质钻探

工程地质钻探是指在地表下用钻头钻进地层的勘探方法，是获取地表下准确地质资料的重要方法，通过钻探孔采取原状岩土样和做现场力学试验是钻探的任务之一。

在地层内钻成直径较小并且具有相当深度的圆筒形孔眼的孔称为钻孔。钻孔的基本要素为孔口、孔径、孔深、孔壁、孔底及换径（由大孔径改为小孔径）。

（1）工程地质钻探方法。常用钻进方法如下：

1）冲击钻进。采用底部圆环状的钻头，将钻具提升到一定高度，利用钻具自重，迅猛放落，钻具在下落时产生冲击动能，冲击孔底岩土层，使岩土达到破碎。

2）回转钻进。采用底部嵌焊有硬质合金的圆环状钻头进行钻进，钻进中施加钻压，使钻头在回转中切入岩土层，达到加深钻孔的目的。

3）振动钻进。采用机械动力所产生的振动力，通过连接杆和钻具传到圆筒形钻头周围土中。

4）综合式钻进。综合冲击和回转两种钻进方法，在钻进过程中，钻头克取岩石时，施加一定的动力，对岩石产生冲击作用，使岩石的破碎速度加快，同时由于冲击力的作用使硬质合金钻头刻入岩石深度增加，在回转中将岩石剪切掉。

（2）钻探成果表示。钻探成果用钻孔地质柱状图表示钻孔所穿过地层的综合情况，如图1.3.1所示。图中表示有地质年代、土层埋藏深度、土层厚度、孔口标高、岩土的描述、柱状图示、地下水水位、钻探日期、岩土样选取位置等，柱状图采用的比例尺一般为1∶100～1∶500。

勘察编号	9502	钻孔桩状图	孔口标高	29.8m
工程名称	××××		地下水位	27.6m
钻孔编号	ZK1		钻探日期	1995年2月7日

地质代号	层底标高/m	层底深度/m	分层厚度/m	层序号	地质柱状 1:200	岩心采取率/%	工程地质简述	标贯 $N_{63.5}$ 深度/m	实际击数/校正击数	岩土样 编号/深度/m	备注
Q^{ml}		3.0	3.0	①		75	填土：杂色、松散、内有碎砖、瓦片混凝土块、粗砂及黏性土,钻进时常遇混凝土板				
Q^{al}		10.7	7.7	②		90	黏土：黄褐色,冲积、可塑、具黏滑感,顶部为灰黑色耕作层,底部土中含较多粗颗粒	10.85 1 11.15	31/25.7	ZK1－1 10.5－10.7	
		14.3	3.6	④		70	砾石：土黄色,冲积、松散－稍密,上部以砾、砂为主,含泥量较大,下部颗粒变粗,含砾石、卵石、粒径一般2～5cm,个别达7～9cm,磨圆度好				
Q^{el}		27.3	13.0	⑤		85	砂质黏性土：黄褐色带白色斑点,残积,为花岗岩风化产物,硬塑－坚硬,土中含较多粗石英粒,局部为砾质黏土	20.55 1 20.85	42/29.8	ZK1－2 20.2－20.4	
γ_5^3		32.4	5.1	⑥		80	花岗岩：灰白色－肉红色,粗粒结晶,中－微风化,岩质坚硬,性脆,可见矿物成分有长石、石英、角闪石、云母等。岩芯呈柱状			ZK1－3 31.2－31.3	
										图号9502－7	

▲标贯位置　　■岩样位置　　●土样位置

拟编：　　审核：

图1.3.1　钻孔地质柱状图示例

（3）岩土试样。工程地质钻探的主要任务之一是在岩土层中采取岩芯或原状土试样。在采取试样过程中应该保持试样的天然结构，如果试样的天然结构已受到破坏，则此试样已受到扰动，称为“扰动样”，在工程地质勘察中是不允许的。岩芯试样一般坚硬，天然结构不易受到破坏，而土试样则不同，很容易被扰动。

按照取样方法和试验目的不同，工程地质勘察规范对土试样的扰动程度分成如下四个质量等级：

Ⅰ级：不扰动，可进行的试验项目有土类定名、含水量、密度、强度参数、变形参数和固结压密参数；

Ⅱ级：轻微扰动，可进行的试验项目有土类定名、含水量和密度；

Ⅲ级：显著扰动，可进行的试验项目有土类定名和含水量；

Ⅳ级：完全扰动，可进行的试验项目有土类定名。

在钻孔取样时，采用薄壁取土器所采得的土试样定为Ⅰ～Ⅱ级；对于采用中厚壁或厚壁取土器所采得的土试样定为Ⅱ～Ⅲ级；对于采用标准贯入器、螺纹钻头或岩芯钻头所采得的黏性土、粉土、砂土和软岩的试样皆定为Ⅲ～Ⅳ级。

4. 工程地质坑、槽探

坑、槽探是用人工或机械方式进行挖掘坑、槽，以便直接观察岩土层的天然状态以及各地层之间接触关系等地质结构，并能取出接近实际的原状结构土样，其缺点是可达的深度较浅，且易受自然地质条件的限制。常用的坑、槽探主要有坑、槽、井、洞等几种类型。

1.3.1.4 工程地质现场测试与监测

1. 工程地质现场测试

工程地质勘察中的试验有室内的土工试验和现场的原位测试。通过试验可以取得土和岩石的物理力学性质指标及地下水等性质指标，以供设计工程师设计时采用。

现场原位测试就是在岩土层原来所处的位置基本保持的天然结构、天然含水量及天然应力状态下，测定岩土的工程力学性质指标。

1.36
平板载荷试验

原位测试的优点：可以测定难于取得不扰动样的有关工程力学性质；可避免取样过程中应力释放的影响；影响范围大，代表性强。

原位测试的缺点：各种原位测试有其适用条件，有些理论往往建立在统计经验的关系上等。

1.37
静载荷试验模型

工程地质现场原位测试的主要方法有载荷试验、触探试验、剪切试验、地基土动力特性试验等。选择现场原位测试试验方法应根据建筑类型、岩土条件、设计要求、地区经验和测试方法的适用性等因素综合选用。

(1) 静力载荷试验。静力载荷试验 (CPT) 指在拟建场地上，在挖至设计的基础置深度的平整坑底放置一定规格的方形或圆形承压板，在其上逐级加荷载，测定相应荷载作用下地基土的稳定沉降量，分析研究地基土的强度与变形特性，求得地基土容许承载力与变形模量等力学数据，如图 1.3.2 所示。静力载荷试验分为平板载荷试验、螺旋板载荷试验、深层平板载荷试验等。

通过静载荷试验能够确定地基土的临塑荷载、极限荷载，为评定地基土的承载力提供依据；估算地基土的变形模量、不排水抗剪强度和基床反力系数。

根据实测结果绘制沉降与时间 ($s-t$) 关系曲线及荷载与沉降 ($p-s$) 关系曲

线，由此确定地基承载力、地基土的变形模量、估算地基土的不排水抗剪强度、估算地地基土基床反力系数。

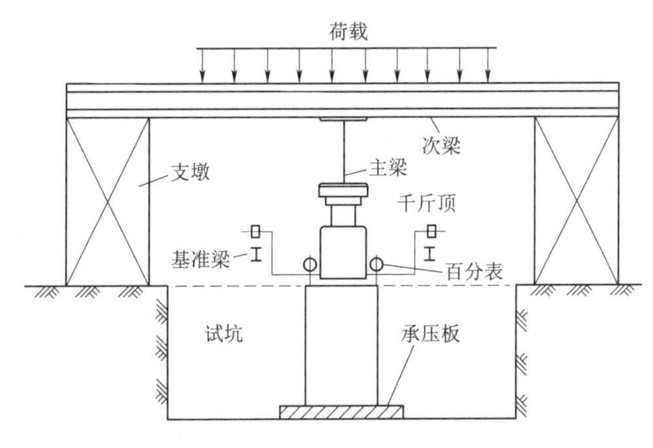

图 1.3.2　载荷试验装置

（2）静力触探试验。静力触探试验指通过一定的机械装置，将某种规格的金属肩探头用静力压入土层中，同时用传感器或直接量测仪表测试土层对触探头的贯入阻力，以此来判断、分析、确定地基土的物理力学性质。

静力触探试验适用于黏性土、粉土和砂土，主要用于划分土层、估算地基土的物理力学指标参数、评定地基土的承载力、估算单桩承载力及判定砂土地基的液化等级等。

（3）圆锥动力触探。圆锥动力触探指利用锤击动能，将一定规格的圆锥探头打入土中，根据打入土中的阻抗大小判别土层的变化，对土层进行力学分层，并确定土层的物理力学性质，对地基土作出工程地质评价。

动力触探试验适用于强风化、全风化的硬质岩石、各种软质岩石及各类土。通过动力触探试验能定性评价场地土层的均匀性，查明土洞、滑动面和软硬土层界面，确定软弱土层或坚硬土层的分布，检验评估地基土加固与改良的效果。定量评价砂土孔隙比、相对密实度、粉土和黏性土的状态、土的强度和变形参数、评定地基土的承载力或单桩承载力。

试验装置动力触探设备主要由探头和落锤两部分组成，可分为轻型、重型及超重型三类。根据试验结果绘制锤击数和锤击随深度变化的关系曲线。由动力触探成果可确定砂土和碎石土的密实度、确定地基土的承载力和变形参数、确定单桩承载力标准值。

（4）标准贯入试验。标准贯入试验是动力触探类型之一，利用规定重量的穿心锤，从恒定高度上自由落下，将一定规格的探头打入土中，根据打入的难易程度判别土的性质。

标准贯入试验可适用于砂土、粉土和一般黏性土，最适用于 $N=2\sim50$ 击的土层。标准贯入试验测试目的是采取扰动样、鉴别和描述土类、按颗粒分析结果定名。根据标准贯入击数 N，利用地区经验，对砂土的密实度和粉土、黏性土的状态、土的强度参数、变形模量、地基承载力等作出评价。估算单桩极限承载力和判定沉桩可能性。判定饱和粉砂、砂质粉土的地震液化可能性及液化等级。

标准贯入试验的仪器设备主要由触探头、触探杆及穿心锤三部分组成。

试验成果有标贯击数 N 与深度的关系曲线、标贯孔工程地质柱状剖面图。由标贯成果可评定砂土的密实度和相对密度、评定黏性土的状态、评定砂土抗剪强度指标、评定黏性土的不排水抗剪强度指标 C_u、评定土的变形模量和压缩模量、确定地基承载力、估算单桩承载力、判定饱和砂土的地震液化问题等。

1.41
便携式十字板剪切仪

(5) 十字板剪切试验。将十字板头压入被测土层中，施加一定的扭转力矩，将土体剪坏，测定土体对抵抗扭剪的最大力矩，通过换算得到土体的抗剪强度值。

十字板剪切试验适用于灵敏度不大于 10、固结系数不大于 $100m^2$/年的均质饱和软黏土。其目的为测定原位应力条件下软黏土的不排水抗剪强度 C_u、估算软黏性土的灵敏度。

试验装置主要由十字板头、测力装置（钢环、百分表等）和施力传力装置（轴杆、转盘、导轮等）三部分组成。

1.42
旁压仪

试验成果主要有十字板不排水抗剪强度 C_u 随深度的变化曲线。由试验成果可评定地基土的现场不排水抗剪强度、确定软土地基的承载力。

(6) 旁压试验。旁压试验（PMT）是将圆柱形旁压器竖直地放入土中，通过旁压器在竖直的孔内加压，使旁压膜膨胀，并由旁压膜（或护套）将压力传给周围土体（或岩层），使土体或岩层产生变形直至破坏，通过量测施加的压力和土变形之间的关系，可得到地基土在水平方向上的应力应变关系。

旁压试验适用于测定黏性土、粉土、砂土、碎石土、软质岩石和风化岩的承载力、旁压模量和应力应变关系等。

旁压试验的成果主要为压力和扩张体积曲线、压力和半径增量曲线。根据旁压曲线可评定地基承载力、确定旁压模量。

(7) 现场大型直剪试验。大型直剪试验适用于求测各类岩土体以及岩土体沿软弱结构面和岩土体与混凝土接触面或滑动面的抗剪强度，可分为岩土体试样在法向应力作用下沿剪切面剪切破坏的抗剪断试验、岩土体剪断后沿剪切面继续剪切的抗剪试验（摩擦试验）、法向应力为零时岩体剪切的抗切试验。

2. 工程地质现场监测

现场监测指对在施工过程中及完工后由于工程施工和使用引起岩土性状、周围环境条件（包括工程地质、水文地质条件）及相邻结构、设施等因素发生的变化进行各种观测工作，监视其变化规律和发展趋势，从而了解施工对各因素的影响程度，以便及时在设计、施工和维护上采取相应的防治措施。

常见的现场监测有地基基础监测、地下水监测、不良地质作用和地质灾害监测等。

(1) 地基基础监测。地基基础监测主要包括基坑工程监测和建筑物沉降观测。

基坑工程监测方案应根据场地条件和开挖支护的施工设计确定，并应包括支护结构的变形、基坑周边的地面变形、邻近工程和地下设施的变形、地下水位以及渗漏、冒水、冲刷、管涌等内容。

下列建筑物应进行沉降观测：地基基础设计等级为甲级的建筑物；不均匀地基或软弱地基上的乙级建筑物；加层、接建、邻近开挖、堆载等使地基应力发生显著变化的工程；因抽水等原因，地下水位发生急剧变化的工程；其他有关规范规定需要做沉降观测的工程。

(2) 地下水监测。地下水监测包括水位、水温、孔隙水压力、水化学成分等内容。其中地下水位及孔隙水压力的动态监测，对于评价地基土承载力、评价水库渗漏和浸没、预测道路翻浆、论证建筑物地基稳定性以及研究水库地震等都有重要的实际意义。

下列情况应进行地下水监测：地下水的升降影响岩土的稳定时；地下水上升对构筑物产生浮托力或对地下室和地下构筑物的防潮、防水产生较大影响时；施工降水对拟建工程或相邻工程有较大影响时；施工或环境条件改变，造成的孔隙水压力、地下水压的变化对工程有较大影响时；地下水位的下降造成区域性地面沉降时；地下水位升降可能使岩土发生软化、湿陷或胀缩时；需进行污染物运移对环境影响的评价时。

(3) 不良地质作用和地质灾害监测。不良地质作用和地质灾害监测对象包括岩溶土洞发育区、滑坡、崩塌、采空区、区域性的地面沉降等。

下列情况应进行不良地质作用和地质灾害监测：场地及其附近有不良地质作用或地质灾害，并可能危及工程安全或正常使用时；工程建设和运行，可能加速不良地质作用的发展或引发地质灾害时，以及可能对附近环境产生显著不良影响时。

某水库工程地质勘察报告

1.3.2 教学实训：工程地质勘察报告阅读

1. 实训任务

阅读某水库工程地质勘察报告。

2. 实训目标

能阅读工程地质勘察报告，会根据报告进行工程地质分析。

3. 实训内容

以小组为单位，阅读某水库工程地质勘察报告，了解勘察报告的编写、勘察方法的选择、依据的规范等，对报告内容进行工程地质分析。

【思考与练习】

1. 简述土的形成过程。
2. 简述土的组成。土中结合水对黏性土有何影响？
3. 简述土的结构形式及影响因素。
4. 黏性土物理状态指标有哪些？无黏性土物理状态指标有哪些？
5. 简述工程地质勘察各阶段的工作内容。
6. 简述工程地质勘察方法。
7. 某地基土，粒径不大于 20mm，取 1000g 风干散粒土样进行筛分试验，试验结果列于习题表1.1，试分析各粒组含量。画出颗粒级配曲线并确定土的级配情况。

习题表1.1 筛分试验结果

筛孔径/mm	10.0	5.0	2.0	1.0	0.5	0.25	0.1	0.075	底盘
留筛质量/g	200	100	90	120	110	150	80	100	50

8. 某建筑工地用环刀法测土的密度，已知环刀体积 $V=100cm^3$、环刀质量是103.22g，测得环刀及土的总质量是272.71g；用烘干法测土的含水率，已知称量盒的质量为14.20g，测得湿土及称量盒的质量为39.20g，烘干至恒重后测得干土及称量盒的质量为34.70g，测得土样的比重 $G_s=2.69$。求该土的天然密度 ρ 和重度 γ、天然含水率 ω、干重度 γ_d、孔隙比 e 和饱和度 S_r。

9. 某原状土的基本物理性质指标为：土粒比重为2.70，土的密度1.88g/cm³，含水率 $\omega=15\%$。求该土的其他物理性质指标。

10. 从某建筑工地地基中取原状土样，用76g液塑限联合测定仪测得土的液限 $\omega_L=58.2\%$，塑限 $\omega_P=33.5\%$，天然含水率 $\omega=30.2\%$，问：该地基土根据《土工试验规程》(SL 237—1999) 为何种黏土？该处地基土处于什么状态？

11. 根据《土工试验规程》(SL 237—1999) 确定思考与练习题7中土的名称。

12. 某基坑1000m³，现场土料土粒比重2.68，土的密度1.70g/cm³，含水率为10%，用该土料填满该基坑，要求填土密度1.82g/cm³。需要从现场拉多少土？如果填土的含水率要求为15%，土料中需要加入多少水？

学习项目2　土体渗流与防治

【情景提示】

1. 引水灌溉时，引到田间的水量为什么会少于从水源中所取的水量？

2. “千里之堤，溃于蚁穴”所蕴含的土体渗流知识是什么？

3. 1998年发生在长江流域的洪水险情以渗流变形最为普遍，沿长江6000余处险情中就有400余处属渗透变形险情，其中管涌被视为险中之险。

4. 2002年8月22日湘江大堤望城靖港镇东湖责任段出现散浸，并有个别散浸点转化为管涌，经抢险队伍用砂卵石将散浸口和管涌口压住，大堤从凌晨1时出现的险情到下午5时得到了完全控制。

【教学目标】

1. 掌握土的渗透定律，熟悉土的渗透系数的测试方法。

2. 了解流网在渗流分析中的应用，能绘制简单流网图。

3. 掌握渗透力和渗透变形的含义，能判别渗透变形的类型。

4. 能根据渗透破坏类型采取适当的防治措施。

【内容导读】

1. 介绍土的渗透原理和达西定律，以及土的渗透系数的测定方法。

2. 介绍渗透力与渗透变形的概念，以及渗透变形的分类。

3. 介绍流网的作用和类型及绘制方法

4. 介绍常见的渗透破坏防治措施及工程案例。

学习任务2.1　土的渗透性测试

2.1.1　基础知识学习

2.1.1.1　渗流的概念与达西定律

1. 渗流的概念

土是一种松散的固体颗粒集合体，土体内具有互相连通的孔隙。当有水位差作用时，水就会从水位高的一侧流向水位低的一侧。如图2.1.1 (a) 所示，土坝蓄水后，水从上游透过坝身或坝基土体流向下游。如图2.1.1 (b) 所示，在上、下游水位差作用下，水从上游透过水闸地基土流向下游。这些都是水在土体中的渗流现象。

在水位差作用下，水穿过土中相互连通的孔隙发生流动的现象，称为渗流。土体被水透过的性质，称为土的渗透性。渗流将会引起两方面的问题：一方面是渗漏造成水量损失，如挡水土坝的坝体和坝基的渗水、输水渠道的渗漏等，直接关系到工程的

2.1
土体渗流与防治导读

2.2
土体渗流与防治导读

2.3
堤坝抢险图

2.4
湖南望城湘江管涌抢险纪实组图

2.5
土的渗透性

2.6
土的渗透性

2.7
渗透

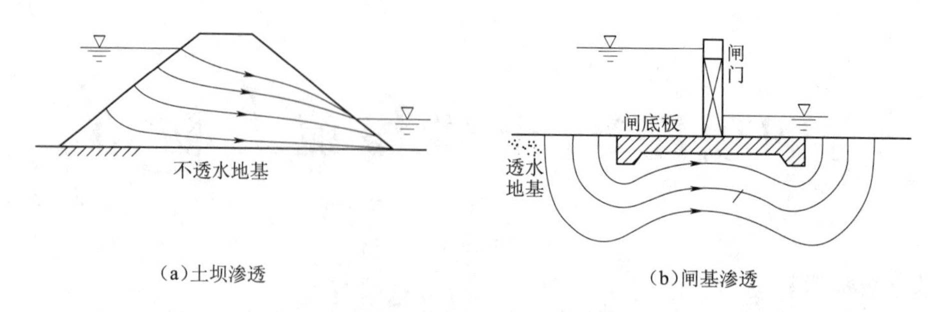

(a)土坝渗透
(b)闸基渗透

图 2.1.1 渗透示意图

经济效益；另一方面，渗流将引起土体内部应力的变化，使土体产生渗透变形（或称渗透破坏），从而引起建筑物的破坏。因此，我们必须对土的渗透性、水在土中的渗透规律及其与工程的关系进行研究，从而为土工建筑物或地基的设计、施工提供必要的资料。

2. 达西定律

早在1856年，法国工程师达西（H. Darcy）用渗透试验装置对不同粒径的砂土进行大量的试验研究，发现渗流为层流状态时，水在砂土中的渗透流速与土样两端的水头差 h 成正比，而与渗径长度 L 成反比，即渗透速度与水力坡降成正比。可用下列关系式表示：

$$v=k\frac{h}{L}=ki \tag{2.1.1}$$

或

$$Q=kiA \tag{2.1.2}$$

式中 v——断面平均渗透流速，cm/s 或 m/d；

i——水力坡降，表示单位渗径长度上的水头损失；

k——土的渗透系数，其物理意义是水力坡降 $i=1$ 时的渗透流速，与渗透流速的量纲相同，是表示土的渗透性强弱的指标；

Q——渗透流量，cm^3/s 或 m^3/d；

A——垂直于渗流方向的土样截面面积，cm^2 或 m^2。

式（2.1.1）和式（2.1.2）即为达西定律（或称渗透定律）的表达式。式（2.1.1）表示渗透速度与水力坡降的线性关系，即渗透速度与水力坡降成直线关系，如图 2.1.2（a）所示。

渗透水流实际上只是通过土体内土粒之间的孔隙发生流动，而不是土的整个截面。达西定律中的渗透速度则为土样全截面的平均流速 v，并非渗流在孔隙中运动的实际流速 v'。由于实际过水截面 A' 小于土体截面 A，因此，实际平均渗透流速 v' 大于达西定律中的平均渗透速度 v，两者的关系为

$$v=nv' \tag{2.1.3}$$

式中 n——土的孔隙率。

3. 达西定律的适用范围

达西定律是描述层流状态下渗透速度与水力坡降关系的基本规律，即达西定律只适用于层流状态。在土建工程中遇到的多数渗流情况，均属于层流范围。如坝基和灌

溉渠道的渗透量以及基坑、水井的涌水量的计算，均可以用达西定律来解决。研究表明，土的渗透规律与土的性质有关。

（1）对于密实的黏土，其孔隙主要为结合水所占据，当水力坡降较小时，由于受到结合水的黏滞阻力作用，渗流极为缓慢，甚至不发生渗流。只有当水力坡降达到某一数值克服了结合水的黏滞阻力作用后，才能发生渗流。渗流速度与水力坡降呈非线性关系，如图2.1.2（a）中②的实线所示。工程中一般将曲线简化为直线关系，如图2.1.2（a）中②的虚线所示，并可用式（2.1.4）表示：

$$v=k(i-i_b) \tag{2.1.4}$$

式中　i_b——密实黏土的起始水力坡降。

（2）对于某些粗粒土（如砾类土）和巨粒土中的渗流，只有在水力坡降较小的情况下，渗透速度与水力坡降呈线性关系，符合达西定律。随着水力坡降的增大，水在土中的渗流呈现紊流状态，渗透规律呈非线性关系，此时达西定律不再适用，如图2.1.2（b）所示。

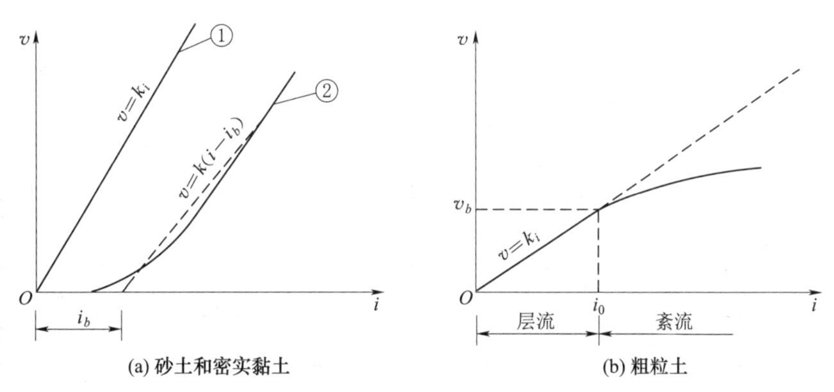

图2.1.2　土的渗透流速与水力坡降的关系

①—砂土；②—密实黏土

2.1.1.2　影响渗透系数的主要因素

渗透系数表明了水在土中流动的难易程度，其大小受土的颗粒级配、密实程度、饱和度和水温等因素的影响。

（1）土粒大小与级配。土粒大小与颗粒级配直接决定土中孔隙的大小，对土的渗透系数影响最大。粗粒土颗粒越粗、越均匀、越浑圆，其渗透系数则越大。细粒土颗粒越细、黏粒含量越多，其渗透系数则越小。在黏性土中，黏粒表面结合水膜的厚度与颗粒的矿物成分有很大关系，结合水膜的厚度越大，土粒间的孔隙通道越小，其渗透性也就越小。

（2）土的密实度。同一种土，在不同密实状态下具有不同的渗透系数。土的密实度增加，孔隙比变小，土的渗透性随之减小。因此，在测定渗透系数时，必须考虑实际土的密实状态，并控制土样孔隙比与实际相同，或者在不同孔隙比下测定土的渗透系数，绘出孔隙比与渗透系数的关系曲线，从中查出所需孔隙比下的渗透系数。

（3）土的饱和度。土中的封闭气泡不仅减小了土的过水断面，而且可以堵塞一些孔隙通道，使土的渗透系数降低，同时可能会使流速与水力坡降之间的关系不符合达西定律。

(4) 水的温度。渗透系数直接受水的动力黏滞系数的影响。不同水温情况，水的动力黏滞系数变化较大。水温越高，水的动力黏滞系数就越小，水在土中的渗透速度则越大。同一种土在不同的温度下，将有不同的渗透系数。在某一温度 T 下测定的渗透系数，可用式 (2.1.5) 换算为标准温度（能使度量准确又能使测量仪器都具有正确指示的温度）20℃下的渗透系数，即

$$k_{20}=k_T\frac{\eta_T}{\eta_{20}} \tag{2.1.5}$$

式中 k_{20}、k_T——T 和 20℃时土的渗透系数；

η_T、η_{20}——T 和 20℃时水的动力黏滞系数，见表 2.1.1。

表 2.1.1 η_T/η_{20} 与温度的关系

水温/℃	5.0	5.5	6.0	6.5	7.0	7.5	8.0	8.5	9.0	9.5
η_T/η_{20}	1.501	1.478	1.455	1.435	1.414	1.393	1.373	1.353	1.334	1.315
温度/℃	10.0	10.5	11.0	11.5	12.0	12.5	13.0	13.5	14.0	14.5
η_T/η_{20}	1.297	1.279	1.261	1.243	1.227	1.211	1.194	1.176	1.168	1.148
温度/℃	15.0	15.5	16.0	16.5	17.0	17.5	18.0	18.5	19.0	19.3
η_T/η_{20}	1.133	1.119	1.104	1.090	1.077	1.066	1.050	1.038	1.025	1.012
温度/℃	20.0	20.5	21.0	21.5	22.0	22.5	23.0	24.0	25.0	26.0
η_T/η_{20}	1.000	0.988	0.976	0.964	0.958	0.943	0.932	0.910	0.890	0.870

注 表中没有的数据，可用内插法。

(5) 封闭气体含量。土中封闭气泡的存在，使土的有效渗透面积减小，渗透系数降低。封闭气泡含量越多，土的渗透性越弱。渗透试验时，土的渗透系数受土体饱和度影响，饱和度低的土，可能有封闭气泡，渗透系数减小。为了保证试验的可靠性，要求土样必须充分饱和。

2.1.1.3 成层土的渗透系数

天然地基往往由渗透性不同的土层所组成，其各向渗透性也不相同。对于成层土，应分别测定各层土的渗透系数，然后根据渗流方向求出与层面平行或与层面垂直的平均渗透系数。

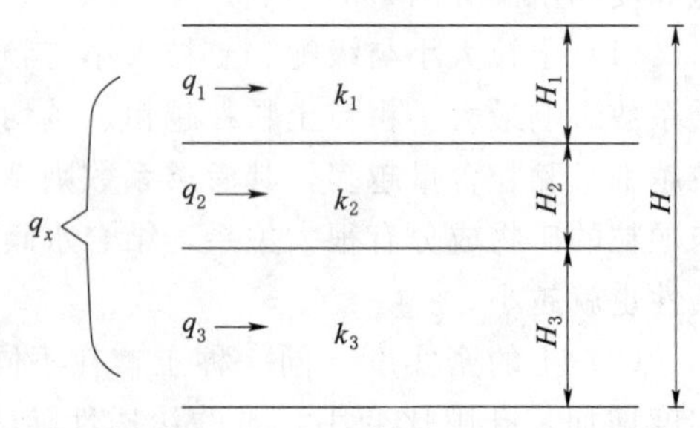

图 2.1.3 与层面平行渗流

(1) 平行层面渗流情况。如图 2.1.3 所示，假如各层土的渗透系数各向同性，分别为 k_1，k_2，…，k_n，厚度为 H_1，H_2，…，H_n，总厚度为 H。平行层面渗流时，若流经各层土单位宽度的渗流量为 q_{x1}，q_{x2}，…，q_{xn}，则总单宽渗流量 q_x 应为

$q_x = q_{x1} + q_{x2} + \cdots + q_{xn}$，根据达西定律有

$$q_x = k_x i H$$

$$q_{xi} = k_i i_i H_i$$

式中　k_x——与层面平行的渗流平均渗透系数；

i——成层土的平均水力坡降。

对于平行层面的渗流，流经各层土相同距离的水头损失均相等，各层土的水力坡降 i_i 也相等。与层面平行渗流的平均渗透系数为

$$k_x H = k_1 H_i + k_2 H_2 + \cdots + k_n H_n$$

$$k_x = \frac{1}{H}(k_1 H_1 + k_2 H_2 + \cdots + k_n H_n) \tag{2.1.6}$$

（2）垂直层面渗流情况。如图2.1.4所示，流经各土层的渗流量为 q_{y1}、q_{y2}、…、q_{yn}，根据水流连续原理，流经整个土层的单宽渗流量应为

$$q_y = q_{y1} = q_{y2} = \cdots = q_{yn}$$

设渗流通过土层 H 的总水头为 h，各土层的水头损失分别为 h_1，h_2，…，h_n，则各土层的水力坡降为 i_1，i_2，…，i_n，整个土层的平均水力坡降为 i，根据达西定律可得各土层的渗流量与总渗流量关系，即

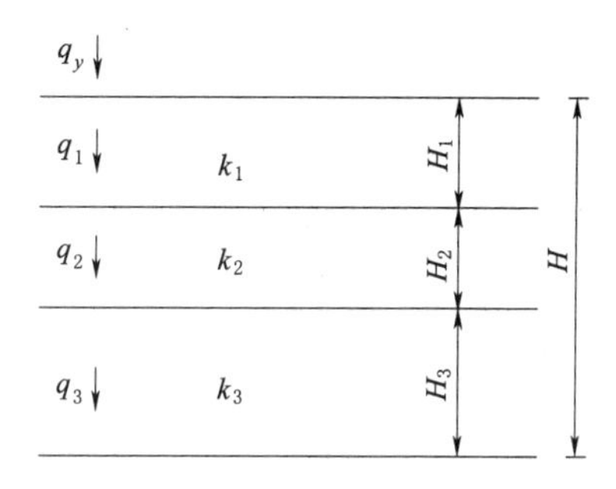

图2.1.4　与层面垂直渗流

$$q_{yi} = k_i i_i A = k_i \frac{h_i}{H_i} A$$

$$h_i = \frac{q_{yi} H_i}{k_i A}$$

$$q_y = k_y i A = k_y \frac{h}{H} A$$

$$h = \frac{q_y H}{k_y A}$$

式中　k_y——与层面垂直渗流的平均渗透系数；

A——渗流截面面积。

对于垂直于层面的渗流，通过整个土层的总水头损失应等于各层水头损失之和，即 $h = \sum h_i$。经整理后可得与层面垂直渗流整个土层的平均渗透系数为

$$k_y = \frac{H}{\dfrac{H_1}{k_1} + \dfrac{H_1}{k_1} + \cdots + \dfrac{H_n}{k_n}} \tag{2.1.7}$$

比较式（2.1.6）与式（2.1.7）可知，成层土水平方向渗流的平均渗透系数取决于最透水土层的渗透系数和厚度，垂直方向的渗透系数取决于最不透水土层的渗透系数和厚度。因此，同一土层平行层面渗流平均渗透系数总是大于垂直层面渗流的平均渗透系数。

2.1.2 教学实训：渗透试验

渗透试验的目的主要是测定渗透系数。渗透系数 k 是衡量土体渗透性强弱的一个重要力学性质指标，也是渗透计算时用到的一个基本参数。由于自然界中土的沉积条件复杂，渗透系数 k 值相差很大，因此渗透系数难以用理论计算求得，只能通过试验直接测定。

渗透系数测定方法可分为室内渗透试验和现场渗透试验两大类。室内渗透试验分为常水头试验法和变水头试验法两种，均以达西定律为依据，可根据土的类别，选择不同的仪器进行；现场渗透试验可采用抽水法（测定饱和土的渗透系数）或试坑注水法（测定非饱和土的渗透系数）。

2.9 常水头渗透试验装置

2.10 超高压测压管

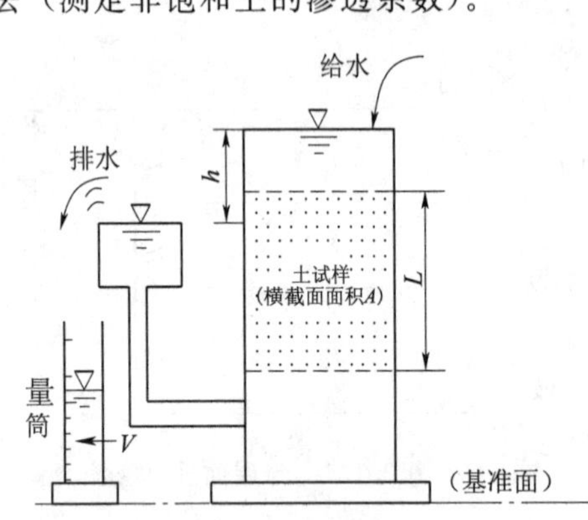

图 2.1.5 常水头试验装置示意图

1. 方法与适用范围

(1) 常水头试验。常水头试验法适用于透水性较强的粗粒土。常水头试验法是指在整个试验过程中，水头保持不变。其试验装置如图 2.1.5 所示，前述达西渗透试验属于此种类型。

设土样渗径长度为 L（等于渗径长度），土样横截面面积为 A，试验时的水头差为 h，这三项在试验前可以直接量测。试验中用量筒和秒表测定在某一时段 t 内流经土样的水量 V，由达西定律得

$$V=kiAt=k\frac{h}{L}At$$

即

$$k=\frac{VL}{hAt} \tag{2.1.8}$$

(2) 变水头试验。由于细粒土的渗透性很小，在短时间内流经土样的水量少，若采用常水头试验法，难以准确测定其渗透系数。因此，细粒土（如粉土和黏土）常采用变水头试验法测定渗透系数。

变水头渗透试验装置如图 2.1.6 所示。将土样的一端与一根带有刻度的直立细玻璃管（即为水头管）相连，细玻璃管的内横截面积为 a。变水头法在整个试验过程中，水头差随时间不断变化，试验时分别量出某一时段 t 开始和结束时细玻璃管中的水头 h_1 和 h_2。

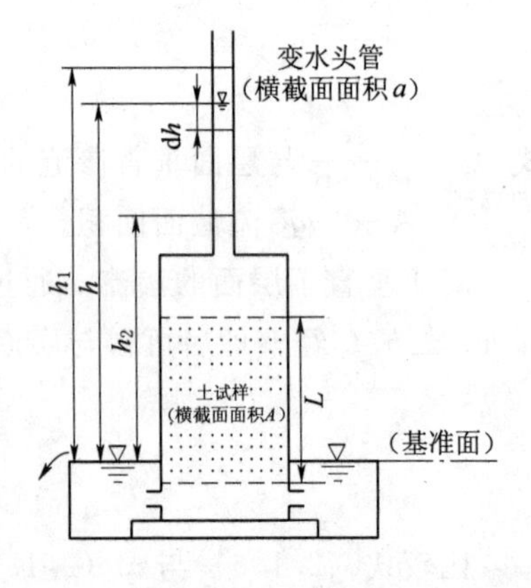

图 2.1.6 变水头试验装置示意图

设试验开始以后某一时刻的水头差为 h，经过时段 dt，竖直细玻璃管中水位下降 dh，则在时段 dt 内流经细管的水量为

$$dV = -a\,dh$$

式中，负号表示渗水量随水头差 h 的减小而增加。根据达西定律，则可得出在时段 dt 内流经土样的水量为

$$dV = kiA\,dt = k\frac{h}{L}A\,dt$$

由于在同一时段内流经土样水量与细管内减少的水量相等，即

$$kA\frac{h}{L} = -a\frac{dh}{dt}$$

分离变量后两端积分得　$\frac{kA}{aL}\int_{t_1}^{t_2}dt = -\int_{h_1}^{h_2}\frac{dh}{h}$

两端积分后可得出土的渗透系数：

$$k = \frac{aL}{A(t_2 - t_1)}\ln\frac{h_1}{h_2} \tag{2.1.9}$$

或

$$k = 2.3\frac{aL}{A(t_2 - t_1)}\lg\frac{h_1}{h_2} \tag{2.1.10}$$

应当指出，室内渗透试验要注意土样各向异性的特点。一般沉积土层水平方向与垂直方向的物质成分及结构等存在差异，使各向渗透性相差较大；土坝由于分层碾压施工，各向渗透性也存在差异。因此，在试验时必须使水流流经土样的方向与天然土层或坝体的渗流方向一致。

(3) 现场渗透试验。在现场研究场地的渗透性进行渗透系数测定时，常常用现场抽水试验或井孔注水试验的方法。下面主要介绍抽水试验方法，注水试验与此类似。

现场抽水试验测定渗透系数一般适用于均质粗粒土层，试验如图2.1.7所示。在现场打一口贯穿要测定渗透系数的土层的试验井，并在距井中心处设置两个以上观测地下水位变化的观测井，然后自井中以不变的速率进行抽水。抽水时，井周围的地下水迅速向井中渗透，造成井周围的地下水位下降，形成一个以井孔为中心的降水漏斗。当渗流达到稳定后，若测得的抽水量为 q，观测井距抽水井轴线的距离分别为 r_1，r_2，观测井中的水位高度分别为 h_1，h_2，通过达西定律即可求出土层的平均渗透系数。

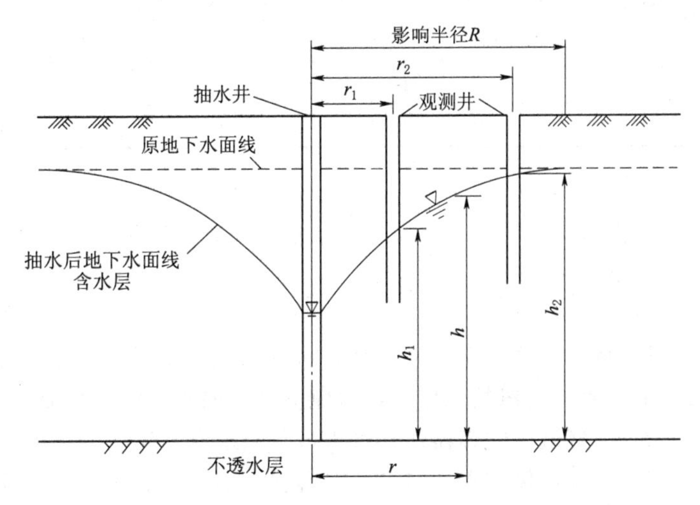

图2.1.7　现场抽水试验示意图

围绕抽水井轴取一过水断面，该断面距井中心距离为 r，水面高度为 h，那么过

水断面的面积为

$$A=2\pi rh$$

设该过水断面上各处的水力坡降为常数，且等于地下水位线在该处的坡降，则

$$i=\frac{\mathrm{d}h}{\mathrm{d}r}$$

根据达西定律，单位时间内井内抽出的水量为

$$q=Aki=2\pi rhk\frac{\mathrm{d}h}{\mathrm{d}r}$$

$$q\frac{\mathrm{d}r}{r}=2\pi kh\,\mathrm{d}h$$

两边积分得

$$q\int_{r_1}^{r_2}\frac{\mathrm{d}r}{r}=2\pi k\int_{h1}^{h2}h\,\mathrm{d}h$$

即可得渗透系数

$$k=\frac{q\ln(r_2/r_1)}{\pi(h_2^2-h_1^2)} \tag{2.1.11}$$

各种土的渗透系数参考值见表2.1.2。

表2.1.2　　各种土的渗透系数参考值

土的类别	渗透系数 k		土的类别	渗透系数 k	
	m/d	cm/s		m/d	cm/s
黏土	<0.005	$<6\times10^{-6}$	细砂	1.0～5	$1\times10^{-3}\sim6\times10^{-3}$
粉质黏土	0.005～0.1	$6\times10^{-6}\sim1\times10^{-4}$	中砂	5～20	$6\times10^{-3}\sim2\times10^{-2}$
粉土	0.1～0.5	$1\times10^{-4}\sim6\times10^{-4}$	粗砂	20～50	$2\times10^{-2}\sim6\times10^{-2}$
黄土	0.25～0.5	$3\times10^{-4}\sim6\times10^{-4}$	圆砾	50～100	$6\times10^{-2}\sim1\times10^{-1}$
粉砂	0.5～1.0	$6\times10^{-4}\sim1\times10^{-3}$	卵石	100～500	$1\times10^{-1}\sim6\times10^{-1}$

2.12 渗透仪组图

2. 仪器设备

变水头试验所用仪器设备有变水头装置、渗透仪、秒表、温度计等。

3. 操作步骤

(1) 安装试样。

1) 将容器套内涂上凡士林，将环刀推入套筒，并压入止水垫圈，装好上下透水石和上下盖，用螺丝刀拧紧，避免漏气、漏水，将土样充分饱和。

2) 装好试样的容器使其进水口与进水装置连通，关上水夹，向供水瓶供水。

3) 将渗透仪排水管向上，打开排气管夹，向内注水排除容器底部空气，直至水中无气泡外溢为止。

(2) 确定试验开始时的起始水头 h_1 和结束时的终了水头 h_2。h_1 和 h_2 可任意选定，但一般选择 h_2 比 h_1 小20cm左右为宜，如可选择 $h_1=120$cm，$h_2=100$cm 和 $h_1=80$cm、$h_2=60$cm 这两组数据（这样选择可以一次充水测定两组数据）。

(3) 充水。把开关扳向左边至水平位置，此时供水装置向玻璃管供水。

(4) 放水并测量所需时间 t。当充水水头超过设定的 h_1 后，将开关顺时针旋转至

垂直向上位置，此时，玻璃管与渗透仪接通（与供水装置断开），玻璃管中的水在水头的作用下从渗透仪的底部进入，自下而上流经试样，从渗透仪顶端流出。当水头降至 h_1时，开动秒表；当水头降至 h_2时，关闭秒表，记录测量的经过时间 t 值（以秒为单位），见表 2.1.3。

重复上述过程，测定另一组数据（即一个土样测两组数据，取平均值；不容许从不同的玻璃管各测一组数据取平均值）。

（5）测量水温，并根据水温在表 2.1.1 中查取校正系数 η_T/η_{20}。

4. 数据记录与整理计算

表 2.1.3 中最后一栏将 K_{20}用科学计数法表示（保留三位有效数字），如若 $K_{20}=0.0003876$，则 K_{20}写为 3.88×10^{-4}。

表 2.1.3　　变水头渗透系数测试计算表

起始水头 h_1/cm	终了水头 h_2/cm	经过时间 t/s	渗透系数 K_T/(cm/s)		水温 /℃	校正系数 η_T/η_{20}	渗透系数/ K_{20}/(cm/s)
			单值	平均			

学习任务 2.2　渗透力与流网

2.2.1　基础知识学习

1. 渗透力

如图 2.2.1 所示，在一定水头作用下发生渗流，当水在土体孔隙中流动时，将会受到土颗粒的阻力作用，而引起水头损失。根据作用力与反作用力相等的原理可知，渗流必然对土颗粒产生一个相等的反作用力。常将渗流作用在单位土体中的土颗粒上的作用力称为单位渗透力，简称渗透力，以 j 表示。

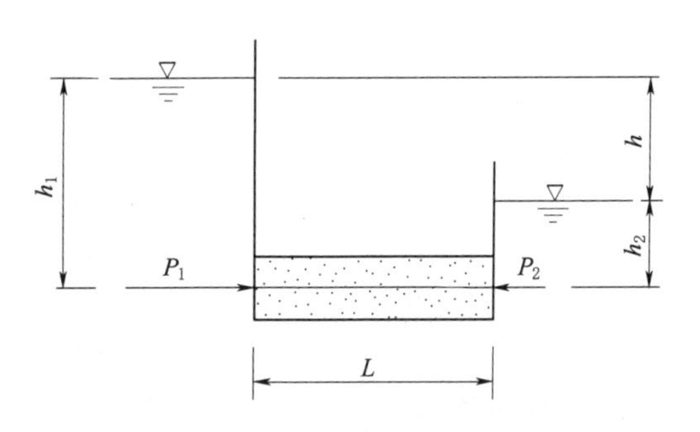

图 2.2.1　渗透力计算示意图

如图 2.2.1 所示，沿渗流方向取一个长度为 L、横截面积为 A 的土柱体来研究。因 $h_1>h_2$，水头差为 h，水从截面 1 流向截面 2。由于土中渗流速度一般很小，其流动水流惯性力可以忽略不计。现假设所取土柱体孔隙中完全充满水，并考虑土柱体中的土颗粒对渗流阻力的影响，则作用于土柱中水体上的力如下：

（1）截面 1 上的总水压力 $P_1=\gamma_w h_1 A$，其方向与渗流方向一致。

（2）截面 2 上的总水压力 $P_2=\gamma_w h_2 A$，其方向与渗流方向相反。

(3) 土柱中的土颗粒对渗流水的总阻力 F，其大小应和总渗透力 J 相等，即 $F=J=jLA$，方向与渗流方向相反。

根据渗流方向力的平衡条件得

$$J=P_1-P_2$$

或

$$jLA=\gamma_w(h_1-h_2)A$$

则渗透力

$$j=\gamma_w\frac{h_1-h_2}{L}=\gamma_w\frac{h}{L}=\gamma_w i \tag{2.2.1}$$

渗透力是一种体积力，单位为 kN/m^3，其大小与水力坡降成正比，方向与渗流方向一致。

由于渗透力的方向与渗流方向一致，因此它对土体稳定性有着很大的影响。如图 2.2.2 所示的水闸地基，渗流的进口处 A 点受到向下渗流的作用，渗透力与土的有效重力方向一致，渗透力增大了土有效重力的作用，对土体稳定有利；在渗流近似水平部位的 B 点处，渗透力与土的有效重力近似正交，它使土粒产生向下游移动的趋势，对土体稳定是不利的；在渗流的出逸处 C 点，受向上的渗流作用，渗透力与土的有效重力方向相反，渗透力起到了减轻土的有效重力的作用，对土体的稳定不利。渗透力越大，渗流对土体稳定性的影响就越大。在渗流出口处，当向上的渗透力大于土的有效重力时，则土粒将会被渗流挟带向上涌出，土体失去稳定，发生渗透破坏。因此，在对闸坝地基、土坝、基坑开挖等情况进行土体稳定分析时，应考虑渗透力的影响。

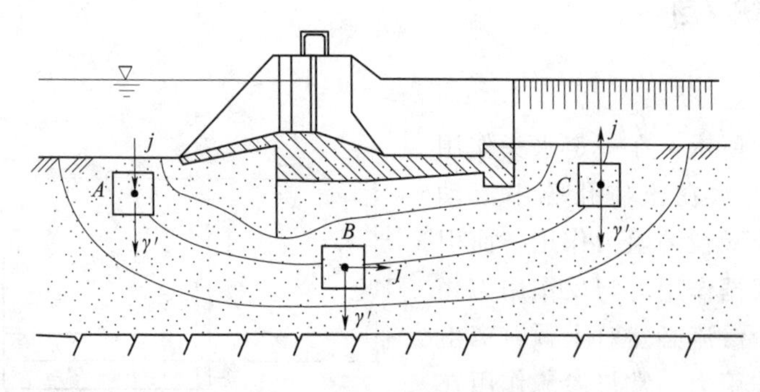

图 2.2.2 渗流对闸基土的作用

2. 流网的特征及应用

在简单边界条件下发生水平或垂直流动的单向渗流情况，水力坡降、渗透速度和渗流量等渗流要素可直接根据达西定律确定。但在工程中遇到的渗流，常常是边界条件复杂的二维或三维问题，如闸坝透水地基以及土坝坝身等的渗流，问题要比单向渗流复杂，通常将其作为二维渗流来研究，其渗流的各要素可通过流网来解决。

流网即渗流场中相互正交的曲线，即等势线和流线所形成的网络状曲线簇，如图 2.2.3 所示。其中，流线是水质点运动的轨迹线，等势线是测管水头相同的点的连线。

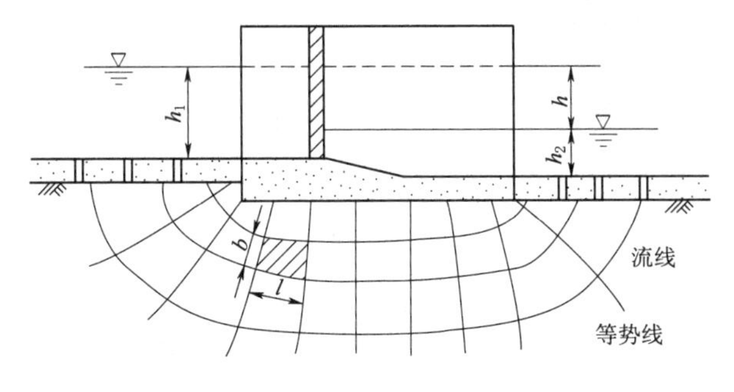

图 2.2.3　流网示意图

对于各向同性的土层（水平和竖直向渗透系数相等的均质土层），流网具有下列特征：

（1）流线与等势线彼此正交，即在交点处两曲线的切线互相垂直。

（2）各个网格的长宽比为常数。若取长宽比等于 1，网格即成为曲边正方形，这是最常见的一种流网。

（3）流网中各个流槽的渗透流量相等。

（4）任意两相邻等势线间水头损失相等。

由这些特征可知，流网中流线越密的部位流速越大，等势线越密的部位水力坡降越大。流网能够形象地表示出渗流的情况。

流网可以利用试验方法得出，也可由图解法绘制出。图解法绘制流网易于掌握，并能用于建筑物边界轮廓较复杂的情况，只要按照绘制流网的基本要求进行，精确度也可以得到保证，所以在工程上应用广泛。

流网绘好后，就可以直观地获得渗流要素的总体轮廓，并可计算确定渗流场中各点测压管水头、水力坡降、渗透速度、渗透力、渗透流量、孔隙水应力等渗流要素。上述各渗流要素常用于有渗流作用下的地基与土坡的渗透和抗滑稳定性分析。这里主要介绍根据流网确定水力坡降、渗透力和孔隙水应力。

（1）水力坡降的计算。根据流网特性可知，任意两相邻等势线间的水头损失相等。在图 2.2.3 中，上、下游的水头差为 h，等势线的间距数为 n，则相邻两条等势线之间的水头损失 Δh 为

$$\Delta h = \frac{h}{n} \tag{2.2.2}$$

每个网格沿流线方向的中线长度为 ΔL（可从图中量出），在流网中网格的水力坡降为

$$i = \frac{\Delta h}{\Delta L} \tag{2.2.3}$$

在进行地基的渗流稳定分析时，常需知道渗流的逸出坡降，由于某一点的逸出坡降难以求得，往往将渗流逸出处附近网格上的平均坡降作为逸出坡降。逸出坡降可用式（2.2.3）计算，式中的 ΔL 取渗流逸出处附近网格沿流线方向的中线长度。

（2）渗透力的计算。利用流网求出任一网格的水力坡降 i，按式（2.2.1）即可计

算出该网格单位土体的平均渗透力：

$$j=\gamma_w i=\gamma_w\frac{\Delta h}{\Delta L} \tag{2.2.4}$$

若任一个网格在两相邻流线间的平均长度为 ΔS，则作用在该网格范围内单宽土体上的渗透力为

$$J_i=j_i\Delta L\Delta S=\gamma_w\Delta h\Delta S \tag{2.2.5}$$

J_i 通过网格的形心，方向与流线平行。

作用在渗流场内的总渗透力 J，等于各网格渗透力的矢量之和，即

$$\vec{J}=\sum\vec{J}_i \tag{2.2.6}$$

总渗透力作用在渗流场面积的形心上。

在进行地基的渗透变形分析时，渗流逸出处的渗透力应是渗流逸出处附近网格单位土体的渗透力，可用式（2.2.4）计算。

2.2.2 教学实训：流网的绘制与应用

（1）绘制方法：手工绘制流网。

（2）准备工具：铅笔，橡皮。

（3）初步绘制流网图：根据渗流场的边界条件确定边界流线和首尾等势线，绘制每根流线、等势线，并保持其相互正交，形成曲边正方形。

（4）对其进行反复修改调整，形成精度较高的流网图（图2.2.3）。

随着电子计算机的普及，目前多用有限元法编程绘制流网，精度高，速度快，并且可以绘制三维渗流情况的流网。

（5）根据所绘流网求解各渗流要素。

学习任务2.3 渗透变形及防治措施

2.3.1 基础知识学习

2.3.1.1 渗透变形

土中的水流渗透使土体受到渗透力的作用，在该力作用下，土体中的细颗粒被冲走或局部土体同时浮起而流失，导致土体变形或破坏的现象称为渗透变形（也称为渗透破坏）。渗透破坏可导致水工建筑物的失事。以土石坝为例，根据近年资料来看，由于各种形式的渗透变形导致失事的占失事总数的1/4～1/3。

1. 渗透变形的类型

土工建筑物及地基由于渗流作用而出现土层剥落、地面隆起、渗流通道等破坏或变形现象，称为渗透破坏或者渗透变形。渗透变形是土工建筑物破坏的重要原因之一，危害极大。土的渗透变形主要类型有流土（流砂）、管涌、接触流土和接触冲刷。就单一土层来说，渗透变形的主要形式是流土和管涌。

（1）流土。流土是指在渗流作用下，表层局部土体隆起、浮动或颗粒群同时发生移动而流失的现象。开挖基坑或渠道时出现的所谓“流砂”现象，就是流土的常见形式。如图2.3.1所示，河堤覆盖层下流砂涌出的现象是由于堤内、外水头差大，从而弱透水层的薄弱处被冲溃，大量砂土涌出，危及河堤的安全。

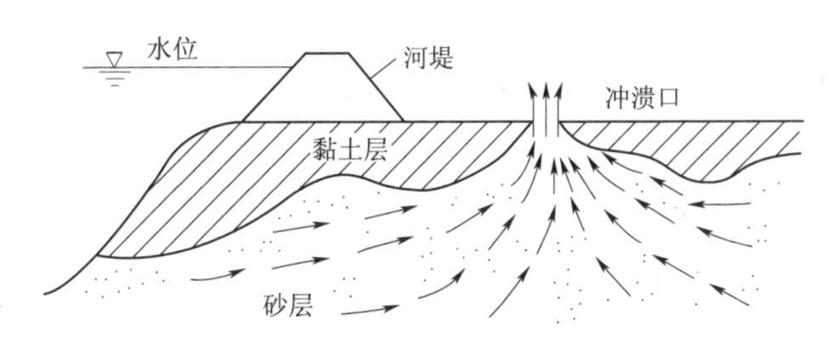

图2.3.1　河堤覆盖层下流砂涌出的现象

任何类型的土，包括黏性土或无黏性土，只要水力坡降大于临界值，都会发生流土破坏。流土一般发生在无保护的渗流出口处，然后向土体内部发展，过程迅速，对土工建筑物和地基危害极大。

（2）管涌。在渗透水流作用下，土中的细颗粒在粗颗粒形成的孔隙中移动以至流失，随着土的孔隙不断扩大，渗透速度不断增加，较粗的颗粒也被水流逐渐带走，最终导致土体内形成贯通的渗流管道，造成土体塌陷，这种现象称为管涌，如图2.3.2所示。

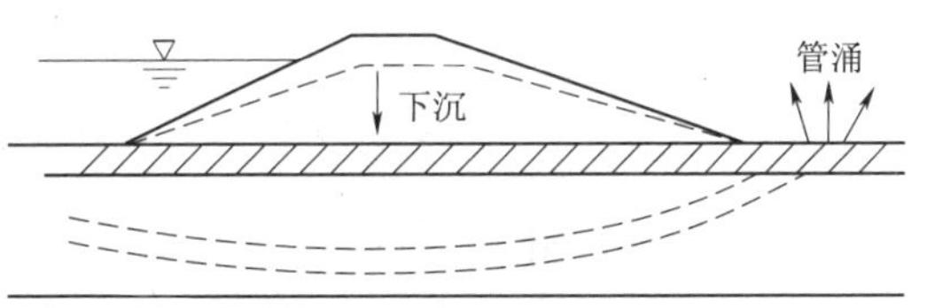

图2.3.2　通过坝基的管涌示意图

管涌一般发生在砂性土中，发生的部位一般在渗流出口处，但也可能发生在土体的内部，管涌现象一般随时间增加不断发展，是一种渐进性的破坏。

管涌发生时，水面出现翻花，随着上游水位升高，持续时间延长，险情不断恶化，大量涌水翻砂，使堤防、水闸地基土壤骨架破坏，孔道扩大，基土被淘空，引起建筑物塌陷，造成决堤、垮坝、倒闸等事故。

（3）接触流土。接触流土是指渗流垂直于两种不同介质的接触面流动时，把其中一层的细粒带入另一层土中的现象，如反滤层的淤堵。

（4）接触冲刷。接触冲刷是指渗流平行于两种不同介质的接触面流动时，把其中细粒层的细粒带走的现象，一般发生在土工建筑物地下轮廓线与地基土的接触面处。

2. *渗透破坏产生的条件*

土的渗透变形的发生和发展主要取决于两个原因：一是几何条件，二是水力条件。

（1）几何条件。渗透变形产生的几何条件是指土颗粒的组成和结构等特征。例如，对于管涌来说，只有当土中粗颗粒所构成的孔隙直径大于细颗粒的直径，才可能让细颗粒在其中移动，这是管涌发生的必要条件之一。对于不均匀系数 $C_u<10$ 的

土，粗颗粒形成的孔隙直径不能让细颗粒顺利通过，一般情况下这种土不会发生管涌；而对于不均匀系数 $C_u>10$ 的土，发生流土和管涌的可能性都存在，主要取决于土的级配情况和细粒含量。试验结果表明，当细粒含量小于25%时，细粒填不满粗颗粒所形成的孔隙，渗透变形属于管涌；而当细粒含量大于35%时，则可能产生流土。

（2）水力条件。产生渗透变形的水力条件指的是作用在土体上渗透力的大小，是产生渗透变形的外部因素和主动条件。土体要产生渗透变形，只有在渗流水头作用下的渗透力，即水力坡降大到足以克服土颗粒之间的黏聚力和内摩擦力时，也就是说水力坡降大于临界水力坡降时，才可以发生渗透变形。

（3）渗流的逸出条件。渗流逸出处有无适当的保护对渗透变形的产生和发展有着重要的意义。当逸出处直接临空时，此处的水力坡降是最大的，同时水流方向也有利于土的松动和悬浮，这种逸出处条件最易产生渗透变形。所以工程上一般在渗流逸出处设置反滤层以降低渗流逸出速度和水力坡降。

3. 渗透破坏的判定

根据前述知识，渗透破坏的判定条件有以下方法：

（1）按颗粒组成判断：无黏性土渗透破坏形式的判别准则可概括如下，见图2.3.3。

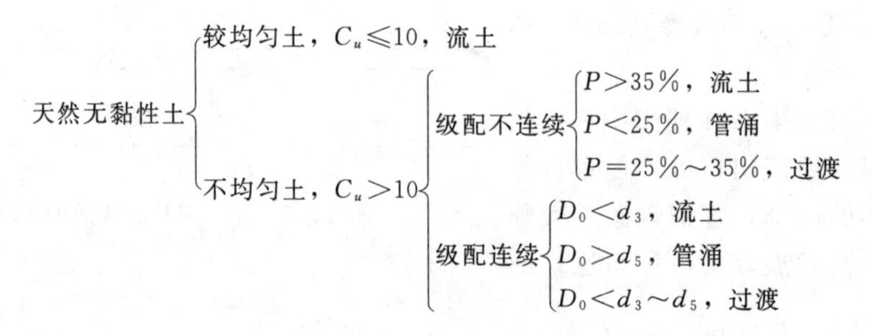

图2.3.3 $D_0=0.25d_{20}$ 天然无黏性土渗透破坏形式判别标准

图2.3.3中 P——级配曲线上断点以下对应颗粒含量，即细料含量；

D_0——孔隙平均直径，可用 $D_0=0.25d_{20}$ 计算；

d_3、d_5、d_{20}——小于该粒径土粒含量为3%、5%、20%对应的粒径。

另外，无黏性土的渗透变形还与土的密度有关，有些土在较大密度下可能发生流土，而在小密度下则可能出现管涌。

（2）按临界水力坡降判断：$i<i_{cr}$ 时土体处于稳定状态，$i=i_{cr}$ 时土体处于临界状态，$i>i_{cr}$ 时土体处于破坏状态。但在工程中，考虑到安全系数，要求

$$i \leqslant [i]=\frac{i_{cr}}{F_s} \tag{2.3.1}$$

式中 i——水力坡降；

$[i]$——允许水力坡降；

i_{cr}——临界水力坡降；

F_s——安全系数。

2.3.1.2　渗透变形的临界水力坡降

1. 流土的临界水力坡降

如前所述，渗透力与渗透方向一致，在堤坝下游渗流逸出面处，若为一水平面，由渗流产生的向上的渗透力与土的重力方向相反。如果向上的渗透力足够大，就会导致流土的发生，其条件就是 $j>\gamma'$。当渗透力与土的有效重度相等时，即 $j=\gamma'$ 土体处于流土的临界状态，此时的水力坡降即为流土的临界水力坡降，用 i_{cr} 表示。

临界状态时土的渗透力为　　$j=\gamma_w i_{cr}$

土的有效重度为　　$\gamma'=\dfrac{G_s-1}{1+e}\gamma_w=\gamma_{sat}-\gamma_w$

所以

$$i_{cr}=\frac{\gamma'}{\gamma_w}=\frac{G_s-1}{1+e}=\frac{\gamma_{sat}-\gamma_w}{\gamma_w} \tag{2.3.2}$$

由式（2.3.2）可知，流土的临界水力坡降取决于土的物理性质，当土的 G_s 和 e 已知时，则该土的临界水力坡降即为一定值，一般为 0.8～1.2。在工程计算中，通常将流土的临界水力坡降除以安全系数 2～3 后才得出设计上采用的允许水力坡降数值。有资料指出：匀粒砂土的允许水力坡降 $[i_{cr}]=0.27\sim0.44$；细粒含量大于 30%～50%的砂砾土的允许水力坡降 $[i_{cr}]=0.3\sim0.4$；黏土一般不易发生变形，其临界坡降值较大，建议用 $[i_{cr}]=4\sim6$。

2. 管涌的临界水力坡降

由于管涌临界水力坡降的影响因素较多，国内外学者对此进行了很多研究。对于中小型工程，无黏性土发生管涌的临界水力坡降，南京水利科学研究院提供的经验公式如下：

$$i_{cr}=\frac{42d_3}{\sqrt{\dfrac{k}{n^3}}} \tag{2.3.3}$$

式中　d_3——小于该粒径颗粒含量为 3%所对应的粒径，cm；

n——孔隙率；

k——渗透系数，cm/s。

2.3.1.3　渗透破坏的防治措施

通过前面的学习，我们已经知道使土体发生渗透变形的原因主要有两方面：一是内因，即土的类别及组成特征，决定土的允许水力坡降；二是外因，即渗流的特征，决定渗流的渗透水力坡降。因此，防止土体渗透变形的原则是上挡下排。具体地，除了增大土体密度以外，在入渗处设置水平与垂直防渗措施，如水平的黏性土铺盖、垂直的黏土或混凝土防渗墙、帷幕灌浆及板桩等，达到增长渗径、截断渗流，从而降低水力坡降的目的。在出渗处采用滤土排水的措施，如设置反滤层、盖重体或排水沟、排水减压井，达到减小出逸水力坡降、减小渗透力、渗流出逸处土体抵抗渗透变形能力的目的。

1. 水工建筑物渗流处理措施

水工建筑物的防渗工程措施一般以“上堵下疏”为原则，上游截渗、延长渗径，下游通畅渗透水流，减小渗透压力，防止渗透变形。抢护方法为临截背导，导压兼施，降低渗压，防止渗流带出泥沙。

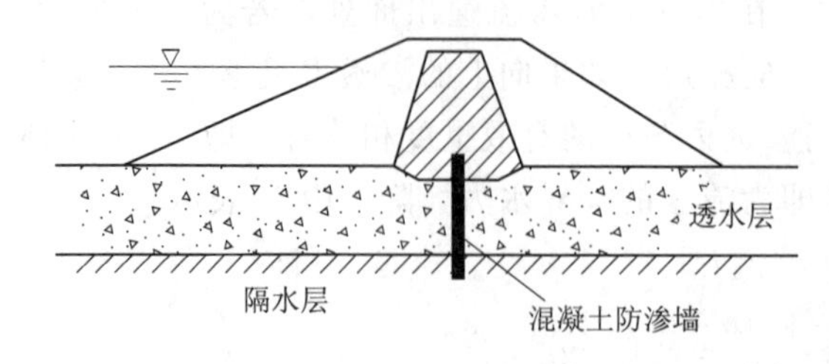

图 2.3.4 垂直截渗

(1) 垂直截渗。主要目的是延长渗径，降低上、下游的水力坡度，若垂直截渗能完全截断透水层，防渗效果更好。垂直截渗墙、帷幕灌浆、板桩等均属于垂直截渗，如图 2.3.4 所示。

(2) 设置水平铺盖。上游设置水平铺盖（黏土或者土工合成材料），与坝体防渗体连接，延长了水流渗透路径，如图 2.3.5 所示。

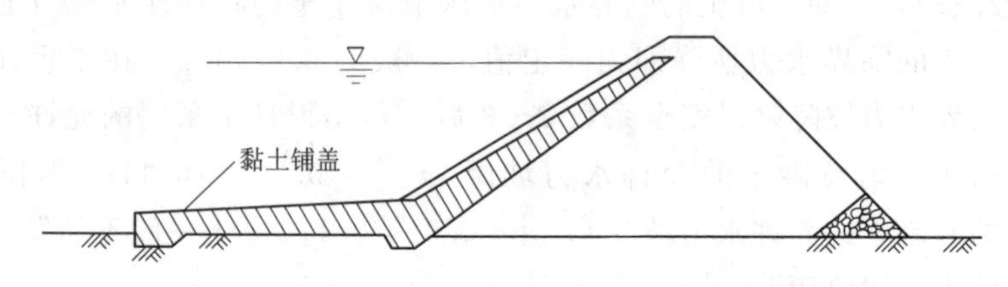

图 2.3.5 设置水平铺盖

(3) 设置反滤层。设置反滤层，既可通畅水流，又起到保护土体、防止细粒流失而产生管涌渗透变形，如图 2.3.6 所示。反滤层可由粒径不等的无黏性土组成，也可由土工布代替。

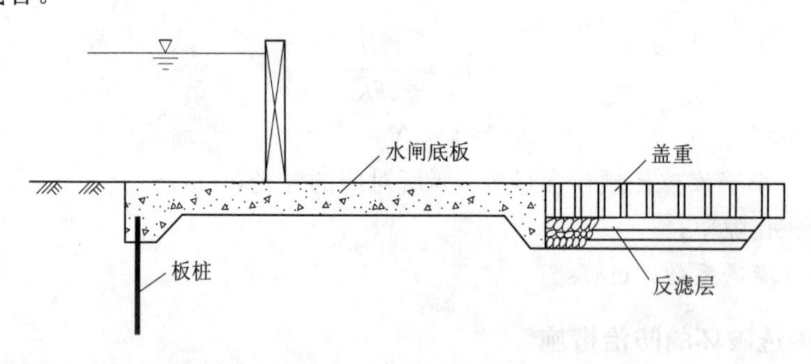

图 2.3.6 设置反滤层

(4) 排水减压。为减小下游渗透压力，在水工建筑物下游、基坑开挖时，设置减压井或深挖排水槽，如图 2.3.7 所示。

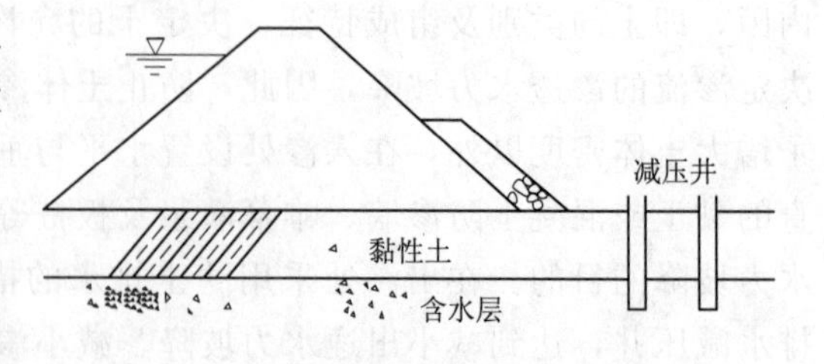

图 2.3.7 排水减压

2. 建筑基坑开挖防渗措施

开挖基坑时，通常采用明式排水开挖，若坑内、外水位差较小，土体性质较好，则不会引起土体渗透变形。若开挖深度大，土体性质不利，坑内、外水位差较大，则基坑底部地下水将向上渗流，地基中产生向上的渗透力。当渗透水力坡降大于临界水力坡降 i_{cr} 时，出现流砂现象，不仅给施工带来很大的困难，甚至影响邻近建筑物的安全，所以在开挖基坑时要防止流砂的发生，其主要措施如下：

(1) 轻型井点降水法。在基坑范围以外设置井点管，利用井点管抽水降低地下水位，再开挖，减少或消除基坑内、外的水位差，达到降低水力坡降的目的，如图2.3.8所示，在基坑周围布置一排至几排井点，从井中抽水降低水位。

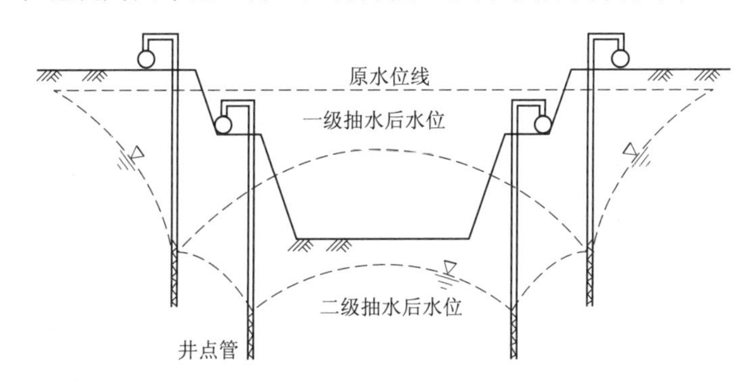

图2.3.8 轻型井点降水法示意图

(2) 集水井降水。在基坑或沟槽开挖时，在基坑两侧或四周设置排水沟，基坑四角或每隔20～40m设置集水井，使基坑渗出的地下水通过排水沟汇入集水井内，然后利用水泵抽出坑外。

(3) 设置板桩，可增长渗透路径，减少水力坡降。板桩沿坑壁打入，其深度要超过坑底，使受保护土体内的水力坡降小于临界水力坡降，同时还可以起到加固坑壁的作用，如图2.3.9所示。

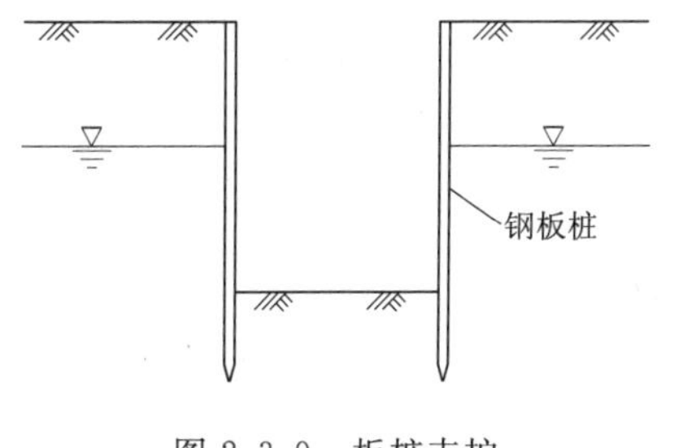

图2.3.9 板桩支护

2.3.2 教学实训：阅读渗透破坏处理工程案例

【思考与练习】

1. 什么是达西定律？各个指标的物理意义是什么？其适用范围如何？
2. 什么是土的渗透系数？影响土的渗透系数的因素有哪些？
3. 常水头、变水头渗透试验和现场抽水试验有什么区别？各适用什么条件？
4. 临界水力坡降的含义是什么？
5. 渗透力是怎样引起渗透变形的？土体发生流土和管涌的机理和条件是什么？
6. 如何判断土可能发生何种形式的渗透破坏？叙述渗透破坏的防治措施。
7. 对土样进行常水头渗透试验，土样的长度为25cm，横截面积为100cm^2，作用在土样两端的水头差为70cm，通过土样渗流出的水量为110cm^3/min。计算该土样的渗透系数和水力坡降。

8. 对一原状土样进行变水头渗透试验，土样截面积为105cm^2，长度为25cm，测压管截面积为3.11cm^2，观测开始水头为140cm，30s后水头为85cm，求该土样的渗透系数。

9. 在厚度为6m的潜水含水层中进行完整井的抽水试验。已知抽水井的直径为0.15m，其稳定涌水量为35m^3/d，抽水稳定后，距离抽水井10m处观测孔1的水位降深为0.35m，距离抽水井20m观测孔2的水位降深为0.29m。求含水层的渗透系数。

学习项目 3　土体压缩与沉降

【情景提示】

1. 意大利比萨塔修建于 1173 年，位于罗马式大教堂后面右侧，是比萨城的标志。最初塔高设计为 60m 左右，但动工五六年后，塔身从三层开始倾斜而停工，前后历经 200 年才建成，但直到完工塔身仍不断倾斜。1990 年，意大利政府将其关闭，开始进行加固整修工作，2001 年重新开放。比萨斜塔从地基到塔顶高 58.36m，从地面到塔顶高 54.45m，塔顶向南倾斜角度 3.99°。比萨塔之所以会倾斜，主要归因于地基不均匀和土层松软导致的不均匀沉降。

2. 安徽合肥某小区已使用的 11 层建筑，旁边正在施工的酒店工地基坑深挖 17m。而该基坑与小区相隔不到 20m 的距离，由于施工不当，致使小区高楼出现一定程度的倾斜。

以上两案例说明在建筑物荷载作用下，地基土体产生应力变化而引起变形。本项目的学习目的就是弄清土中应力状态及应力变化引起的地基变形问题。

【教学目标】

1. 掌握土的自重应力概念与计算。
2. 掌握基底压力、基底附加压力的概念与计算。
3. 熟悉地基土层中的附加应力计算。
4. 掌握土的压缩性指标及确定方法。
5. 熟悉分层总和法和应力面积法计算地基沉降量。
6. 掌握土的沉降分析与建筑物沉降观测。

【内容导读】

1. 在基础知识中，重点为自重应力、基底压力、基底附加压力、附加应力的概念与计算，压缩性指标确定，沉降分析与计算和沉降观测布置。难点是角点法计算非角点下的附加应力、附加应力分布与计算、沉降量分析与计算。

2. 在教学实训中重点为土中应力计算与分布图绘制、固结（压缩）试验、建筑物沉降量计算与沉降观测。

学习任务 3.1　土中应力计算

土体在自身重力、外荷载（如建筑物荷载、车辆荷载、土中水的渗流力和地震力等动、静荷载）的作用下将产生应力。土中应力按其产生的原因和作用效果分为自重应力与附加应力。由于两种应力产生的条件不同，两者的分布规律和计算方法也不相同，但两种应力计算都将土假定为半无限弹性体，即土体的表面尺寸和深度都无限大，应用弹性理论进行计算。

3.1.1 基础知识学习

3.1.1.1 土体中的自重应力

自重应力是指土体本身有效重量产生的应力。研究自重应力的目的是确定土体的初始应力状态。由半无限弹性体边界条件可知，其内部任一与地面平行的面和垂直该面的立面上，仅作用着竖向应力 σ_{cz} 和两个相等的水平应力 σ_{cx}、σ_{cy}，而剪应力为零，如图 3.1.1 所示。

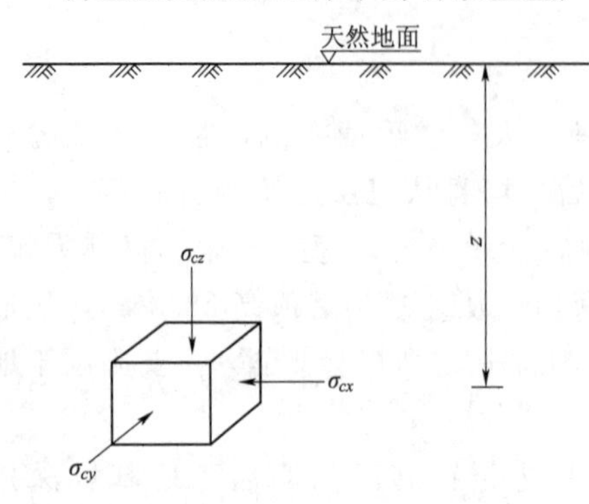

图 3.1.1 自重作用下的应力状态

1. 均质土中的自重应力

假设地面以下土质均匀，天然重度为 γ，土中 M 点距离地面的深度为 z，如图 3.1.2 (a) 所示，求作用于 M 点上的竖向自重应力 σ_{cz}，在过 M 点的平面上取一截面积 ΔA，然后以 ΔA 为底，截取高为 z 的土柱，作用在 ΔA 上的压力就是土柱的重力 W，即 $\Delta A\gamma z$，则 M 点的自重应力为作用在 ΔA 上的土柱重力，即

$$\sigma_{cz}=\frac{W}{\Delta A}=\frac{\gamma z\Delta A}{\Delta A}=\gamma z \tag{3.1.1}$$

式中 σ_{cz}——竖向自重应力，kPa；

γ——土的重度，kN/m^3；

A——土柱体的底面积，m^2；

W——土柱体的重量，kN。

自重应力随深度按直线规律变化，且与 z 成正比，随深度增大，呈三角形分布，如图 3.1.2 (b) 所示。

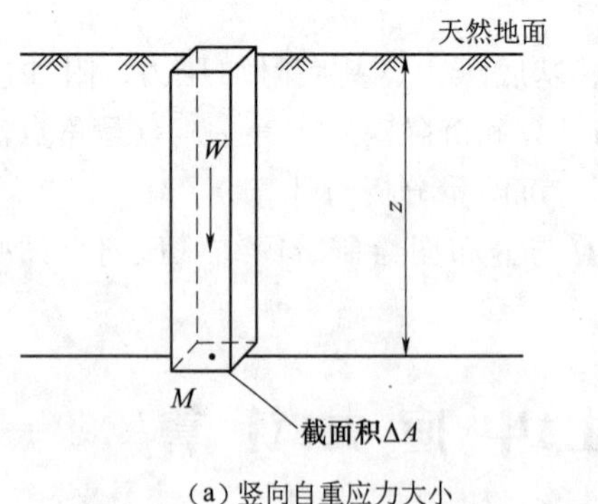

(a) 竖向自重应力大小

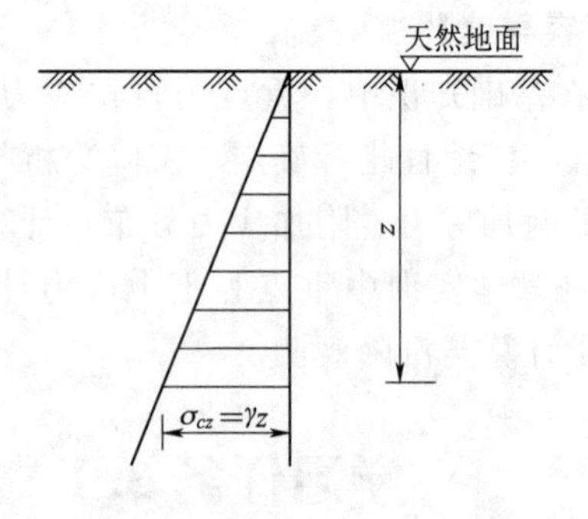

(b) 竖向自重应力分布规律

图 3.1.2 竖向自重应力

地基中除有作用于水平面上对土变形影响最大的竖向自重应力外，在竖直面上还作用有水平向的侧向自重应力 σ_{cx} 和 σ_{cy}，如图 3.1.1 所示。其值为

$$\sigma_{cx}=\sigma_{cy}=K_0\sigma_{cz}=K_0\gamma z \tag{3.1.2}$$

式中　K_0——比例系数，称为土的侧压力系数或静止土压力系数，它是侧限条件下土中水平向有效应力与竖直向有效应力之比，可由试验确定。当无试验资料时，可参考经验数值确定。

下文中所提自重应力，无特殊说明时，均指竖向自重应力。

2. 成层地基土中的自重应力

自然界天然地基土往往是成层的，各层天然土具有不同的重度，所以需要分层来计算自重应力。如图3.1.3所示，第n层土中任一点处的自重应力公式可以写成

$$\sigma_{cz}=\gamma_1h_1+\gamma_2h_2+\cdots+\gamma_nh_n=\sum_{i=1}^{n}\gamma_ih_i \tag{3.1.3}$$

式中　σ_{cz}——天然地面下任意深度z处的竖向自重应力，kPa；

n——深度z范围内土层总数；

h_i——第i层土的厚度，m；

γ_i——第i层土的天然重度，kN/m³。

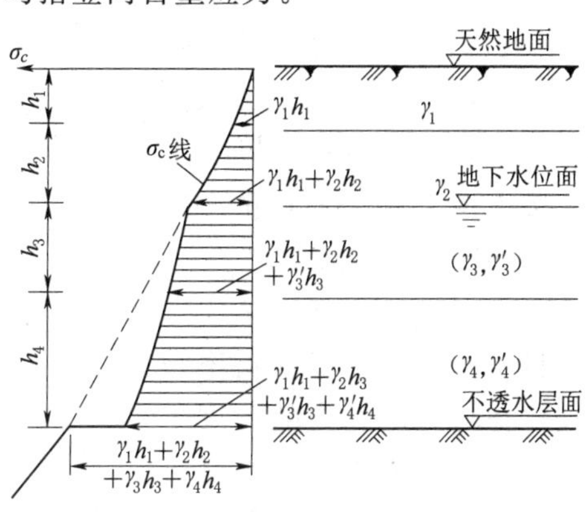

图3.1.3　成层土自重应力分布图

3. 地下水对土中自重应力的影响

（1）有地下水的情况。当土层中有地下水存在时，计算地下水位以下土中自重应力，应考虑水对土颗粒的浮力影响，采用土的有效重度γ'（浮重度）来计算。由于地下水位上下面土的重度不同，地下水位面就是自重应力分布线的转折点，如图3.1.3所示。

（2）地下水位升降情况。地下水位下降，浮力消失，自重应力增加，引起土体发生变形。此情况多发生在土体中大量开采地下水，引起地面大面积下沉，如图3.1.4（a）所示，图中虚线为原水位时自重应力分布，实线为水位变化后自重应力分布。

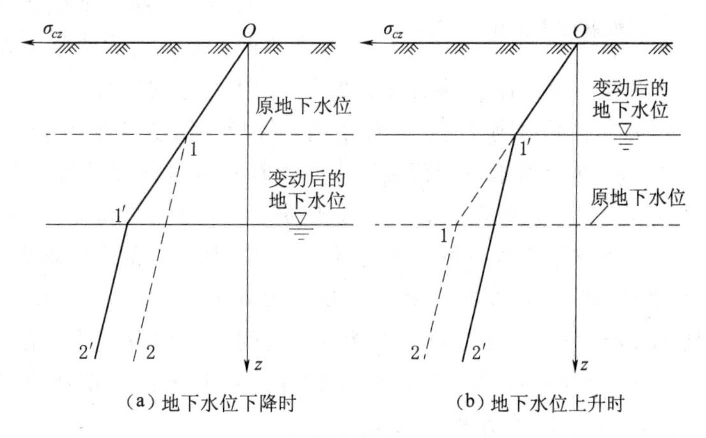

图3.1.4　地下水位升降对土的自重应力影响

图 3.1.4（b）为地下水位上升情况，土体受浮力影响，致使自重应力减小。此情况多发生在人工提高蓄水位或工业用水大量渗入地下等情况。由此引发的问题主要是黏性土地基承载力下降、湿陷性黄土失陷、挡土墙侧压力增大、土质边坡稳定下降等。

（3）相对不透水层的影响。在地下水位以下，若存在不透水层（如岩层或连续分布的坚硬黏土层），因不透水层无水浮力影响，故层下面及其以下土层应按上覆土层水土总重量来计算，如图 3.1.5 所示。

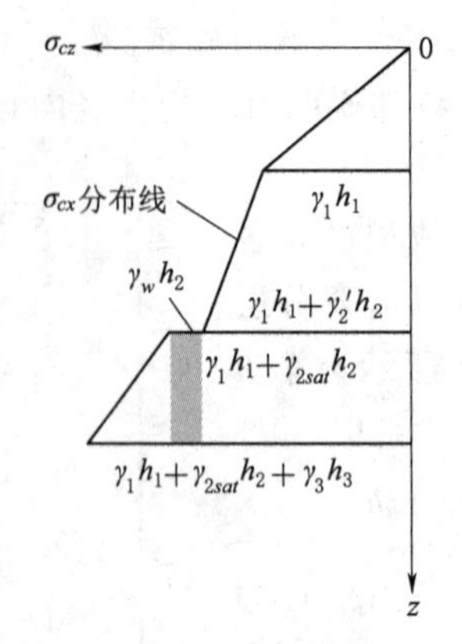

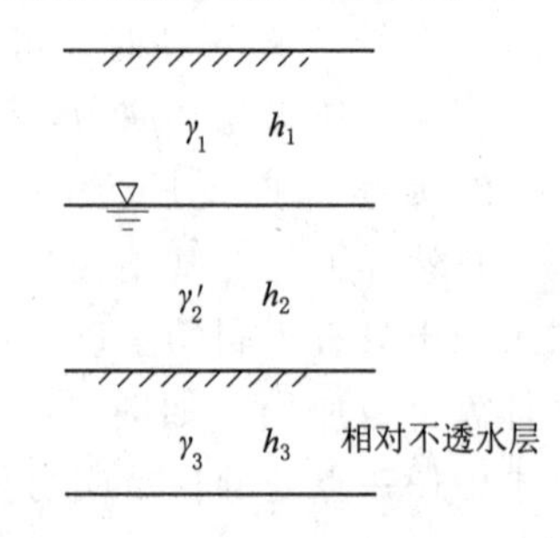

图 3.1.5 地下水位以下有不透水层时自重应力分布

4. 自重应力分布规律

自重应力分布线的斜率是重度，在均质地基中随深度呈直线分布，在成层地基中呈折线分布；地下水位以下采用浮重度计算，遇不透水层自重应力图形产生突变，突变值为地下水面至不透水层厚度范围水产生的应力。

3.1.1.2 基底压力

建筑物荷载通过基础传递给地基，基础底面传递给地基表面的压力，称为基底压力。基底压力的分布规律主要取决于上部结构荷载大小和分布情况、基础的刚度、基础埋置深度、土的性质等多种因素。

1. 基底压力分布规律

（1）基础刚度的影响。土坝、路堤等属柔性基础，随地基土表面而变形，作用在基础底面上的压力分布与作用在基础上的荷载分布完全一样，如图 3.1.6 所示。

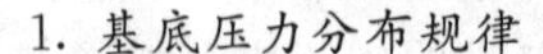

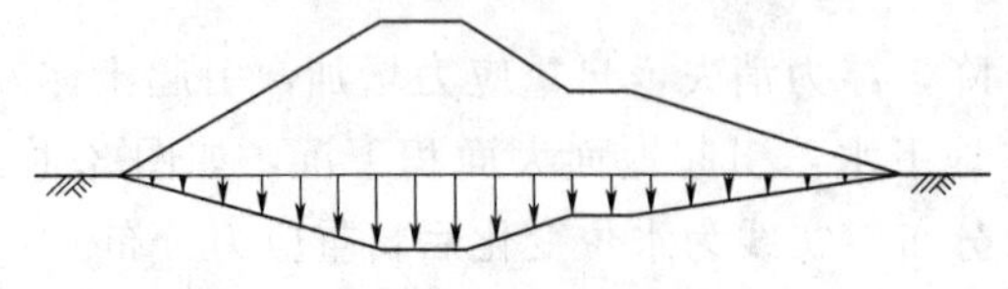

图 3.1.6 柔性基础下的压力分布

绝对刚性的基础底面只能平面下沉，而不能弯曲，基础底面上的压力分布不同于上部荷载的分布情况，混凝土、砖石等基础可视为此类。有限刚度基础的刚度较大但不是绝对刚性，可以稍微弯曲，在荷载作用下基底压力分布类似刚性基础，如水闸、筏板等钢筋混凝土薄板基础。

（2）荷载大小与土种类影响。当荷载较小时，基底压力分布形状呈拱形［图 3.1.7（a）］，接近于弹性理论解；荷载增大后，基底压力呈马鞍形［图 3.1.7（b）］；荷载再增大时，边缘塑性破坏区逐渐扩大，所增加的荷载必须靠基底中部力的增大来平衡，基底压力图形可变为抛物线形［图 3.1.7（d）］及倒钟形分布［图 3.1.7（c）］。

刚性基础位于砂土地基表面时，由于砂颗粒之间无黏结力，其基底压力分布更易发展成图 3.1.7（d）所示的抛物线形；而在黏性土地基表面上的刚性基础，其基底压力分布易成图 3.1.7（b）所示的马鞍形。

（3）基底压力的简化。想要精确计算基底压力是非常复杂的。实际工程中，基础

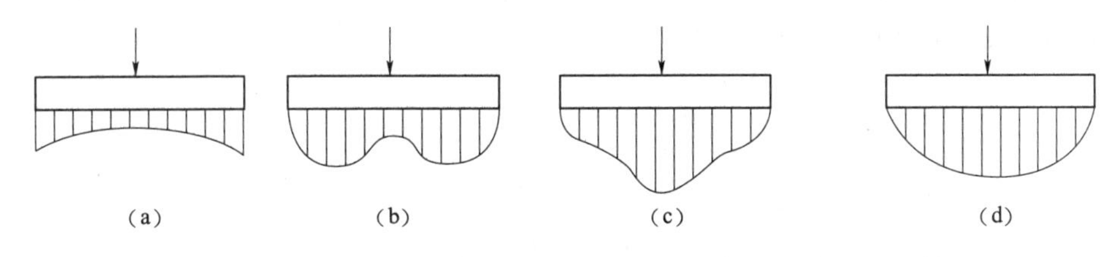

图 3.1.7 基底压力分布形式

都有一定埋深，且具有一定宽度，同时受地基承载力限制，荷载不会太大，其基底压力分布接近马鞍形，并趋向于直线分布。对于刚性基础与有限刚性基础，在基础宽度大于 1.0m、荷载小于 300～500kPa 的情况下，常假定基底压力近似直线分布，所形成的图形为直边多边形（如三角形、矩形、梯形等），所引起的误差是允许的，也是工程中经常采用的简化计算方法。下面将按照直线分布的假定，介绍基底压力的计算方法。

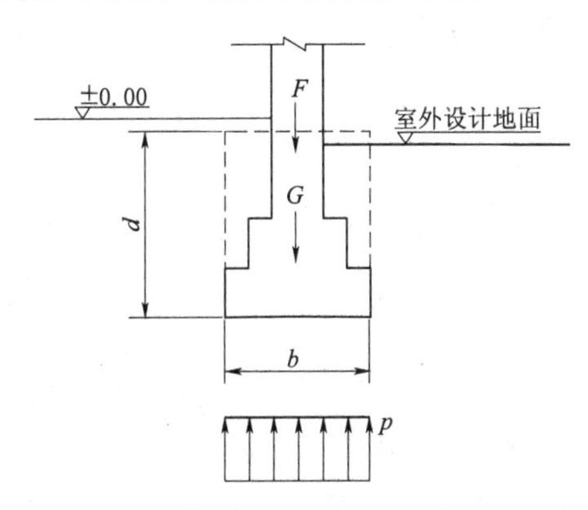

图 3.1.8 竖直中心荷载作用下的基底压力

2. 竖直荷载作用下的基底压力

（1）竖直中心荷载作用下的基底压力。

如图 3.1.8 所示，其基底压力为

$$p=\frac{F+G}{A} \tag{3.1.4}$$

其中

$$G=\gamma_g Ad$$

式中 p——基底压力，kPa；

F——上部结构传至基础顶面的竖向力，kN；

G——基础及其上回填土重标准值，kN；

γ_g——基础及回填土平均重度，一般取 $20kN/m^3$，地下水位以下应扣去浮力，取 $10kN/m^3$；

d——基础埋深，m，必须从设计地面算起，若基础两侧地面高程不同时取其平均值，m；

A——基底面积，m^2。

对于条形基础（$\frac{l}{b}\geqslant 10$），在中心荷载作用下的基底压力，同样简化为均匀分布，计算式为

$$p=\frac{\overline{P}}{l} \tag{3.1.5}$$

式中 $\overline{P}$——每米的荷载，kN/m；

l——基础宽度，m。

（2）竖直单向偏心荷载作用下的基底压力。

如图 3.1.9 所示，矩形基底在竖直单向偏心荷载作用下，基础两端边缘最大压力 p_{max} 与最小压力 p_{min}，可

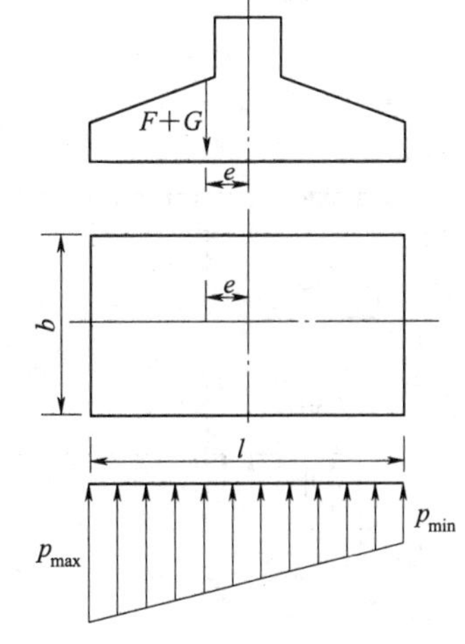

图 3.1.9 竖直中心荷载作用下的基底压力

按材料力学的偏心受压公式计算：

$$p_{\substack{max\\min}}=\frac{F+G}{A}\pm\frac{M}{W} \tag{3.1.6}$$

其中 $$M=(F+G)e$$

式中 p_{max}、p_{min}——基底边缘的最大压力和最小压力，kPa；

M——作用于基础底面的力矩，kN·m；

W——基础底面的抵抗矩，m^3，对于矩形基础 $W=\frac{bl^2}{6}$，其中 l 为荷载偏心一边的边长，b 为另一边长；

e——偏心距，m。

经整理得

$$p_{\substack{max\\min}}=\frac{F+G}{A}\left(1\pm\frac{6e}{l}\right) \tag{3.1.7}$$

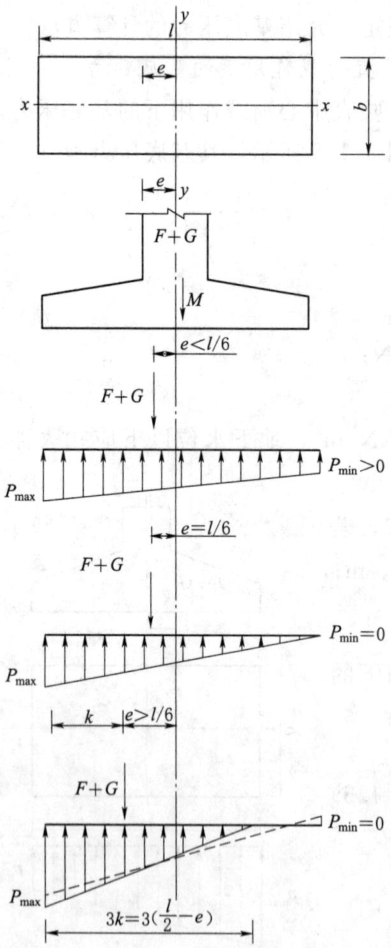

当 $e<l/6$ 时，$p_{min}>0$，基底压力分布图呈梯形，当 $e=l/6$ 时，$p_{min}=0$，基底压力呈三角形分布，如图3.1.10所示。以上两种情况可利用式（3.1.7）进行基底压力计算。

当 $e>l/6$ 时，按式（3.1.7）计算结果，距偏心荷载较远的基底边缘压力为负值，即 $p_{min}<0$。由于基底与地基之间不能承受拉力，基底压力将会重新分布，使得基底压力大的一侧压力更加增大，小的一侧为0，式（3.1.7）不再适用，重新分配后的基底压力可根据静力平衡条件求得，如图3.1.10中基底压力重新分配后的实线所示分布图形。

图3.1.10 竖直偏心荷载作用下的基底压力

基底边缘的最大压力 p_{max} 为

$$p_{max}=\frac{2(F+G)}{3bk} \tag{3.1.8}$$

其中 $$k=\frac{l}{2}-e$$

式中 k——单向偏心荷载作用点至最大压力的基底边缘的距离，m。

对于条形基础在偏心荷载作用下的基底压力，可按式（3.1.9）计算：

$$p_{\substack{max\\min}}=\frac{\overline{P}}{b}\left(1\pm\frac{6e}{b}\right) \tag{3.1.9}$$

式中 $\overline{P}$——每米的荷载，kN/m；

b——基础宽度，m。

（3）斜向偏心荷载作用下的基底压力。当基础承受偏心斜向荷载作用时，可将斜向荷载分解为竖向分量 P_v 和水平分量 P_h，分别计算，然后叠加。

对于条形基础，仍沿长边方向取1m进行计算，即 $A=b\times1$，偏心方向与基础宽度一致。

3．基底附加压力

作用于地基表面，由于修造建筑物而新增加的压力称为基底附加压力，即净压力。实际工程中，基础总是埋置在天然地面以下一定的深度，因此要进行基坑开挖，该处原有自重应力因基坑开挖而卸除。因此，在计算由建筑物造成的基底附加压力时，应扣除基底标高处原有土的自重应力后，才是基础底面处新增加于地基的附加压力。

$$p_0=p-\sigma_{cz}=p-\gamma d \tag{3.1.10}$$

对于偏心荷载作用下梯形分布的基底压力，其基底附加压力为

$$p_{0\substack{\max\\\min}}=p_{\substack{\max\\\min}}-\sigma_{cz}=p_{\substack{\max\\\min}}-\gamma d \tag{3.1.11}$$

式中　p_0——基底附加压力，kPa；

p——基底压力，kPa；

σ_{cz}——基础埋深范围内土的自重应力，kPa；

γ——基础埋深范围内土的重度，kN/m^3；

d——基础埋设深度，m，从天然地面算起，对于新填土则从老地面算起。

基底压力和基底附加压力的区别：基底压力侧重于建筑物（连同基础）产生的荷载，而基底附加压力侧重于基础底面上增加的荷载，当埋深为零时，两者数值相等，如图3.1.11所示。

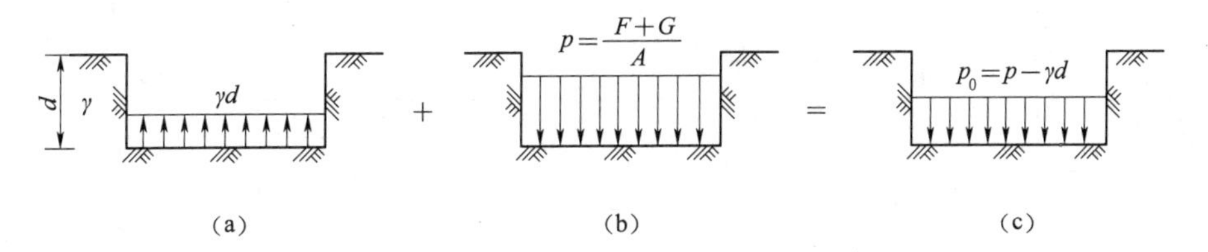

图3.1.11　基底压力与基底附加压力区别

3.1.1.3　地基中的附加应力

附加应力是指由新增加外荷载在地基中产生的应力，是引起土体变形与破坏的主要原因。计算地基中的附加应力时假定土是均匀的、各向同性的弹性体，可直接运用弹性理论推导出的公式进行计算。而实际地基土并非是均匀的弹性体，它通常是分层的，有时也不符合直线变化关系，尤其在应力较大时，会明显偏离直线变化。但试验证明，当作用在地基上的荷载不大且土中的塑性变形区很小时，直接用弹性理论成果计算土的附加应力与实测值相差不大，因此，工程上普遍采用这种理论计算附加应力。

1．竖直集中力作用下的附加应力

1885年，法国学者布辛奈斯克（Boussinesq）用弹性理论推出了在半无限空间弹性体表面上作用有竖向集中力 P 时，在弹性体内任意点所引起的全部应力（σ_x、σ_y、σ_z、$\tau_{xy}=\tau_{yx}$、$\tau_{yz}=\tau_{zy}$、$\tau_{zx}=\tau_{xz}$）（图3.1.12）和全部位移（u_x、u_y、u_z）。其中竖向

附加应力 σ_z 对地基变形影响最大，其计算式如下：

$$\sigma_z = \frac{3P}{2\pi} \times \frac{z^3}{R^5} = \frac{3P}{2\pi z^2} \frac{1}{\left[1+\left(\frac{r}{z}\right)^2\right]^{\frac{5}{2}}} = k\frac{P}{z^2} \tag{3.1.12}$$

其中

$$k = \frac{3}{2\pi\left[1+\left(\frac{r}{z}\right)^2\right]^{\frac{5}{2}}} \tag{3.1.13}$$

式中 k——竖向集中力作用下地基中竖向附加应力系数，简称附加应力系数，可按式（3.1.13）计算或根据 r/z 值查表 3.1.1 确定。

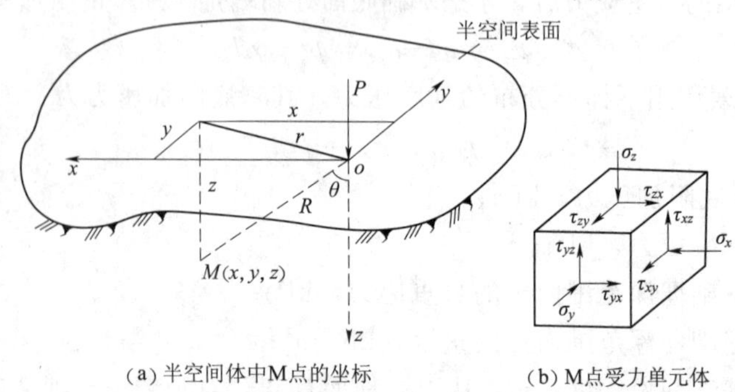

(a) 半空间体中M点的坐标　　(b) M点受力单元体

图 3.1.12　竖向集中力作用下地基土中一点的应力

表 3.1.1　竖向集中力作用下半空间体中竖向附加应力系数 k

r/z	k	r/z	k	r/z	k	r/z	k	r/z	k
0	0.4775	0.50	0.2733	1.00	0.0844	1.50	0.0251	2.00	0.0085
0.05	0.4745	0.55	0.2466	1.05	0.0744	1.55	0.0224	2.20	0.0058
0.10	0.4657	0.60	0.2214	1.10	0.0658	1.60	0.0200	2.40	0.0040
0.15	0.4516	0.65	0.1978	1.15	0.0581	1.65	0.0179	2.60	0.0029
0.20	0.4329	0.70	0.1762	1.20	0.0513	1.70	0.0160	2.80	0.0021
0.25	0.4103	0.75	0.1565	1.25	0.0454	1.75	0.0144	3.00	0.0015
0.30	0.3849	0.80	0.1386	1.30	0.0402	1.80	0.0129	3.50	0.0007
0.35	0.3577	0.85	0.1226	1.35	0.0357	1.85	0.0116	4.00	0.0004
0.40	0.3294	0.90	0.1083	1.40	0.0317	1.90	0.0105	4.50	0.0002
0.45	0.3011	0.95	0.0956	1.45	0.0282	1.95	0.0095	5.00	0.0001

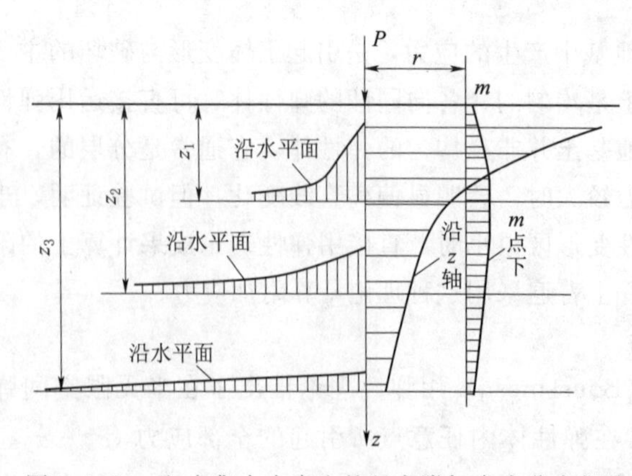

图 3.1.13　竖向集中力产生的竖向附加应力分布规律

竖向集中力在半空间体中产生的竖向附加应力分布规律如图 3.1.13 所示。

若在空间将 σ_z 值相同的点连成曲面，就可以得到应力的等值线，其空间曲面的形状如同泡状，所以也称为应力泡，如图 3.1.14 所示。应力泡说明附加应力随深度和水平距离增大而减小，这种现象称为应力扩散。当有多个相邻集中力作用时，同一位置的 σ_z 因扩散而累积，称为附加应力集聚现象，如图 3.1.15 所示。

由于附加应力的扩散与集聚作用，邻近基础互相影响，如新建筑可能使旧建筑产生倾斜或裂缝，这在软土地基上尤为突出。因此，在工程设计与施工中必须考虑相邻基础的互相影响。

3.10 Ⓟ 附加应力集聚现象

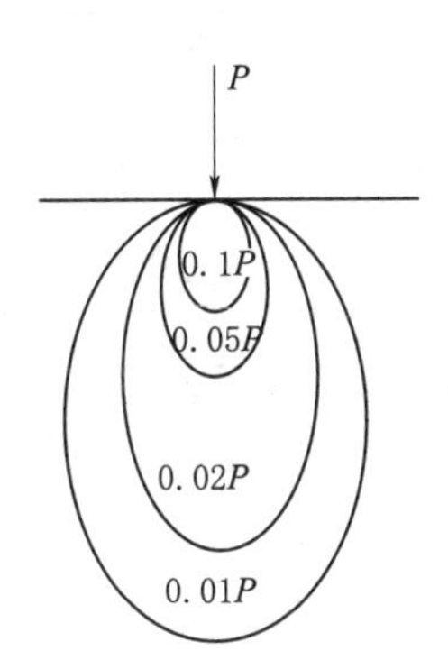

图 3.1.14　σ_z 等值线图

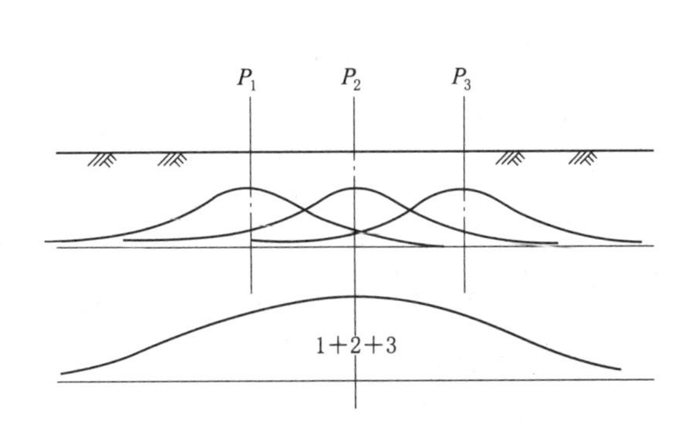

图 3.1.15　三个集中力作用下附加应力集聚现象

实际工程中普遍存在的分布荷载作用时的土中应力计算，当基础底面的形状或基础上作用的荷载分布不规则时，可以把分布荷载分割为多个集中力，然后用布辛奈斯克公式和叠加原理计算土中应力，见式（3.1.14）。

$$\sigma_z = k_1 \frac{P_1}{z^2} + k_2 \frac{P_2}{z^2} + \cdots + k_n \frac{P_n}{z^2} \tag{3.1.14}$$

当基础底面的形状及分布荷载都有规律时，可以通过积分求解相应的土中应力。

2. 空间问题的附加应力

所谓空间问题指荷载分布在长宽相近有限范围内，附加应力与空间坐标位置有关。圆形基础和矩形基础下的附加应力均属于空间问题，其中矩形基础工程中最常见，因此下面主要介绍不同荷载下矩形基础的附加应力计算。

（1）矩形基础受竖向均布荷载作用时的附加应力计算。

1）角点下的附加应力。图 3.1.16 所示为矩形基础的四角下不同深度处的应力，由于荷载是均布的，故四个角点下相同深度处的附加应力均相同。

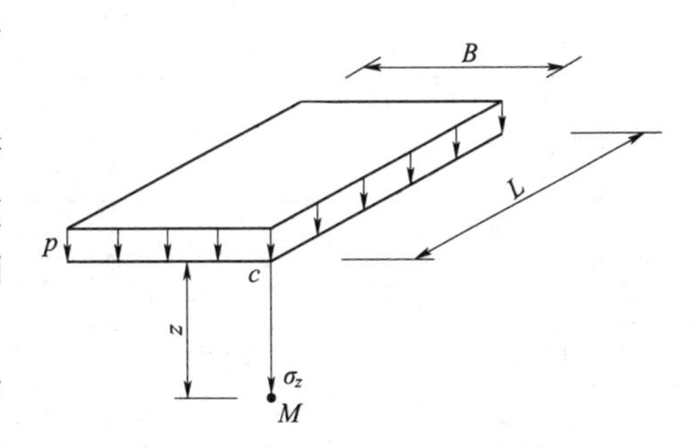

图 3.1.16　矩形基底竖向均布荷载作用下的附加应力

在均布荷载作用下，矩形基础角点 c 下深度 z 处 M 点的竖向附加应力表示为

$$\sigma_z = k_c p_0 \tag{3.1.15}$$

式中　k_c——矩形基础受竖向均布荷载作用时角点下的附加应力系数，它是 m、n 的函数，其值由 $m=L/B$、$n=z/B$ 查表 3.1.2 得出，

其中 L 是矩形的长边，B 是矩形的短边，z 是从基底面起算的深度；

p_0——竖向均布载荷，kPa。

表 3.1.2　　矩形基础受均布竖向均布荷载作用时角点下附加应力系数 K_c 值

$n=z/B$	$m=L/B$										
	1.0	1.2	1.4	1.6	1.8	2.0	3.0	4.0	5.0	6.0	10.0
0	0.2500	0.2500	0.2500	0.2500	0.2500	0.2500	0.2500	0.2500	0.2500	0.2500	0.2500
0.2	0.2486	0.2489	0.2490	0.2491	0.2491	0.2491	0.2492	0.2492	0.2492	0.2492	0.2492
0.4	0.2401	0.2420	0.2429	0.2434	0.2437	0.2439	0.2442	0.2443	0.2443	0.2443	0.2443
0.6	0.2229	0.2275	0.2300	0.2315	0.2324	0.2329	0.2339	0.2341	0.2342	0.2342	0.2342
0.8	0.1999	0.2075	0.2120	0.2147	0.2165	0.2176	0.2196	0.2200	0.2202	0.2202	0.2202
1.0	0.1752	0.1851	0.1911	0.1955	0.1981	0.1999	0.2034	0.2042	0.2044	0.2045	0.2046
1.2	0.1516	0.1626	0.1705	0.1758	0.1793	0.1818	0.1870	0.1882	0.1885	0.1887	0.1888
1.4	0.1308	0.1423	0.1508	0.1569	0.1613	0.1644	0.1712	0.1730	0.1735	0.1738	0.1740
1.6	0.1123	0.1241	0.1329	0.1436	0.1445	0.1482	0.1567	0.1590	0.1598	0.1601	0.1604
1.8	0.0969	0.1083	0.1172	0.1241	0.1294	0.1334	0.1434	0.1463	0.1474	0.1478	0.1482
2.0	0.0840	0.0947	0.1034	0.1103	0.1158	0.1202	0.1314	0.1350	0.1363	0.1368	0.1374
2.2	0.0732	0.0832	0.0917	0.0984	0.1039	0.1084	0.1205	0.1248	0.1264	0.1271	0.1277
2.4	0.0642	0.0734	0.0812	0.0879	0.0934	0.0979	0.1108	0.1156	0.1175	0.1184	0.1192
2.6	0.0566	0.0651	0.0725	0.0788	0.0842	0.0887	0.1020	0.1073	0.1095	0.1106	0.1116
2.8	0.0502	0.0580	0.0649	0.0709	0.0761	0.0805	0.0942	0.0999	0.1024	0.1036	0.1048
3.0	0.0447	0.0519	0.0583	0.0640	0.0690	0.0732	0.0870	0.0931	0.0959	0.0973	0.0987
3.2	0.0401	0.0467	0.0526	0.0580	0.0627	0.0668	0.0806	0.0870	0.0900	0.0916	0.0933
3.4	0.0361	0.0421	0.0477	0.0527	0.0571	0.0611	0.0747	0.0814	0.0847	0.0864	0.0882
3.6	0.0326	0.0382	0.0433	0.0480	0.0523	0.0561	0.0694	0.0763	0.0799	0.0816	0.0837
3.8	0.0296	0.0348	0.0395	0.0439	0.0479	0.0516	0.0645	0.0717	0.0753	0.0773	0.0796
4.0	0.0270	0.0318	0.0362	0.0403	0.0441	0.0474	0.0603	0.0674	0.0712	0.0733	0.0758
4.2	0.0247	0.0291	0.0333	0.0371	0.0407	0.0439	0.0563	0.0634	0.0674	0.0696	0.0724
4.4	0.0227	0.0268	0.0306	0.0343	0.0376	0.0407	0.0527	0.0597	0.0639	0.0662	0.0692
4.6	0.0209	0.0247	0.0283	0.0317	0.0348	0.0378	0.0493	0.0564	0.0606	0.0630	0.0663
4.8	0.0193	0.0229	0.0262	0.0294	0.0324	0.0352	0.0463	0.0533	0.0576	0.0601	0.0635
5.0	0.0179	0.0212	0.0243	0.0274	0.0302	0.0328	0.0435	0.0504	0.0547	0.0573	0.0610
6.0	0.0127	0.0151	0.0174	0.0196	0.0218	0.0238	0.0325	0.0388	0.0431	0.0460	0.0506
7.0	0.0094	0.0112	0.0130	0.0147	0.0164	0.0180	0.0251	0.0306	0.0346	0.0376	0.0428
8.0	0.0073	0.0087	0.0101	0.0114	0.0127	0.0140	0.0198	0.0246	0.0283	0.0311	0.0367
9.0	0.0058	0.0069	0.0080	0.0091	0.0102	0.0112	0.0161	0.0202	0.0235	0.0262	0.0319
10.0	0.0047	0.0056	0.0065	0.0074	0.0083	0.0092	0.0132	0.0167	0.0198	0.0222	0.0280

2）任意点下附加应力。利用矩形面积角点下的附加应力计算公式（3.1.17）和应力叠加原理，推导出地基中任意点的附加应力的方法，称为角点法。

角点法具体做法：N 点为地基中任意一点在基底平面上的投影点，通过 N 点作一些相应的辅助线，使 N 点成为几个小矩形的公共角点，N 点以下任意深度 z 处的附加应力，就等于这几块小矩形荷载在该深度处所引起的应力之和。

计算点 N 在基底面内，如图 3.1.17（a）所示，则

$$\sigma_z=(K_{c1}+K_{c2}+K_{c3}+K_{c4})p_0$$

计算点 N 在基底边缘下，如图 3.1.17（b）所示，则

$$\sigma_z=(K_{c1}+K_{c2})p_0$$

计算点 N 在基底边缘外侧，如图 3.1.17（c）所示，则

$$\sigma_z=(K_{c1}+K_{c2}-K_{c3}-K_{c4})p_0$$

其中，下标 1、2、3、4 分别为矩形 $Neag$、$Ngbf$、$Nedh$ 和 $Nhcf$ 的编号。

计算点 N 在基底角点外侧，如图 3.1.17（d）所示，则

$$\sigma_z=(K_{c1}-K_{c2}-K_{c3}+K_{c4})p_0$$

其中，下标 1、2、3、4 分别为矩形 $Neag$、$Nfbg$、$Nedh$ 和 $Nfch$ 的编号。

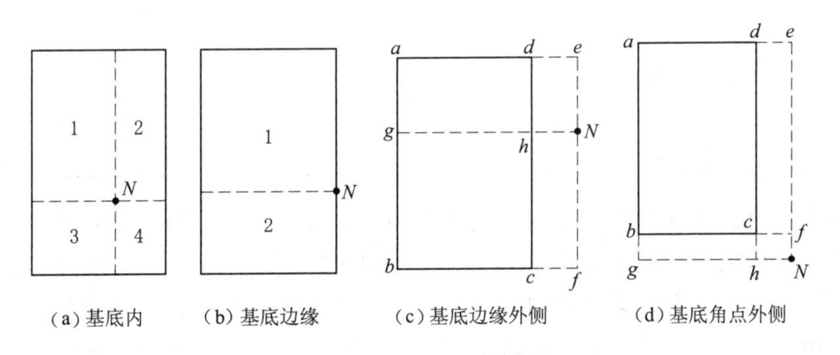

图 3.1.17 角点法示意图

（2）矩形基础受竖向三角形分布荷载作用时的附加应力计算。如图 3.1.18 所示，竖向三角形分布荷载最大强度为 p_t，作用在矩形基底面上，荷载强度为零的角点下深度 z 处 M 点的竖向附加应力表示为

$$\sigma_z=k_t p_t \quad (3.1.16)$$

式中 p_t——竖向三角形分布荷载最大值，kPa；

k_t——矩形基础在竖向三角形分布荷载作用时，零角点下的附加应力系数，它是 L/B 和 z/B 的函数，可由表 3.1.3 查得，其中 L 为沿荷载强度不变方向的边长，B 为另一边的边长。

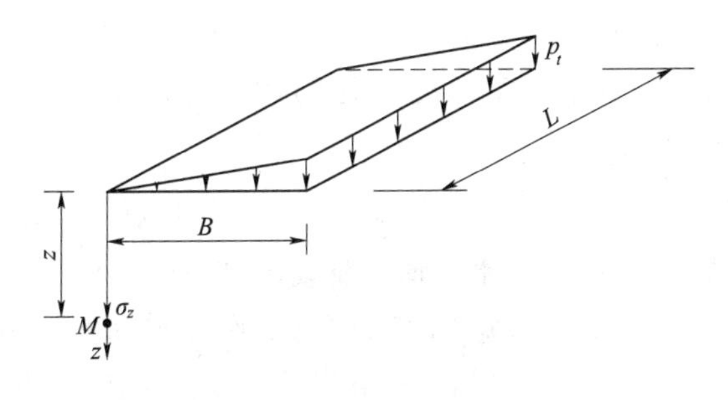

图 3.1.18 矩形基础受竖向三角形分布荷载时零角点下的附加应力

表 3.1.3　矩形基础受竖向三角形分布荷载时零角点下竖向附加应力系数 k_t 值

$n=z/B$	$m=L/B$										
	0.2	0.4	0.6	0.8	1.0	1.2	1.4	1.6	1.8	2.0	4.0
0.2	0.0223	0.0280	0.0296	0.0301	0.0304	0.0305	0.0305	0.0306	0.0306	0.0306	0.0306
0.4	0.0269	0.0420	0.0487	0.0517	0.0531	0.0539	0.0543	0.0545	0.0546	0.0547	0.0549
0.6	0.0259	0.0448	0.0560	0.0621	0.0654	0.0673	0.0684	0.0690	0.0694	0.0696	0.0702
0.8	0.0232	0.0421	0.0553	0.0637	0.0688	0.0720	0.0739	0.0751	0.0759	0.0764	0.0776
1.0	0.0201	0.0375	0.0508	0.0602	0.0666	0.0708	0.0735	0.0753	0.0766	0.0774	0.0794
1.2	0.0171	0.0324	0.0450	0.0546	0.0615	0.0664	0.0698	0.0721	0.0738	0.0749	0.0779
1.4	0.0145	0.0278	0.0392	0.0483	0.0554	0.0606	0.0644	0.0672	0.0692	0.0707	0.0748
1.6	0.0123	0.0238	0.0339	0.0424	0.0492	0.0545	0.0586	0.0616	0.0639	0.0656	0.0708
1.8	0.0105	0.0204	0.0294	0.0371	0.0435	0.0487	0.0528	0.0560	0.0585	0.0604	0.0666
2.0	0.0090	0.0176	0.0255	0.0324	0.0384	0.0434	0.0474	0.0507	0.0533	0.0553	0.0624
2.5	0.0063	0.0125	0.0183	0.0236	0.0284	0.0326	0.0362	0.0393	0.0419	0.0440	0.0529
2.0	0.0046	0.0092	0.0135	0.0176	0.0214	0.0249	0.0280	0.0307	0.0331	0.0352	0.0449
5.0	0.0018	0.0036	0.0054	0.0071	0.0088	0.0104	0.0120	0.0135	0.0148	0.0161	0.0248
7.0	0.0009	0.0019	0.0028	0.0038	0.0047	0.0056	0.0064	0.0073	0.0081	0.0089	0.0152
10	0.0005	0.0009	0.0014	0.0019	0.0023	0.0028	0.0033	0.0037	0.0041	0.0046	0.0084

矩形基底内、外各点下任意深度竖向附加应力按角点法进行计算，计算点必须落在三角形分布荷载为零或最大值的角点下；查表时 B 始终为沿三角形分布荷载变化方向的长度。计算点在任意位置时，将荷载按要求分解，分别计算再叠加。

(3) 矩形基础在水平均布荷载作用下地基中的附加应力。如图 3.1.19 所示，当矩形基础上作用水平均布荷载 p_h 时，角点下任意深度 z 处的竖向附加应力为

$$\sigma_z = \pm k_h p_h \qquad (3.1.17)$$

式中　p_h ——水平均布荷载，kPa；

k_h——矩形基础受水平均布荷载作用角点下的附加应力分布系数，根据 $m=L/B$ 和 $n=z/B$，查表 3.1.4 确定，其中 B 为平行水平荷载方向的矩形基础边长，L 为矩形另一边长。

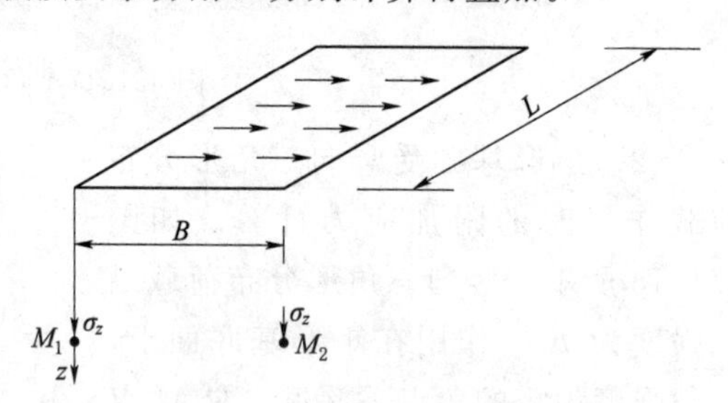

图 3.1.19　矩形基础在水平均布荷载作用时角点下的附加应力

式中正负号的选取，当计算点在水平荷载起始端角点下为负值（如 M_1 拉应力），当计算点在水平荷载终止端角点下为正值（如 M_2 压应力）。计算点任意位置时仍可利用角点法计算。

表 3.1.4 矩形基础受水平均布荷载作用时角点下附加应力系数 K_h 值

$n=z/B$	$m=L/B$										
	1.0	1.2	1.4	1.6	1.8	2.0	3.0	4.0	6.0	8.0	10.0
0	0.1592	0.1592	0.1592	0.1592	0.1592	0.1592	0.1592	0.1592	0.1592	0.1592	0.1592
0.2	0.1518	0.1523	0.1526	0.1528	0.1529	0.1529	0.1530	0.1530	0.1530	0.1530	0.1530
0.4	0.1328	0.1347	0.1356	0.1362	0.1365	0.1367	0.1371	0.1372	0.1372	0.1372	0.1372
0.6	0.1091	0.1121	0.1139	0.1150	01156	0.1160	0.1168	0.1169	0.1170	0.1170	0.1170
0.8	0.0861	0.0900	0.0924	0.0939	0.0948	0.0955	0.0967	0.0969	0.0970	0.0970	0.0970
1.0	0.0666	0.0708	0.0735	0.0753	0.0766	0.0774	0.0790	0.0794	0.0795	0.0796	0.0796
1.2	0.0512	0.0553	0.0582	0.0601	0.0615	0.0624	0.0645	0.0650	0.0652	0.0652	0.0652
1.4	0.0395	0.0433	0.0460	0.0480	0.0494	0.0505	0.0528	0.0534	0.0537	0.0537	0.0538
1.6	0.0308	0.0341	0.0366	0.0385	0.0400	0.0410	0.0436	0.0443	0.0446	0.0447	0.0447
1.8	0.0242	0.0270	0.0293	0.0311	0.0325	0.0336	0.0362	0.0370	0.0374	0.0375	0.0375
2.0	0.0192	0.0217	0.0237	0.0253	0.0266	0.0277	0.0303	0.0312	0.0317	0.0318	0.0318
2.2	0.0732	0.0832	0.0917	0.0984	0.1039	0.1084	0.1205	0.1248	0.1264	0.1271	0.1277
2.5	0.0113	0.0130	0.0145	0.0157	0.0167	0.0176	0.0202	0.0211	0.0217	0.0219	0.0219
3.0	0.0070	0.0083	0.0093	0.0102	0.0110	0.0117	0.0140	0.0150	0.0156	0.0158	0.0159
5.0	0.0018	0.0021	0.0024	0.0027	0.0030	0.0032	0.0043	0.0050	0.0057	0.0059	0.0060
7.0	0.0007	0.0008	0.0009	0.0010	0.0012	0.0013	0.0018	0.0022	0.0027	0.0029	0.0030
10.0	0.0002	0.0003	0.0003	0.0004	0.0004	0.0005	0.007	0.0008	0.0011	0.0013	0.0014

（4）矩形基础受竖向梯形荷载和水平均布荷载共同作用时的附加应力。这种荷载组合在水利工程中较常见，计算时将荷载分为竖向均布荷载、竖向三角形分布荷载、水平均布荷载，按附加应力公式分别计算然后叠加，就可算出地基内任意点的附加应力。

3. 平面问题的附加应力

理论上，基础长宽比 $L/B=\infty$ 时，地基内应力状态属于平面问题，在实际工程中没有无限长基础，研究表明当 $L/B\geqslant10$（水利工程中 $L/B\geqslant5$）时，地基的附加应力与按 $L/B=\infty$ 的计算值相比很小，如墙基、路基、水闸、挡土墙和堤坝等，都可认为是条形基础，它们均可按平面问题计算地基中的附加应力。在计算方法上不同于角点法，相比之下，计算更为便捷。

（1）条形基础均布线荷载作用下地基中的附加应力（费拉曼课题）。如图 3.1.20 所示，在地基表面无限长直线上，作用有竖向均布线荷载

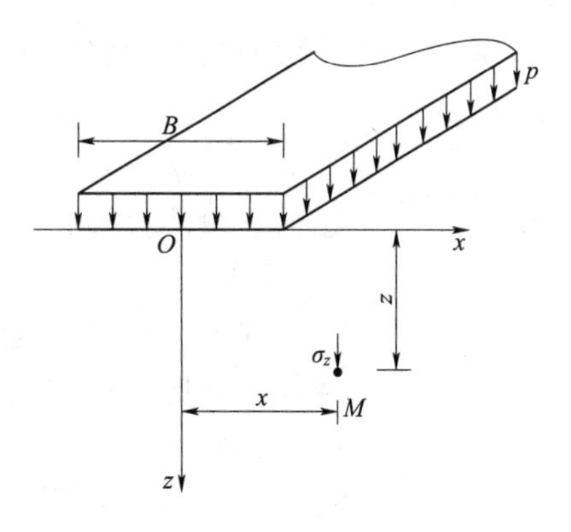

图 3.1.20 条形基础竖向均布荷载作用下的附加应力

p，地基中任意点 M 的竖向附加应力，由费拉曼于 1892 年根据布辛奈斯克公式沿长度方向积分得出 σ_z。

$$\sigma_z = k_z^s p \tag{3.1.18}$$

式中 p ——竖向条形均布荷载，kPa；

k_z^s ——竖向条形均布荷载作用下地基中的附加应力系数，它是 x/B 和 z/B 的函数（x 为建立坐标的 X 方向值），可由表 3.1.5 查得，注意此时坐标的原点在均布荷载的中点处。

表 3.1.5　条形基础在竖向均布荷载作用下地基中的附加应力系数 k_z^s 值

z/B \ x/B	−1.0	−0.75	−0.50	−0.25	0.00	+0.25	+0.50	+0.75
0.01	0.001	0.000	0.500	0.999	0.999	0.999	0.500	0.000
0.1	0.002	0.011	0.499	0.988	0.997	0.988	0.499	0.011
0.2	0.011	0.091	0.498	0.936	0.978	0.936	0.498	0.091
0.4	0.056	0.174	0.489	0.797	0.881	0.797	0.489	0.174
0.6	0.111	0.243	0.468	0.679	0.756	0.679	0.468	0.243
0.8	0.155	0.276	0.440	0.586	0.642	0.586	0.440	0.276
1.0	0.186	0.288	0.409	0.511	0.549	0.511	0.409	0.288
1.2	0.202	0.287	0.375	0.450	0.478	0.450	0.375	0.287
1.4	0.210	0.279	0.348	0.401	0.420	0.401	0.348	0.279
2.0	0.205	0.242	0.275	0.298	0.306	0.298	0.275	0.242

（2）条形基础在竖向三角形分布荷载作用下地基中的附加应力。如图 3.1.21 所示，设宽度为 B 的条形基础上作用三角形分布荷载，最大强度 p_t，土中任一点的竖向附加应力 σ_z 可表示为

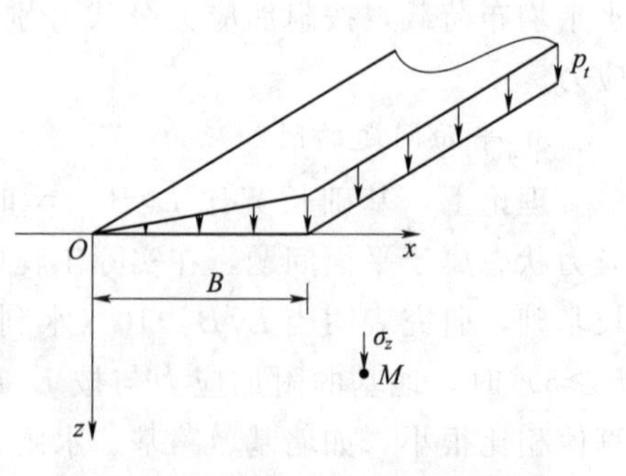

图 3.1.21　条形基础在竖向三角形分布荷载作用下的附加应力

$$\sigma_z = k_z^t p_t \tag{3.1.19}$$

式中 p_t ——竖向三角形分布荷载最大强度值，kPa；

k_z^t ——条形基础在竖向三角形分布荷载作用下地基中的附加应力系数，它是 x/B 和 z/B 的函数，可由表 3.1.6 查得，注意此时坐标系的原点在荷载强度为零的一侧，x 正向指向强度增大一侧。

表 3.1.6　　条形基础在竖向三角形分布荷载作用下的附加应力系数 k_z^t 值

z/B ＼ x/B	−0.50	−0.25	0.00	+0.25	+0.50	+0.75	+1.00	+1.25	+1.50
0.01	0.000	0.000	0.003	0.249	0.500	0.750	0.497	0.000	0.000
0.1	0.000	0.002	0.032	0.251	0.498	0.737	0.468	0.010	0.002
0.2	0.003	0.009	0.061	0.255	0.489	0.682	0.437	0.050	0.009
0.4	0.010	0.036	0.110	0.263	0.441	0.534	0.379	0.137	0.043
0.6	0.030	0.066	0.140	0.258	0.378	0.421	0.328	0.177	0.080
0.8	0.050	0.089	0.155	0.243	0.321	0.343	0.285	0.188	0.106
1.0	0.065	0.104	0.159	0.224	0.275	0.286	0.250	0.184	0.121
1.2	0.070	0.111	0.154	0.204	0.239	0.246	0.221	0.176	0.126
1.4	0.080	0.114	0.151	0.186	0.210	0.215	0.198	0.165	0.127
2.0	0.090	0.108	0.127	0.143	0.153	0.155	0.147	0.134	0.115

(3) 条形基础在水平均布荷载作用下地基中的附加应力。如图 3.1.22 所示，宽度为 B 的条形基础上作用水平均布荷载 p_h 时，土中任一点的竖向附加应力 σ_z 可表示为

$$\sigma_z = k_z^h p_h \tag{3.1.20}$$

式中　p_h——水平均布荷载，kPa；

k_z^h——条形基础在水平均布荷载作用时土中任一点的附加应力系数，它是 x/B 和 z/B 的函数，可由表 3.1.7 查得。注意坐标原点建在荷载起始端一侧，x 轴正向与荷载方向一致。

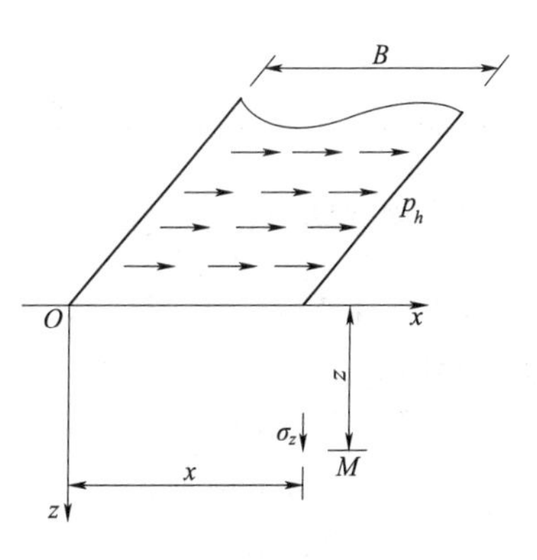

图 3.1.22　条形基础在水平均布荷载作用下的附加应力

表 3.1.7　　条形基础在水平均布荷载作用下的附加应力系数 k_z^h 值

z/B ＼ x/B	−0.25	0.00	+0.25	+0.50	+0.75	+1.00	+1.25	+1.50
0.01	−0.001	−0.318	−0.001	0.000	0.001	0.318	0.001	0.0001
0.1	−0.042	−0.315	−0.039	0.000	0.039	0.315	0.042	0.011
0.2	−0.116	−0.306	−0.103	0.000	0.103	0.306	0.116	0.038
0.4	−0.199	−0.274	−0.159	0.000	0.159	0.274	0.199	0.103
0.6	−0.212	−0.234	−0.147	0.000	0.147	0.234	0.212	0.144

续表

z/B \ x/B	−0.25	0.00	+0.25	+0.50	+0.75	+1.00	+1.25	+1.50
0.8	−0.197	−0.194	−0.121	0.000	0.121	0.194	0.197	0.158
1.0	−0.175	−0.159	−0.096	0.000	0.096	0.159	0.175	0.157
1.2	−0.153	−0.131	−0.078	0.000	0.078	0.131	0.153	0.147
1.4	−0.132	−0.108	−0.061	0.000	0.061	0.108	0.132	0.133
2.0	−0.085	−0.064	−0.034	0.000	0.034	0.064	0.085	0.096

对于竖向梯形荷载和水平均布荷载共同作用的情况，可将其分解为竖向三角形荷载、竖向均布荷载和水平均布荷载分别进行计算，再将各荷载进行叠加。

由以上研究可得出附加应力计算通用公式为 $\sigma_z=kp$，计算时因荷载、基础形式不同，附加应力系数确定方法也不同，具体区别见表 3.1.8。

表 3.1.8　　常见不同基础附加应力计算区别

基础形式	研究范围	坐标选择	计算点位置	计算时 z 的确定
矩形	空间问题	不需建坐标	角点下	由基底面算起
条形	平面问题	建立坐标	任意处	由基底面算起

3.1.2　教学实训：土中应力计算与绘图

【例 3.1.1】 计算图 3.1.23 中各土层界面处及地下水位面处土的自重应力，并绘出分布图。

【解】 粉土层底处　　$\sigma_{c1}=\gamma_1 h_1=18\times 3=54(\text{kPa})$

地下水位面处　　$\sigma_{c2}=\sigma_{c1}+\gamma_2 h_2=54+18.4\times 2=90.8(\text{kPa})$

粉土层底处　　$\sigma_{c3}=\sigma_{c2}+\gamma'_2 h_3=90.8+(19-10)\times 3=117.8(\text{kPa})$

基岩层面处　　$\sigma_c=\sigma_{c3}+\gamma_W h_W=117.8+10\times 3=147.8(\text{kPa})$

土中应力分布如图 3.1.23 所示。

【例 3.1.2】 如图 3.1.24 所示，一矩形基础，底面尺寸为 2m×4m，作用一竖向偏心荷载 $P=200\text{kN}$，偏心距 $e=0.2\text{m}$，基础埋深 $d=1\text{m}$，地基土体重度 $\gamma=18\text{kN/m}^3$，试求基底压力及基底附加压力。

【解】 由于 $e=0.2\text{m}$，$L/6=4/6=0.67(\text{m})$，即 $e<L/6$，故可用式（3.1.7）计算基底压力：

$$p_{\substack{\max\\\min}}=\frac{P}{A}\left(1\pm\frac{6e}{L}\right)=\frac{200}{2\times 4}\times\left(1\pm\frac{6\times 0.2}{4}\right)=125\times(1\pm 0.3)=\begin{matrix}162.5\\87.5\end{matrix}(\text{kPa})$$

基底附加压力为

$$p_{0\substack{\max\\\min}}=p_{\substack{\max\\\min}}-\gamma d=\begin{matrix}162.5\\87.5\end{matrix}-18\times 1=\begin{matrix}144.5\\69.5\end{matrix}(\text{kPa})$$

基底压力及基底附加压力分布如图 3.1.24 所示。

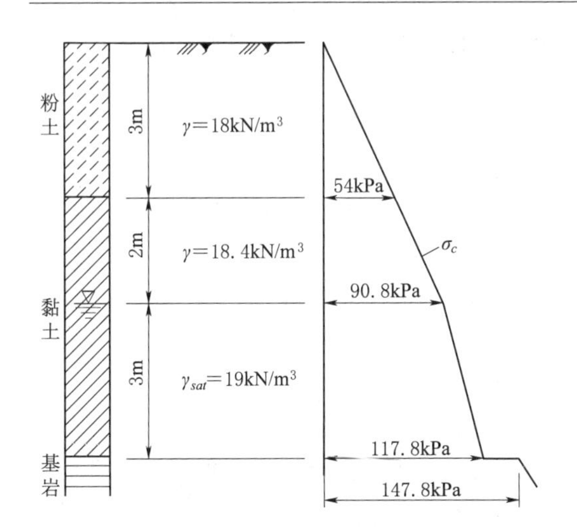

图 3.1.23　地基土层分布图

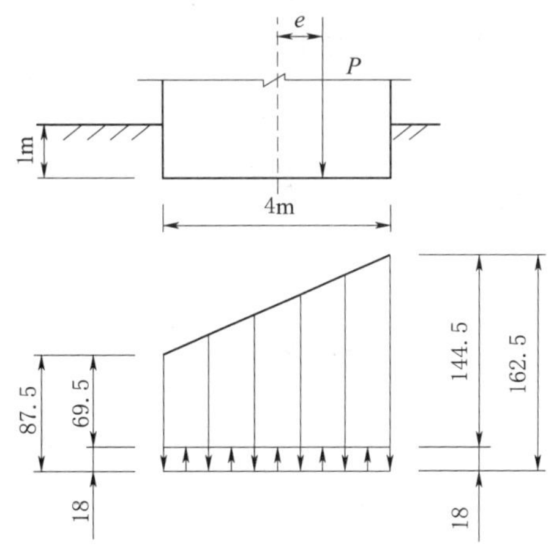

图 3.1.24　基底压力及基底附加压力分布图

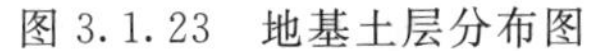

【例 3.1.3】 某桥墩基础及土层剖面如图 3.1.25 所示，已知基础底面尺寸 $B=2\text{m}$，$L=8\text{m}$。作用在基础底面中心处的荷载（连同基础与回填土）$N=1120\text{kN}$，水平推力 $H=0$，弯矩 $M=0$。已知各层土的物理指标是：褐黄色亚黏土 $\gamma=18.7\text{kN/m}^3$（水上），$\gamma'=8.9\text{kN/m}^3$（水下）；灰色淤泥质亚黏土 $\gamma'=8.4\text{kN/m}^3$（水下）。计算在竖向荷载作用下，基础中心轴线上的自重应力和附加应力，并画出应力分布图。

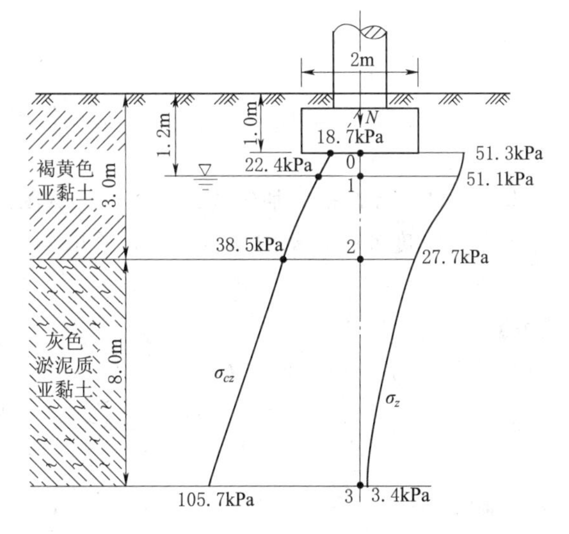

图 3.1.25　某桥墩基础及土层剖面分布图

【解】 首先确定分层界面位置（基础底面处，不同土层交界处，地下水位处）。

(1) 自重应力

按式（3.1.1）分别计算 0、1、2、3 点的自重应力（z 由地面算起，地下水位以下用浮重度计算）。

0 点：$\sigma_{cz0}=\gamma_1 h_1=18.7\times 1.0=18.7(\text{kPa})$

1 点：$\sigma_{cz1}=\gamma_1 h_1+\gamma_2 h_2=18.7+18.7\times 0.2=22.4(\text{kPa})$

2 点：$\sigma_{cz2}=\gamma_1 h_1+\gamma_2 h_2+\gamma_1' h_3=22.4+8.9\times 1.8=38.5(\text{kPa})$

3 点：$\sigma_{cz3}=\gamma_1 h_1+\gamma_2 h_2+\gamma_1' h_3+\gamma_2' h_4=38.5+8.4\times 8=105.7(\text{kPa})$

(2) 附加应力计算

按式（3.1.14）分别计算基础中点下 0、1、2、3 点的附加应力（过中点将矩形基础划分为四个相同小矩形，使中点位于角点下再进行计算，注意 z 由基础底面算起)。

(3) 基底处附加应力

$$p_0 = p - \gamma z = \frac{1120}{2 \times 8} - 18.7 \times 1.0 = 51.3(\text{kPa})$$

0 点：$\sigma_{z0} = 4k_{c0}p_0$　$L/B = 4/1 = 4$，$z/B = 0/1 = 0$，查表 3.1.2 得

$$k_{c0} = 0.25$$

$$\sigma_{z0} = 4k_{c0}p_0 = 4 \times 0.25 \times 51.3 = 51.3(\text{kPa})$$

1 点：$\sigma_{z1} = 4k_{c1}p_0$　$L/B = 4/1 = 4$，$z/B = 0.2/1 = 0.2$，查表 3.1.2 得

$$k_{c1} = 0.2492$$

$$\sigma_{z1} = 4k_{c1}p_0 = 4 \times 0.2492 \times 51.3 = 51.1(\text{kPa})$$

2 点：$\sigma_{z2} = 4k_{c2}p_0$　$L/B = 4/1 = 4$，$z/B = 2/1 = 2$，查表 3.1.2 得

$$k_{c2} = 0.1350$$

$$\sigma_{z2} = 4k_{c2}p_0 = 4 \times 0.1350 \times 51.3 = 27.7(\text{kPa})$$

3 点：$\sigma_{z3} = 4k_{c3}p_0$　$L/B = 4/1 = 4$，$z/B = 10/1 = 10$，查表 3.1.2 得

$$k_{c3} = 0.0167$$

$$\sigma_{z3} = 4k_{c3}p_0 = 4 \times 0.0167 \times 51.3 = 3.43(\text{kPa})$$

若存在水平推力，按矩形基础受水平荷载作用计算附加应力，再与竖直荷载作用下的附加应力叠加。

【例 3.1.4】 考虑相邻基础的影响，试计算图 3.1.26 所示的甲、乙两个基础基底中心点下不同深度处的地基附加应力值，绘出分布图。基础埋深范围内天然土层的重度 $\gamma_m = 18\text{kN/m}^3$。

【解】

(1) 两基础的基底附加应力。

甲基础　$p_0 = p - \sigma_{cz} = \dfrac{F}{A} + 20d - \gamma_m d = \dfrac{392}{2 \times 2} + 20 \times 1 - 18 \times 1 = 100(\text{kPa})$

乙基础　$p_0 = \dfrac{98}{1 \times 1} + 20 \times 1 - 18 \times 1 = 100(\text{kPa})$

(2) 计算两基础中心点下由本基础荷载引起的 σ_z 时，过基底中心点将基底分成相等的两块，采用角点法进行计算，计算过程列于表 3.1.9。

表 3.1.9　两基础中心点下由本基础荷载引起的 σ_z

z/m	甲基础				乙基础			
	L/B	Z/B	k_{c1}	$\sigma_z = 4k_{c1}p_0$ /kPa	L/B	Z/B	k_{c1}	$\sigma_z = 4k_{c1}p_0$ /kPa
0	$\frac{1}{1}=1$	0	0.2500	100	$\frac{0.5}{0.5}=1$	0	0.2500	100
1		1	0.1752	70		2	0.0840	34
2		2	0.0840	34		4	0.0270	11
3		3	0.0447	18		6	0.0127	5
4		4	0.0270	11		8	0.0073	3

(3) 计算本基础中心点下分别由甲对乙和乙对甲因相邻基础荷载引起的 σ_z 时，可按计算点在荷载面边缘外侧的情况以角点法计算，计算过程见表 3.1.10 和表 3.1.11。

表 3.1.10 甲基础荷载对乙基础引起的 σ_z 计算过程

z/m	L/B		Z/B	k_c		$\sigma_z=2(k_{c\mathrm{I}}-k_{c\mathrm{II}})p_0$/kPa
	Ⅰ ($abfO'$)	Ⅱ ($abfO'$)		$k_{c\mathrm{I}}$	$k_{c\mathrm{II}}$	
0	$\frac{3}{1}=3$	$\frac{1}{1}=1$	0	0.2500	0.2500	0
1			1	0.2034	0.1752	5.6
2			2	0.1314	0.0840	9.5
3			3	0.0870	0.0447	8.5
4			4	0.0603	0.0270	6.7

表 3.1.11 乙基础荷载对甲基础引起的 σ_z 计算过程

z/m	L/B		Z/B	k_c		$\sigma_z=2(k_{c\mathrm{I}}-k_{c\mathrm{II}})p_0$/kPa
	Ⅰ ($gheO$)	Ⅱ ($jeOi$)		$k_{c\mathrm{I}}$	$k_{c\mathrm{II}}$	
0	$\frac{2.5}{0.5}=5$	$\frac{1.5}{0.5}=3$	0	0.2500	0.2500	0
1			2	0.1363	0.1314	1.1
2			4	0.0712	0.0603	2.2
3			6	0.0431	0.0325	2.1
4			8	0.0283	0.0198	1.7

(4) σ_z 的分布图如图 3.1.26 所示，图中阴影部分表示相邻基础对本基础中心点下 σ_z 的影响。

比较图中两基础下 σ_z 的分布图可见，基础底面尺寸大的基础下的附加应力比尺寸小的收敛得慢，影响深度大，对相邻基础的影响也较大。可以预见，在基底附加压力相等的条件下，基础尺寸越大的基础沉降也越大，这一点在基础设计时必须引起注意。

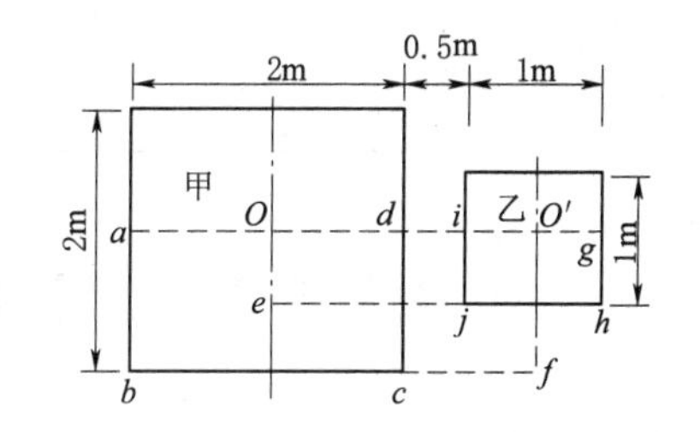

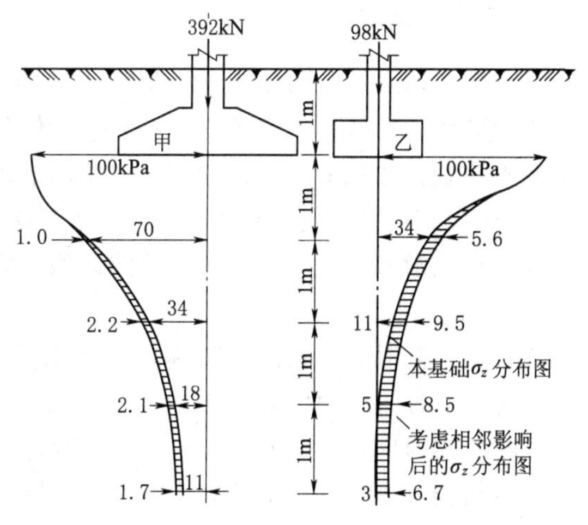

图 3.1.26 两基础基底中心点下地基附加应力分布图

【例 3.1.5】 如图 3.1.27 所示，某条形基础宽度 $B=4$m，其上作用垂直中心荷载 $\overline{p}=600$kN/m，试求基础中点下 9m 范围内的附加应力 σ_z，并绘制应力分布图。

【解】 中心荷载作用基底压力简化为均匀分布

$$p=\frac{\overline{p}}{B}=\frac{600}{4}=150(\text{kPa})$$

按图示建立坐标系，坐标原点在基础中心处，z 轴向下，x 轴向右（或左），取 $z=$ 3m、6m、9m 几个点进行计算，分别以 A、B、C、D 标记。当 $z=3$m 时，$x/B=0$，$z/B=3/4=0.75$，附加应力系数 k_z^s 由表 3.1.5 经线性内插而得

$$k_z^s=0.642+\frac{0.8-0.75}{0.8-0.6}\times(0.756-0.642)$$

$$=0.6705$$

$$\sigma_z=0.6705\times150=100.58(\text{kPa})$$

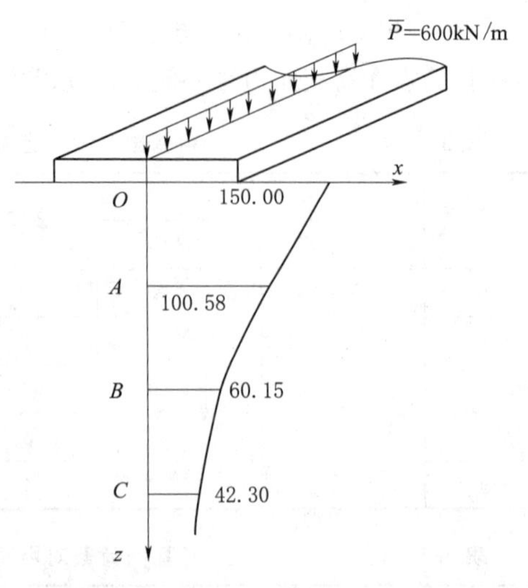

图 3.1.27 条形基础荷载作用分布图

同理可得其他点的附加应力 σ_z，见表 3.1.12。

表 3.1.12 σ_z 计算表

点位	z/m	z/B	k_z^s	σ_z/kPa
o	0	0	1	150.00
A	3	0.75	0.6705	100.58
B	6	1.5	0.401	60.15
C	9	2.25	0.282	42.30

学习任务 3.2 土的压缩性测试

3.2.1 基础知识学习

在建筑物基底压力的作用下，地基土体会产生附加应力。在附加应力的作用下，地基土将产生附加变形，这种变形一般包括体积变形和形状变形。对于土来说，体积变形通常表现为体积缩小，这种在外力作用下土体积缩小的特性称为土的压缩性。当荷载 $p<600$kPa 时，土粒和水本身的变形很小，可以忽略不计，土体发生变形主要由于孔隙中孔隙水和气体被挤出，孔隙体积随之减小引起，其变形主要是竖向的压缩变形。

土的压缩随时间增长的过程称为土的固结。对于无黏性土，固结所需时间很短；而对于饱和黏性土，由于黏性土的透水性很差，土中的水沿着孔隙排出的速度很慢。因此固结所需时间长，有时甚至长达几十年才能固结稳定。

通过研究地基土的压缩性，主要是为了计算压缩变形量，确定最终沉降量。而要研究变形特性就必须有压缩性指标，因此，应先了解土的压缩性试验及相应指标的确

定，然后将这些指标应用于地基的沉降计算中。

3.2.1.1　侧限压缩试验与压缩性指标

侧限压缩试验通常又称单向固结试验，试验的目的在于测定试样在侧限和轴向排水条件下的变形和压力、变形和时间以及孔隙比和压力之间的关系，以便绘制压缩曲线，求得土的压缩指标，以便来判断土的压缩性和用于变形计算。

3.14 压缩试验交互动画

1. 压缩原理

将试样装在厚壁金属容器内，上下各放透水石一块，设土样的初始高度为 H_0，在荷载 p 作用下土样稳定后的总压缩量为 ΔH，假设土粒体积 $V_s=1$（不变），根据土的孔隙比的定义，受压前后土的孔隙体积 V_v，分别为 e_0 和 e，根据荷载作用下土样压缩稳定后的总压缩量 ΔH，可求出相应孔隙比 e 的计算公式（因为受压前后土粒体积不变，土样横截面积不变，所以试验前后试样中固体颗粒所占的高度不变），如图 3.2.1 所示。

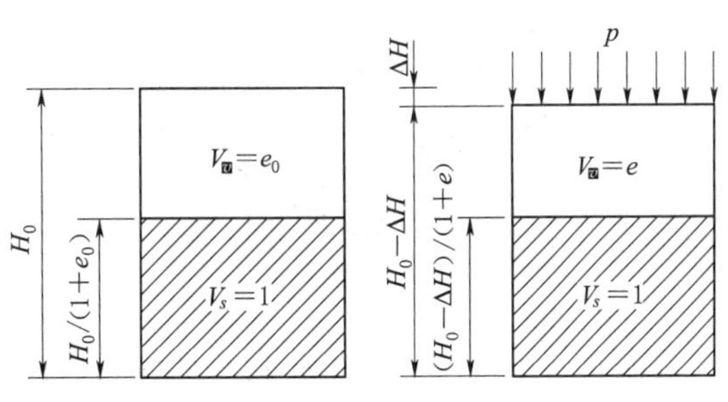

图 3.2.1　侧限压缩土样孔隙比变化

压缩前土样体积　　$H_0A=1+e_0$

压缩后土样体积　　$(H_0-\Delta H)A=1+e$

压缩前后 A 不变，$\dfrac{H_0}{1+e_0}=\dfrac{H_0-\Delta H}{1+e}$，有

$$e=e_0-\frac{\Delta H}{H_0}(1+e_0)$$

上式经整理可得任意荷载作用下土体稳定后的孔隙比为

$$e_i=e_0-\frac{\sum\Delta H_i}{H_0}(1+e_0) \tag{3.2.1}$$

其中

$$e_0=\frac{\rho_w G_s(1+\omega_0)}{\rho_0}-1 \tag{3.2.2}$$

式中　e_i——某级压力下的孔隙比；

e_0——初始孔隙比，用式（3.2.2）计算；

$\sum\Delta H_i$——某级压力下试样高度总变形量，mm；

H_0——试样初始高度，mm；

G_s、ω_0、ρ_0——分别为土粒比重、土样的初始含水率及初始密度，它们可根据室内试验测定；

ρ_w——水的密度，计算中取为 1g/cm^3。

2. 压缩曲线

根据某级荷载下的稳定变形量 $\sum\Delta H_i$，按式（3.2.1）求出该级荷载下的孔隙比

e_i，然后以横坐标表示压力 p，纵坐标表示孔隙比 e，绘出 $e-p$ 曲线，称为压缩曲线。压缩曲线有两种绘制方法，一种是按普通直角坐标绘制的 $e-p$ 曲线，如图 3.2.2 (a) 所示；另一种是用半对数直角坐标绘制的 $e-\lg p$ 曲线，如图 3.2.2 (b) 所示。

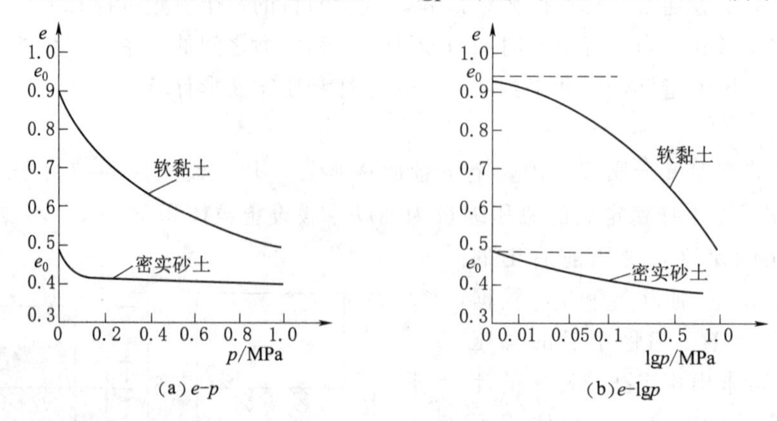

图 3.2.2 压缩曲线

从图中可以看出，由于软黏土的压缩性较大，当发生压力变化 Δp 时，相应的孔隙比的变化 Δe 也较大，因而曲线就比较陡；而密实沙土的压缩性较小，当发生相同压力变化 Δp 时，相应的孔隙比的变化 Δe 也较小，因而曲线比较平缓。因此，可通过曲线的斜率来反映土压缩性的大小。

压缩结束卸荷后再重新分级加压，则可测得土样在各级荷载作用下再压缩稳定后的孔隙比，相应可以绘制再压缩曲线，如图 3.2.3 所示，从图中可知：两条曲线不重合，说明土不是完全弹性体，能恢复的是弹性变形，不能恢复的是塑性变形；土的再压缩曲线比原压缩曲线斜率要小很多，说明土卸荷再压缩性明显降低。据此，工程中为减小高压缩地基沉降量，往往在修建建筑物前对地基进行预压处理。

3. 压缩性指标

(1) 压缩系数 a 。设压力由 p_1 增至 p_2，相应的孔隙比由 e_1 减小到 e_2，当压力变化范围不大时，可将一小段曲线用割线来代替，用割线 M_1M_2 的斜率来表示土在这一段压力范围内的压缩性，如图 3.2.4 所示。

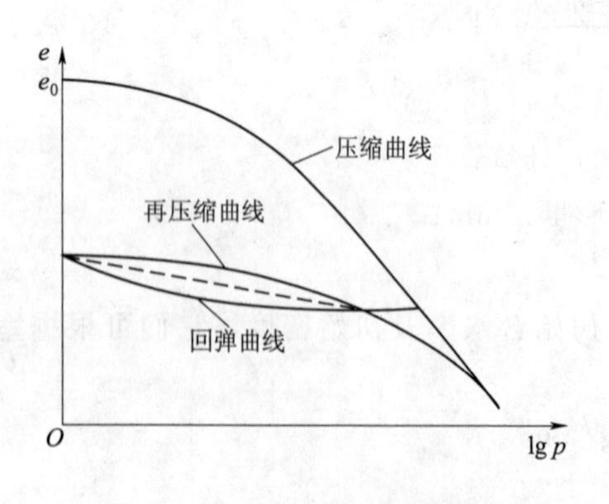

图 3.2.3 土的回弹再压缩曲线

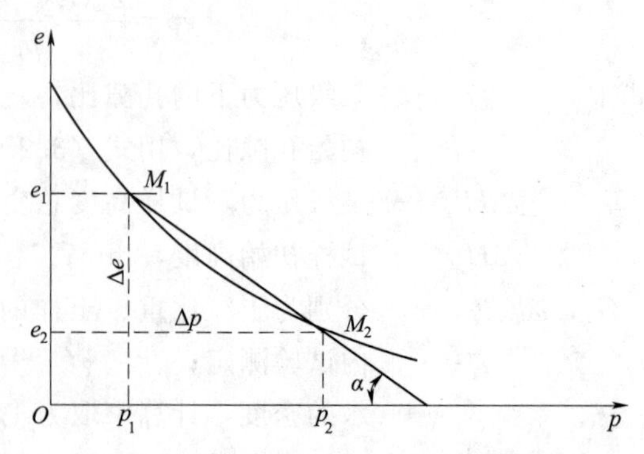

图 3.2.4 由 $e-p$ 曲线确定压缩系数

$$a=\tan\alpha=-\frac{\Delta e}{\Delta p}=\frac{e_1-e_2}{p_2-p_1} \tag{3.2.3}$$

式中　a ——压缩系数，kPa^{-1}或MPa^{-1}；

p_1 ——增压前的压力，kPa；

p_2 ——增压后的压力，kPa；

e_1 ——增压前土体在 p_1 作用下压缩稳定后的孔隙比；

e_2 ——增压后土体在 p_2 作用下压缩稳定后的孔隙比；

Δp ——所施加的压力增量，kPa；

Δe ——相应于压力增量所对应的土体孔隙比减小量。

从图 3.2.4 可以看出，压缩系数 a 越大，曲线越陡，土的压缩性越高；压缩系数 a 值与土所受的荷载大小有关。《建筑地基基础设计规范》（GB 50007—2011）规定，工程中一般采用 100～200kPa 压力区间内对应的压缩系数 a_{1-2} 来评价土的压缩性。即 $a_{1-2}<0.1MPa^{-1}$，属低压缩性土；$0.1MPa^{-1}\leqslant a_{1-2}<0.5MPa^{-1}$，属中压缩性土；$a_{1-2}\geqslant 0.5MPa^{-1}$，属高压缩性土。

（2）压缩模量 E_s。根据 $e-p$ 压缩曲线可以得到另一个重要的侧限压缩指标，即侧限压缩模量，简称压缩模量，用 E_s 表示。其定义为土体在无侧向膨胀条件下受压时，竖向压应力增量 Δp 与相应的竖向应变 ε 的比值。即

$$E_s=\frac{\Delta p}{\varepsilon} \tag{3.2.4}$$

根据压力增量 $\Delta p=p_2-p_1$，竖向应变 $\varepsilon=(H_1-H_2)/H_1$，可以导出压缩系数 a 与压缩模量 E_s 之间的关系：

$$E_s=\frac{\Delta p}{\Delta H/H_1}=\frac{\Delta p}{\Delta e/1+e_1}=\frac{1+e_1}{a} \tag{3.2.5}$$

同样，可以用 100～200kPa 压力区间内对应的压缩模量 E_s 值评价土的压缩性，即 $E_s<4MPa$，属高压缩性土；$4MPa\leqslant E_s\leqslant 15MPa$，属中压缩性土；$E_s>15MPa$，属低压缩性土。

压缩模量 E_s 同压缩系数 a 一样，对同种土体也不是常数，而是随着压力取值范围的不同而变化。当压力较小时，压缩系数 a 较大，压缩模量 E_s 较小；当压力较大时，压缩系数 a 较小，压缩模量 E_s 较大。

（3）压缩指数 C_c。将图 3.2.2 所示的 $e-\lg p$ 曲线直线段的斜率用 C_c 来表示，C_c 称为压缩指数，是无量纲量。

$$C_c=\frac{e_1-e_2}{\lg p_2-\lg p_1}=\frac{e_1-e_2}{\lg\frac{p_2}{p_1}} \tag{3.2.6}$$

压缩指数 C_c 与压缩系数 a 不同，a 值随压力的变化而变化，而 C_c 值在压力较大时为常数，不随压力的变化而变化。C_c 值越大，土的压缩性越高。一般低压缩性土 $C_c<$

0.2，中等压缩性土 $0.2 \leqslant C_c \leqslant 0.35$，高压缩性土 $C_c > 0.35$。

3.2.1.2 土的应力历史对土体压缩性的影响

目前工程上所谓应力历史，是指土层在地质历史上曾受过的应力状态，为讨论应力历史对土体压缩性的影响，我们将土历史上曾受到的最大有效固结压力称为先期固结压力，以 p_c 表示。p_c 与土体现有固结压力 p_1 的比值，称为超固结比，用 OCR 表示。

1. 土的固结状态

工程中可根据超固结比 OCR 将土分为三种。

$$OCR = p_c / p_1 \tag{3.2.7}$$

(1) 正常固结土（$p_c = p_1$，即 $OCR = 1.0$）。土在形成和存在的历史中只受过目前土层所受的自重应力，并在其应力作用下完全固结，如图 3.2.5 (a)。

(2) 超固结土（$p_c > p_1$，即 $OCR > 1.0$）。土层在历史上曾经沉积到图 3.2.5 (b) 中虚线所示的地面，并在自重应力作用下固结稳定，由于地质作用，上部土层被剥蚀而形成现在地表的土。

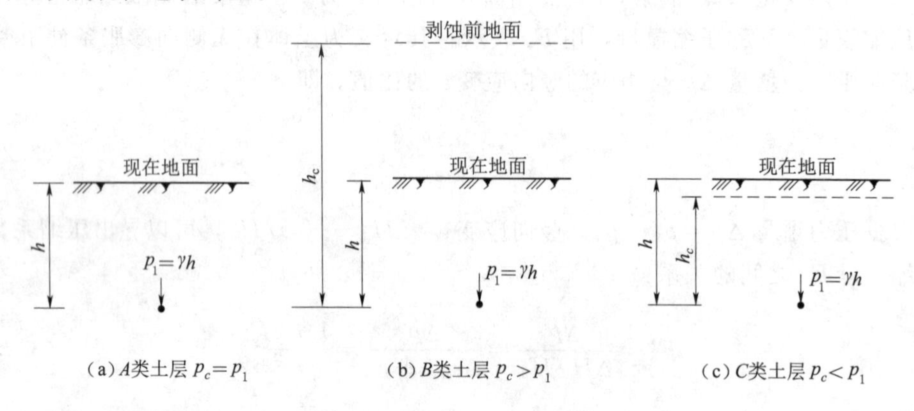

图 3.2.5 土层按先期固结压力分类

(3) 欠固结土（$p_c < p_1$，即 $OCR < 1.0$）。未经夯实的新填土或新近沉积的在自重应力 p_c 作用下尚未完全固结的堆积物，如图 3.2.5 (c) 所示。

2. 先期固结压力

目前对先期固结压力 p_c 通常是根据室内压缩试验获得的 $e-\lg p$ 曲线来确定，简便明了的方法是卡萨格兰德 1936 年提出的经验作图法，如图 3.2.6 所示。

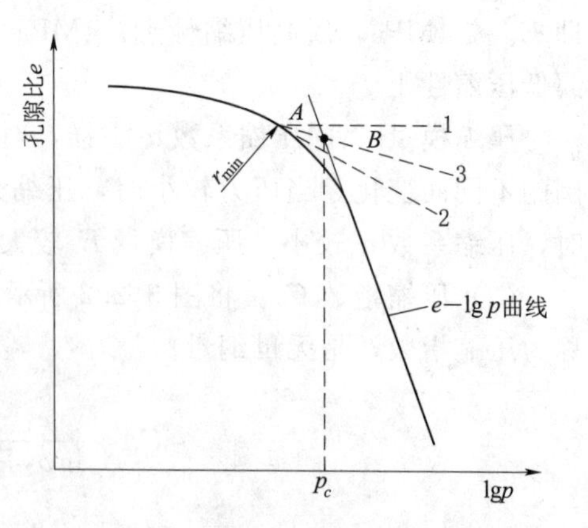

图 3.2.6 卡萨格兰德经验法确定先期固结压力

(1) 在 $e-\lg p$ 曲线上找出曲率半径最小的点 A，过 A 点作水平线 $A1$ 和切线 $A2$。

(2) 作∠$1A2$ 的平分线 $A3$，与 $e-\lg p$

曲线直线段的延长线交于 B 点。

(3) B 点所对应的有效应力即为前期固结压力。

必须指出，采用这种简易的经验作图法，要求取土质量较高，绘制 $e-\lg p$ 曲线时还应注意选用合适的比例。否则，很难找到曲率半径最小的点 A，就不一定能得出可靠的结果，还应同时结合现场的调查资料综合分析确定。

3.2.2　教学实训：压缩（固结）试验

室内压缩试验可分为标准固结试验和快速固结试验。

3.2.2.1　标准固结试验

1. 方法和适用范围

此法是在侧限条件下，对试样施加垂直压力，测量试样的变形量，从而获得土的压缩指标的试验方法。适用各类黏性土、粉质黏土、粉土等饱和或不饱和细粒土。本试验只进行土的压缩，可取非饱和土样进行。

2. 仪器设备

目前常用的压缩试验仪分杠杆加压式和磅秤式两种。本试验用杠杆加压式。常用型号 WG-1B 三联中压固结仪。

(1) 压缩仪（土样面积 $30cm^2$，土样高度 2cm)，由压力室、刚护环、环刀、透水石、滤纸、加压盖、量表架等部件组成，如图 3.2.7 所示。

(2) 加压设备：量程 5～10kN 的加压式或磅秤式，杠杆比 1∶12。

(3) 测微表（最大量程为 10mm、最小分辨率为 0.01mm 的百分表）

荷载
加压活塞
刚性护环
环刀
透水石
土样
透水石
底座

图 3.2.7　侧限压缩试验压力室

(4) 其他：削土刀、秒表、抹布等。

3. 操作步骤

(1) 制备试样。根据工程要求，切取原状土样或已知含水率的扰动土试样。

(2) 环刀选用。按工程需要选择 $50cm^2$ 大环刀或 $30cm^2$ 小环刀。

(3) 切取土样。套切试样前环刀内壁涂一薄层凡士林，环刀放在土样上边削边垂直下压，直至土体超出环刀壁 2～3mm，削平两面，擦净外壁。

3.17
切取土样

(4) 安装试样。调整天平平衡，随后立即用玻璃板将环刀两端盖上，装入护环，在固接仪底部的透水石上放湿润的滤纸一张，将带有环刀的试样刀口朝上，再放湿润的滤纸一张，然后放上透水石和加压盖板，以及定向钢球。将装好的固结容器放在加压框架上，对准加压框架正中，装上量表，并调节其可伸长距离不小于 8mm，然后检查量表是否灵敏和垂直，使百分表长针正好对准“0”字，短针对准刻度的中间（注意要将百分表活动杆提到上部再调“0”）。

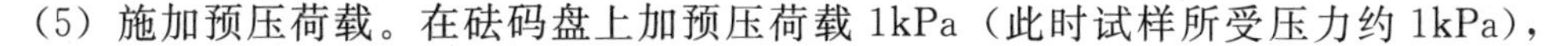

(5) 施加预压荷载。在砝码盘上加预压荷载 1kPa（此时试样所受压力约 1kPa），

检查试样与仪器上下各部件之间接触是否良好，如果良好则表针转动，然后微调表盘，使长指针对准零点方便计数，同时逆时针旋转手轮使气泡居中，取下预压荷载同时加第一级荷载；如系饱和试样，则在施加第1级压力后，立即向水槽中注水至满；如系非饱和试样，须用湿棉围住压盖板四周，避免水分蒸发。

(6) 加载读数。工程上加载大小与级数根据土质实际情况需要确定。本次实验采用50kPa、100kPa、200kPa、400kPa等四级荷载顺序加压。注意加砝码要轻放，避免发生冲击，在加荷的同时开动秒表，记录表读数。根据规定，每级压力下压缩24h，测记固结稳定量表读数后，施加第二级压力，依次逐级加压至试验结束；需测定沉降速率时，加压后按下列时间顺序测记量表读数：0.10min、0.25min、1.00min、2.25min、4.00min、6.25min、9.00min、12.25min、16.00min、20.25min、25.00min、30.25min、36.00min、42.25min、49.00min、64.00min、100.00min、200.00min 和 400.00min及23h和24h至稳定为止；需要作回弹试验时，可在某级压力（大于上覆压力）下固结稳定后卸压，直至卸至第1级压力，每次卸压后的回弹稳定标准与加压相同，并测记每级压力及最后一级压力时的回弹量。

(7) 测含水率。试验结束后，迅速拆除仪器各部件，取出带环刀的试样，饱和试样则用干滤纸吸去试样两端表面上的水，取出试样，测定试验后的含水率。

试验结束，拆除仪器各部件，洗净擦干后恢复原状。

4. 数据记录与整理（注意单位要统一）

(1) 标准固结试验记录见表3.2.1和表3.2.2（密度与含水率记录表可参考相关试验）。

表3.2.1　　标准固结试验记录表

工程名称：__________　试样面积：__________　试验者：__________

土样编号：__________　试样高度：__________　计算者：__________

试验日期：__________　初始孔隙比：__________　校核者：__________

经过时间/min	压力/kPa							
	50		100		200		400	
	日期	量表读数/0.01mm	日期	量表读数/0.01mm	日期	量表读数/0.01mm	日期	量表读数/0.01mm
0								
0.25								
1								
2.25								
4								
6.25								
9								
12.25								

续表

经过时间/min	压力/kPa							
	50		100		200		400	
	日期	量表读数/0.01mm	日期	量表读数/0.01mm	日期	量表读数/0.01mm	日期	量表读数/0.01mm
16								
20.25								
25								
30.25								
36								
42.25								
60								
23h								
24h								
总变形量/mm								
仪器变形量/mm								
试样总变形量/mm								

表 3.2.2　　标准固结试验记录表

加压历时/h	压力 p_i /kPa	量表读数/0.01mm	仪器总变形量 λ /0.01mm	试样总变形量 $\sum\Delta h_i$/mm	孔隙比 e_i
	(1)	(2)	(3)	(4)=(2)−(3)	$e_i=e_0-(1+e_0)\dfrac{\sum\Delta h_i}{h_0}$
0					
24					
24					
24					

含水率 ω_0 =________　密度 ρ_0 =________　比重 G_s =________

试样高 h_0 =________　初始孔隙比 e_0 =________　a_{1-2} =________　E_s =________

(2) 通过式 (3.2.1) 和式 (3.2.2) 分别计算各级压力下固结稳定后的孔隙比 e_i 及试样的初始孔隙比 e_0。

(3) 通过式 (3.2.3)、式 (3.2.5)、式 (3.2.6) 分别计算压缩系数 a、压缩模量 E_s、压缩指数 C_c 或回弹指数。

计算结果填入表 3.2.1 和表 3.2.2。

(4) 绘制压缩曲线。以孔隙比 e 为纵坐标，以压力 p 为横坐标，即可绘制压缩曲

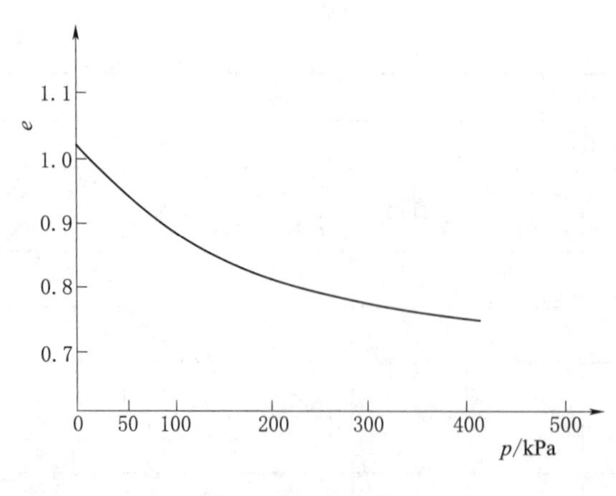

图 3.2.8 压缩曲线

线，如图 3.2.8 所示。

3.2.2.2 快速固结试验

对于渗透性较大且沉降计算精度要求不高的细粒土，若不需要求固结系数时，可采用快速固结试验方法。快速固结试验规定试样在各级压力下的固结时间为 1h，仅在最后一级压力下，除测记 1h 的量表读数外，还应测读达压缩稳定时的量表读数。稳定标准为量表读数每小时变化不大于 0.005mm。

1. 仪器设备

同标准固结试验。

2. 操作步骤

(1) 试样制备。切取原状土试样或制备成给定密度与含水率的扰动土试样。切取原状土样时，在环刀内壁涂一薄层凡士林，将环刀放在土样上垂直下压，至土样凸出环刀为止，然后将其两端刮平，擦净环刀外壁称环刀加土总质量，计算试样的密度，并取环刀两侧余土测含水率和土粒比重，需要时对试样进行饱和。

(2) 试样安放。在固结仪容器内放置护环、透水板和薄滤纸，将带有试样的环刀，刀口向下小心装入护环，然后在试样上放薄滤纸、透水板和压盖板（如试样为饱和土，上、下透水板应事先浸水饱和；对于非饱和土，透不板的湿度应与试样湿度接近），置于加压框架下，对准加压框架的正中；安装量表，使量测距离不小于 8mm，施加 1kPa 的预压压力，保证试样与仪器上下各部件之间接触良好，然后调整量表，使指针读数为零。

(3) 试样加荷。加压等级一般为 12.5kPa、25.0kPa、50.0kPa、100kPa、200kPa、400kPa、800kPa、1600kPa、3200kPa，最后一级的压力应比试样上覆土层的计算压力大 100～200kPa；第一级压力的大小视土的软硬程度分别采用 12.5kPa、25.0kPa 或 50.0kPa（第 1 级实加压力应减去预压压力）；如系饱和试样，则在施加第 1 级压力后，立即向水槽中注水至满；如系非饱和试样，须用湿棉围住压盖板四周，避免水分蒸发。

(4) 测记量表。测记试样在各级压力下固结时间为 1h 的量表读数，仅在最后一级压力下，除测记 1h 的量表读数外，还应测读达压缩稳定时的量表读数。稳定标准为量表读数每小时变化不大于 0.005mm。

(5) 测含水率。试验结束后，迅速拆除仪器各部件，取出带环刀的试样，饱和试样则用干滤纸吸去试样两端表面上的水，取出试样，测定试验后的含水率。

3. 试验记录

快速固结试验记录见表 3.2.3。表中 $(h_i)_t$ 为某一压力下固结 1h 的总变形量减去该压力下的仪器变形量；$(h_n)_t$ 为最后一级压力下固结 1h 的总变形量减去该压力下的仪器变形量；$(h_n)_T$ 为最后一级压力下达到稳定标准的总变形量减去该压力下的仪器变形量。

表 3.2.3　　快速固结试验记录表

工程名称：________　　土样编号：________　　试验日期：________

试验者：________　　计算者：________　　校核者：________

试样初始高度：$h_0=$ 　mm			校正系数：$K=(h_n)_T/(h_n)_t$		
加压历时 /h	压力 /kPa	校正前试样总变形量 /mm	校正后试样总变形量 /mm	压缩后试样高度 /mm	孔隙比
	p_i	$(h_i)_t$	$\sum\Delta h_i=K(h_i)_t$	$h=h_0-\sum\Delta h$	$e_i=e_0-(1+e_0)\dfrac{\sum\Delta h_i}{h_0}$
1					
1					
1					
1					
1					
稳定					

4. *成果整理*

同标准固结试验

此外，采用现场载荷试验或旁压试验也可以了解土的变形特性。

学习任务 3.3　地基沉降量计算与观测

3.3.1　基础知识学习

地基土体在荷载作用下会产生沉降与不均匀沉降变形，计算沉降变形量的目的在于确定建（构）筑物可能产生的最大沉降量、沉降差，并判断结果是否超出允许范围，为建（构）筑物设计和地基处理提供依据，保证其正常使用。

3.3.1.1　沉降量计算

土体在荷载作用下达到固结稳定时的最大沉降量，称为最终沉降量。通常采用分层总和法和应力面积法计算地基土体的最终沉降量。

1. *分层总和法*

(1) 计算原理。分层总和法一般取基底中心点下地基附加应力来计算各分层土的竖向压缩量，认为基础的平均沉降量 s 为各分层上竖向压缩量 s_i 之和，如图 3.3.1 所示。

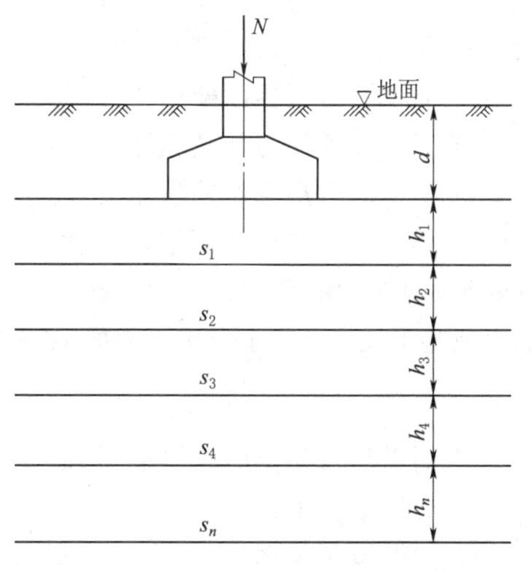

图 3.3.1　分层总和法

3.20 地基沉降量计算与观测

3.21 地基沉降量计算与观测

在计算出 s_i 时，假设地基土只在竖向发生压缩变形，没有侧向变形，故可利用室内侧限压缩试验成果进行计算。

$$s=\sum_{i=1}^{n}s_i \tag{3.3.1}$$

式中 s ——地基最终沉降量，mm；

s_i ——第 i 分层土的竖向压缩量，mm。

3.22 地基沉降引发路面塌陷

3.23 地基不均匀沉降建筑物变形

（2）计算公式。各分层的沉降量可按下式计算：

$$s_i=\Delta H_i=\frac{e_{1i}-e_{2i}}{1+e_{1i}}H_i=\frac{\Delta e_i}{1+e_{1i}}H_i \tag{3.3.2}$$

式中 ΔH_i ——施加荷载达沉降稳定后第 i 分层土的沉降量，mm；

H_i ——施加荷载前第 i 分层土的厚度，mm；

e_{1i} ——对应于第 i 分层土应力 p_{1i} 从土的压缩曲线上得到的孔隙比，p_{1i} 即第 i 分层土上下层面自重应力值的平均值；

e_{2i} ——对应于第 i 分层土应力 p_{2i} 从土的压缩曲线上得到的孔隙比，p_{2i} 即第 i 分层土自重应力平均值 p_{1i} 与应力增量 Δp_i（上下层面附加应力值的平均值）之和。

若引入压缩系数 a，压缩模量 E_s，上式可变为

$$s_i=\frac{a_i}{1+e_{i1}}\Delta p_i H_i \tag{3.3.3}$$

式中 a_i ——第 i 分层土的压缩系数，$\mathrm{kPa^{-1}}$ 或 $\mathrm{MPa^{-1}}$。

$$s_i=\frac{\Delta p_i}{E_{si}}H_i \tag{3.3.4}$$

式中 E_{si} ——第 i 分层土的压缩模量，kPa 或 MPa。

（3）计算步骤。

1）地基土分层。成层土的层面（不同土层的压缩性及重度不同）及地下水位面（水位下土受到浮力）是天然的分层界面，其中较厚土层需再分，分层厚度一般不宜大于 $0.4B$（B 为基底宽度）。

2）计算各分层界面处土的自重应力，土的自重应力应从天然地面起算。

3）计算基底压力及基底附加压力。

4）计算各分层界面处附加应力。

5）确定计算深度（压缩层厚度）。一般取地基附加应力等于自重应力的20%深度处作为沉降计算深度的限值（即 $\sigma_z/\sigma_{cz}\leqslant 0.2$）；若在该深度以下为高压缩性土，则应取地基附加应力等于自重应力的10%深度处作为沉降计算深度的限值（即 $\sigma_z/\sigma_{cz}\leqslant 0.1$）。

6）计算各分层土的压缩量 $s_i=\dfrac{e_{1i}-e_{2i}}{1+e_{1i}}H_i$。

7）计算总变形量 $s=\sum s_i=\sum_{i=1}^{n}\dfrac{e_{1i}-e_{2i}}{1+e_{1i}}H_i$。

2. 应力面积法

（1）计算原理。应力面积法是《建筑地基基础设计规范》（GB 50007—2011）推荐使用的一种计算地基最终沉降量的方法，故又称为规范法。应力面积法一般按地基土的天然分层面划分计算土层，引入土层平均附加应力的概念，通过平均附加应力系数，将基底中心以下地基中 $z_{i-1} \sim z_i$ 深度范围的附加应力按等面积原则化为相同深度范围内矩形分布时的附加应力大小，再按矩形分布的附加应力情况计算土层的压缩量，各土层压缩量的总和即为地基的计算沉降量，如图 3.3.2 所示。

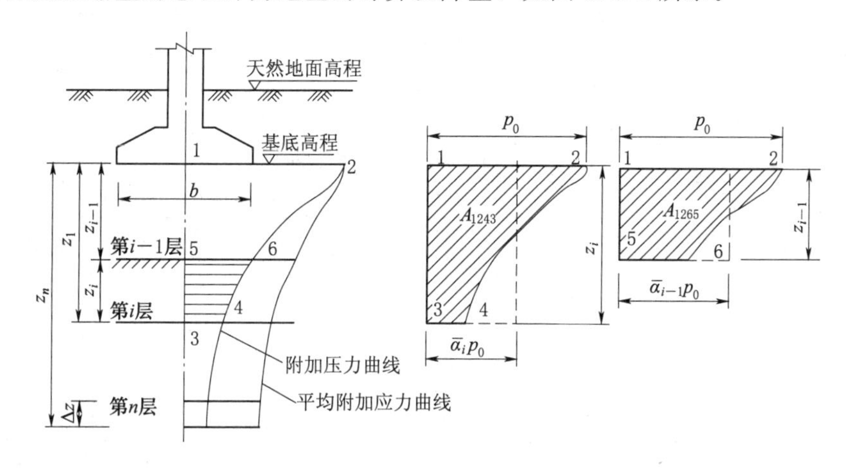

图 3.3.2　应力面积法计算沉降量示意图

理论上基础的平均沉降量可表示为

$$s' = \sum_{i=1}^{n} \Delta s'_i = \sum_{i=1}^{n} \frac{p_0}{E_{si}} (z_i \overline{\alpha_i} - z_{i-1} \overline{\alpha_{i-1}}) \tag{3.3.5}$$

式中　n ——沉降计算深度范围划分的土层数；

p_0 ——基底附加压力，kPa；

$\overline{\alpha_i}$、$\overline{\alpha_{i-1}}$ ——平均竖向附加应力系数，对于矩形面积上均布荷载作用时角点下平均竖向附加应力系数 $\bar{\alpha}$ 值，可从表 3.3.1 查得；

$\overline{\alpha_i} p_0$、$\overline{\alpha_{i-1}} p_0$ ——分别将基底中心以下地基中 $z_{i-1} \sim z_i$ 深度范围附加应力，按等面积化为相同深度范围内矩形分布时分布应力的大小。

表 3.3.1　矩形基础受竖直均布荷载作用基础角点下地基的平均附加应力系数 $\bar{\alpha}$

z/b	l/b												
	1.0	1.2	1.4	1.6	1.8	2.0	2.4	2.8	3.2	3.6	4.0	5.0	10.0
0.0	0.2500	0.2500	0.2500	0.2500	0.2500	0.2500	0.2500	0.2500	0.2500	0.2500	0.2500	0.2500	0.2500
0.2	0.2496	0.2497	0.2497	0.2498	0.2498	0.2498	0.2498	0.2498	0.2498	0.2498	0.2498	0.2498	0.2498
0.4	0.2474	0.2479	0.2481	0.2483	0.2483	0.2484	0.2485	0.2485	0.2485	0.2485	0.2485	0.2485	0.2485
0.6	0.2423	0.2437	0.2444	0.2448	0.2451	0.2452	0.2454	0.2455	0.2455	0.2455	0.2455	0.2455	0.2456
0.8	0.2346	0.2372	0.2387	0.2395	0.2400	0.2403	0.2407	0.2408	0.2409	0.2409	0.2410	0.2410	0.2410
1.0	0.2252	0.2291	0.2313	0.2326	0.2335	0.2340	0.2346	0.2349	0.2351	0.2352	0.2352	0.2353	0.2353

续表

z/b	l/b												
	1.0	1.2	1.4	1.6	1.8	2.0	2.4	2.8	3.2	3.6	4.0	5.0	10.0
1.2	0.2149	0.2199	0.2229	0.2248	0.2260	0.2268	0.2278	0.2282	0.2285	0.2286	0.2287	0.2288	0.2289
1.4	0.2043	0.2102	0.2140	0.2164	0.2190	0.2191	0.2204	0.2211	0.2215	0.2217	0.2218	0.2220	0.2210
1.6	0.1939	0.2006	0.2049	0.2079	0.2099	0.3113	0.2130	0.2138	0.2143	0.2146	0.2148	0.2150	0.2152
1.8	0.1840	0.1912	0.1960	0.1994	0.2018	0.2034	0.2055	0.2066	0.2073	0.2077	0.2079	0.2082	0.2084
2.0	0.1746	0.1822	0.1875	0.1912	0.1938	0.1958	0.1982	0.2996	0.2004	0.2009	0.2012	0.2015	0.2018
2.2	0.1659	0.1737	0.1793	0.1833	0.1862	0.1883	0.1911	0.1927	0.1937	0.1943	0.1947	0.1952	0.1955
2.4	0.1578	0.1657	0.1715	0.1757	0.1789	0.1812	0.1843	0.1862	0.1873	0.1880	0.1885	0.1890	0.1895
2.6	0.1503	0.1583	0.1642	0.1686	0.1719	0.1745	0.1779	0.1799	0.1812	0.1820	0.1825	0.1832	0.1838
2.8	0.1433	0.1514	0.1574	0.1619	0.1654	0.1680	0.1717	0.1739	0.1753	0.1763	0.1769	0.1777	0.1784
3.0	0.1369	0.1449	0.1510	0.1556	0.1592	0.1619	0.1658	0.1682	0.1698	0.1708	0.1715	0.1725	0.1733
3.2	0.1310	0.1390	0.1450	0.1497	0.1533	0.1562	0.1602	0.1628	0.1645	0.1657	0.1664	0.1675	0.1685
3.4	0.1256	0.1334	0.1394	0.1441	0.1478	0.1508	0.1550	0.1577	0.1595	0.1607	0.1616	0.1628	0.1639
3.6	0.1205	0.1282	0.1342	0.1389	0.1427	0.1456	0.1500	0.1528	0.1548	0.1561	0.1570	0.1583	0.1595
3.8	0.1158	0.1234	0.1293	0.1340	0.1378	0.1408	0.1452	0.1482	0.1502	0.1516	0.1526	0.1541	0.1554
4.0	0.1114	0.1189	0.1248	0.1294	0.1332	0.1362	0.1408	0.1438	0.1459	0.1474	0.1485	0.1500	0.1516
4.2	0.1073	0.1147	0.1205	0.1251	0.1289	0.1319	0.1365	0.1396	0.1418	0.1434	0.1445	0.1462	0.1479
4.4	0.1035	0.1107	0.1164	0.1210	0.1248	0.1279	0.1325	0.1357	0.1379	0.1396	0.1407	0.1425	0.1444
4.6	0.1000	0.1070	0.1127	0.1172	0.1209	0.1240	0.1287	0.1319	0.1342	0.1359	0.1371	0.1390	0.1410
4.8	0.0967	0.1036	0.1091	0.1136	0.1173	0.1204	0.1250	0.1283	0.1307	0.1324	0.1337	0.1357	0.1379
5.2	0.0906	0.0972	0.1026	0.1070	0.1106	0.1136	0.1183	0.1271	0.1241	0.1259	0.1273	0.1295	0.1320
5.6	0.0852	0.0916	0.0968	0.1010	0.1046	0.1076	0.1122	0.1156	0.1181	0.1200	0.1215	0.1238	0.1266

注 l、b 分别为矩形的长边与短边；z 为计算点距基础底面的垂直距离。

（2）沉降计算经验系数 ψ_s。为提高计算准确度，规范规定按式（3.3.5）计算得到的沉降 s' 尚应乘以一个沉降计算经验系数 ψ_s 。ψ_s 定义为根据地基沉降观测资料推算的最终沉降量 s 与由式（3.3.5）计算得到的 s' 之比，一般根据地区沉降观测资料及经验确定，也可按表 3.3.2 查取。

表 3.3.2　沉降计算经验系数 ψ_s

基底附加压力	$\overline{E_s}$				
p_0 /kPa	2.5	4.0	7.0	15.0	20.0
$p_0 \geqslant f_{ak}$	1.4	1.3	1.0	0.4	0.2
$p_0 \leqslant 0.75 f_{ak}$	1.1	1.0	0.7	0.4	0.2

注 f_{ak} 为地基承载力特征值。

$\overline{E_s}$ 为沉降计算深度范围内压缩模量当量值，按下式计算：

$$\overline{E_s} = \frac{\sum_{i=1}^{n} A_i}{\sum_{i=1}^{n} A_i / E_{si}} \tag{3.3.6}$$

式中　A_i——第 i 层土附加应力曲线所围的面积。

综上所述，应力面积法的地基最终沉降量计算公式为

$$s=\psi_s s'=\psi_s\sum_{i=1}^{n}\frac{p_0}{E_{si}}(z_i\overline{\alpha_i}-z_{i-1}\overline{\alpha_{i-1}}) \tag{3.3.7}$$

（3）沉降计算深度的确定。沉降计算深度 z_n 由式（3.3.8）要求确定：

$$\Delta s'_n\leqslant 0.025\sum_{i=1}^{n}s'_i \tag{3.3.8}$$

式中　$\Delta s'_n$——自试算深度往上 Δz 厚度范围的压缩量（包括考虑相邻荷载的影响），Δz 的取值按表3.3.3确定。

s'_i——在计算深度范围内，第 i 层土的计算变形值。

表3.3.3　Δz 的取值表

b /m	$b\leqslant 2$	$2<b\leqslant 4$	$4<b\leqslant 8$	$8<b$
Δz /m	0.3	0.6	0.8	1.0

如确定的沉降计算深度下部仍有较软弱土层时，应继续往下进行计算。

当无相邻荷载影响，基础宽度在1～30m范围内时，地基沉降计算深度也可按下列简化公式计算：

$$z_n=b(2.5-0.4\ln b) \tag{3.3.9}$$

式中　b——基础宽度。

在计算深度范围内存在基岩时，z_n 取至基岩表面；当存在较厚的坚硬黏性土层，其孔隙比小于0.5，压缩模量大于50MPa，或存在较厚的密实砂卵石层，其压缩模量大于80MPa时，z_n 可取至该层土表面。

3.3.1.2　沉降观测

沉降观测根据建筑物设置的观测点测定建筑物地基的沉降量、沉降差及沉降速度，并计算基础倾斜、局部倾斜、相对弯曲及构件倾斜等，用数据来表达沉降程度，在建筑物的施工、竣工验收以及竣工后的监测等过程中，具有安全预报、科学评价及检验施工质量等的职能。通过现场监测数据的反馈信息，可以对施工过程等问题起到预报作用，及时做出较合理的技术决策和现场的应变决定。

1. 沉降观测点的布置

水准基点与沉降观测点

（1）沉降观测水准基点。沉降观测水准基点在一般情况下，可以利用工程标高定位时使用的水准点作为沉降观测水准基点，与被观测的建筑物和构筑物的间距为30～50m。若观测距离较远时，为保证观测精度，应在建筑物附近埋设新的基准点。沉降观测水准基点必须稳定可靠、妥善保护，不受行人车辆碰撞影响，同时不应埋设在道路、仓库、河岸、新填土、将建设或堆料的地方以及受震动影响的范围内。一个观测区域水准基点不应少于3个，水准点帽头宜用铜或不锈钢制成。水准点埋设须在基坑开挖前15天完成，如图3.3.3所示。

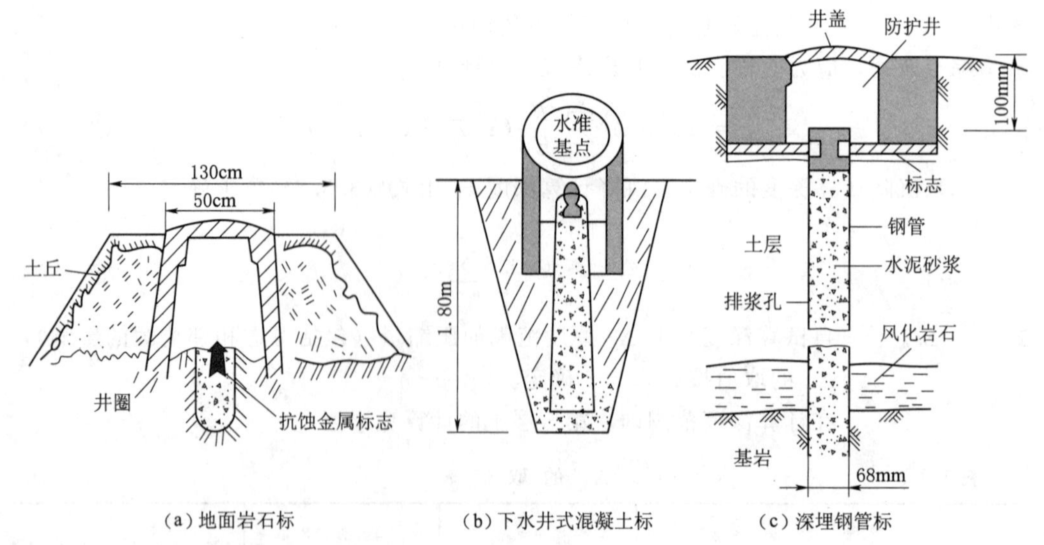

(a) 地面岩石标　　(b) 下水井式混凝土标　　(c) 深埋钢管标

注：图（a）用于地面土层覆盖很浅的地方；图（b）用于土层较厚的地方，为防雨水井台必须高出地面0.2m；图（c）用于覆盖层很厚的平坦地方，钻孔穿过土层和风化岩层。

图3.3.3　水准基点的构造与埋设

(2) 观测点的布置。沉降观测点的布置，应以能全面反映建筑物地基变形特征并结合地质情况及建筑结构特点确定，点位宜选设在下列位置：

1) 建筑物的四角、大转角处及沿外墙每10～15m处或每隔2～3根柱基上。

2) 高低层建筑物、新旧建筑物、纵横墙等交接处的两侧。

3) 建筑物裂缝和沉降缝两侧、基础埋深相差悬殊处、人工地基与天然地基接壤处、不同结构的分界处及填挖方分界处。

4) 宽度大于等于15m或小于15m而地质复杂以及膨胀土地区的建筑物，在承重内隔墙中部设内墙点，在室内地面中心及四周设地面点。

5) 邻近堆置重物处、受振动有显著影响的部位及基础下的暗浜（沟）处。

6) 框架结构建筑物的每个或部分柱基上或沿纵横轴线设点。

7) 片筏基础、箱形基础底板或接近基础的结构部分之四角处及其中部位置。

8) 重型设备基础和动力设备基础的四角、基础型式或埋深改变处以及地质条件变化处两侧。

9) 电视塔、烟囱、水塔、油罐、炼油塔、高炉等高耸建筑物，沿周边在与基础轴线相交的对称位置上布点，点数不少于4个。

沉降观测点平面布置图的比例一般为1∶100～1∶500，所有观测点应有编号。

2. 沉降观测的技术要求

(1) 仪器精度：一般性的建（构）筑物施工过程中，采用国家二等水准测量的观测方法就能满足沉降观测的要求。采用精密水准仪测量仪器应经计量部门检验合格的产品。观测精度为0.01mm，同一观测点的2次观测之差不得大于1mm。每次观测对象宜固定测量工具，固定人员，测量视线长度一般为20～30m，视线高度不低于0.3m。同时观测时，仪器应避免安置在有空压机、搅拌机、卷扬机等振动影响的范围内。水准测量采用闭合法。

（2）观测次数和时间。

1）初测。建（构）筑物的沉降观测对时间有严格的限制条件，特别是首次观测必须按时进行，否则整个观测得不到完整的观测意义。

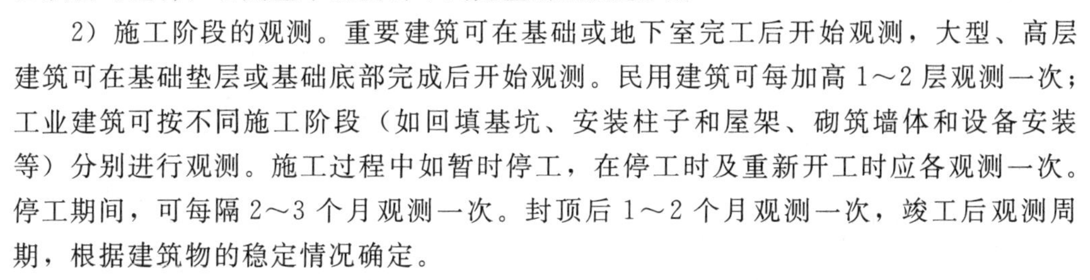

2）施工阶段的观测。重要建筑可在基础或地下室完工后开始观测，大型、高层建筑可在基础垫层或基础底部完成后开始观测。民用建筑可每加高 1～2 层观测一次；工业建筑可按不同施工阶段（如回填基坑、安装柱子和屋架、砌筑墙体和设备安装等）分别进行观测。施工过程中如暂时停工，在停工时及重新开工时应各观测一次。停工期间，可每隔 2～3 个月观测一次。封顶后 1～2 个月观测一次，竣工后观测周期，根据建筑物的稳定情况确定。

特别注意沉降速度不小于 2.0mm/d 时应停止施工，分析原因，采取措施。沉降速度不小于 1.0mm/d 时应减缓加载速度并增加观测次数。

3）使用阶段的观测。观测次数应视地基土类型和沉降速度大小而定。一般在第一年观测 3～4 次，第二年 2～3 次，第三年后每年一次，直至稳定为止。观测的期限一般规定如下：砂土地基 2 年，膨胀土地基 3 年，黏土地基 5 年，软土地基 10 年。建筑物安全等级二、三级多层建筑沉降速度小于 0.02～0.04mm/d，高层和一级建筑小于 0.01mm/d，认为已经稳定，可以停止观测。

3.3.1.3　地基允许变形值

1. 地基变形分类

不同结构建筑物，对地基变形的适应性是不同的。在进行地基变形验算时，针对不同建筑物应验算不同类型的变形。常见的变形主要包括沉降量、沉降差、倾斜、局部倾斜等。

（1）沉降量：指单独基础中心的沉降值。如图 3.3.4 所示，对于单层排架结构柱基和高耸结构基础设计需计算沉降量，并将沉降量控制在允许范围内。

（2）沉降差：指相邻单独基础沉降量差。如图 3.3.5 所示，对有相邻荷载影响和荷载差异较大的框架结构、单层排架结构，需验算基础沉降差，并使差值控制在允许范围内。

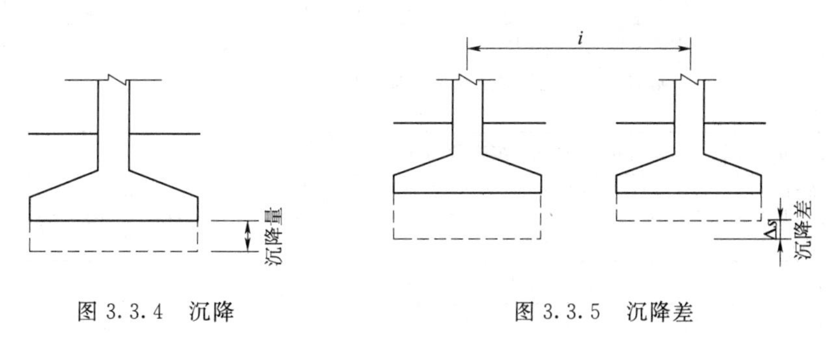

图 3.3.4　沉降　　　　图 3.3.5　沉降差

（3）倾斜：指单独基础在倾斜方向上两端点的沉降差与两端点的距离之比。如图 3.3.6 所示，当地基不均匀或有相邻荷载影响的多层和高层建筑基础及高耸建筑基础，需进行倾斜验算。

（4）局部倾斜：主要是指砌体承重结构房屋的墙体每6～10m内的沉降差。如图3.3.7所示，以‰表示。当地基不均匀、荷载差异过大、建筑体型复杂时，需进行局部倾斜验算。

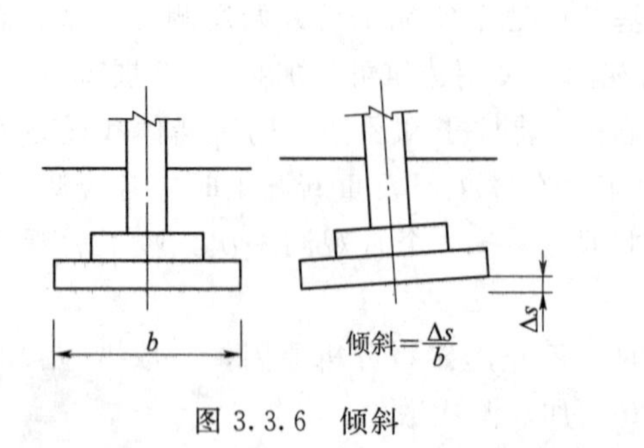

图3.3.6 倾斜

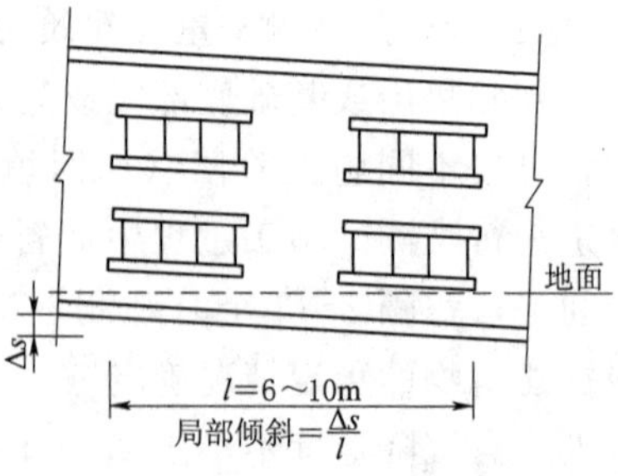

图3.3.7 局部倾斜

2. 地基变形允许值

地基变形允许值即为保证建筑物正常使用而确定的变形控制值。

地基变形允许值的大小取决于以下因素：

（1）工程地质条件及建筑地基设计。

（2）建筑荷载及差异。

（3）建筑体型复杂因素引起的地基变形。

（4）多层或高层建筑和高耸结构局部倾斜或倾斜值控制指标。

（5）预估建筑物在施工期间和使用期间的地基变形值。

根据常见建筑系统沉降观测资料统计，建筑物地基变形允许值可按表3.3.4的规定采用。

表3.3.4 建筑物的地基变形允许值

<table>
<tr><th colspan="2" rowspan="2">变形特征</th><th colspan="2">地基土类别</th></tr>
<tr><th>中、低压缩性土</th><th>高压缩性土</th></tr>
<tr><td colspan="2">砌体承重结构基础的局部倾斜</td><td>0.002</td><td>0.003</td></tr>
<tr><td rowspan="3">工业与民用建筑相邻柱基的沉降差</td><td>（1）框架结构</td><td>0.002l</td><td>0.003l</td></tr>
<tr><td>（2）砌体墙填充的边排柱</td><td>0.0007l</td><td>0.001l</td></tr>
<tr><td>（3）当基础不均匀沉降时不产生附加应力的结构</td><td>0.005l</td><td>0.005l</td></tr>
<tr><td colspan="2">单层排架结构（柱距为6m）柱基的沉降量/mm</td><td>(120)</td><td>200</td></tr>
<tr><td rowspan="2">桥式吊车轨面的倾斜（按不调整轨道考虑）</td><td>纵向</td><td colspan="2">0.004</td></tr>
<tr><td>横向</td><td colspan="2">0.003</td></tr>
<tr><td rowspan="4">多层和高层建筑的整体倾斜</td><td>$H_g \leqslant 24$</td><td colspan="2">0.004</td></tr>
<tr><td>$24 < H_g \leqslant 60$</td><td colspan="2">0.003</td></tr>
<tr><td>$60 < H_g \leqslant 100$</td><td colspan="2">0.0025</td></tr>
<tr><td>$H_g > 100$</td><td colspan="2">0.002</td></tr>
</table>

续表

变　形　特　征		地基土类别	
		中、低压缩性土	高压缩性土
体型简单的高层建筑基础的平均沉降量/mm		200	
高耸结构基础的倾斜	$H_g \leqslant 20$	0.008	
	$20 < H_g \leqslant 50$	0.006	
	$50 < H_g \leqslant 100$	0.005	
	$100 < H_g \leqslant 150$	0.004	
	$150 < H_g \leqslant 200$	0.003	
	$200 < H_g \leqslant 250$	0.002	
高耸结构基础的沉降量/mm	$H_g \leqslant 100$	400	
	$100 < H_g \leqslant 200$	300	
	$200 < H_g \leqslant 250$	200	

注　1. 本表数值为建筑物地基实际最终变形允许值。

2. 有括号者仅适用于中压缩性土。

3. l 为相邻柱基的中心距离，mm；H_g 为自室外地面起算的建筑物高度，m。

4. 倾斜指基础倾斜方向两端点的沉降差与其距离的比值。

5. 局部倾斜指砌体承重结构沿纵向 6～10m 内基础两点的沉降差与其距离的比值。

3. 防止地基有害变形的措施

（1）减小沉降量的措施。

1）上部结构采用轻质材料，则可减小基础底面的接触压力 p。

2）当地基中无软弱下卧层时，可加大基础埋深 d。

3）根据地基土的性质、厚度结合上部结构特点和场地周围环境，可分别采用机械压密、强力夯实、换土垫层、加载预压、砂桩挤密、振冲置换及化学加固等人工地基的措施；必要时，还可以采用桩基础或深基础。

（2）减小沉降差的措施。

1）设计中尽量使上部荷载中心受压，均匀分布。

2）遇高低层相差悬殊或地基软硬突变等情况，可合理设置沉降缝。

3）增加上部结构对地基不均匀沉降的调整作用。如设置封闭圈梁与构造柱，加强上部结构的刚度；将超静定结构改为静定结构，以加大对不均匀沉降的适应性。

4）妥善安排施工顺序。如设置后浇带，使建筑物高、重部位沉降大的先施工；拱桥先做成三铰拱，并可预留拱度等。

3.3.2　教学实训

3.3.2.1　沉降量计算练习

【例 3.3.1】　一水闸基础宽度 $b=20$m，长度 $l=200$m，作用在基底上的荷载如图 3.3.8（a）所示，沿宽度方向的竖向偏心荷载 $P=360000$kN（偏心距 0.5m），水

平荷载 $P_H=30000\text{kN}$。地基分两层，上层为软黏土，湿重度 $\gamma=19.62\text{kN/m}^3$，浮重度 $\gamma'=9.81\text{kN/m}^3$，下层为中密砂，地下水位在基底以下 3m 处。在基底以下 0～3m、3～8m、8～15m 范围内软黏土的压缩曲线如图 3.3.9 中的Ⅰ、Ⅱ、Ⅲ所示。试计算基础中心点（点 2）和两侧边点（点 1、3）的最终沉降量。

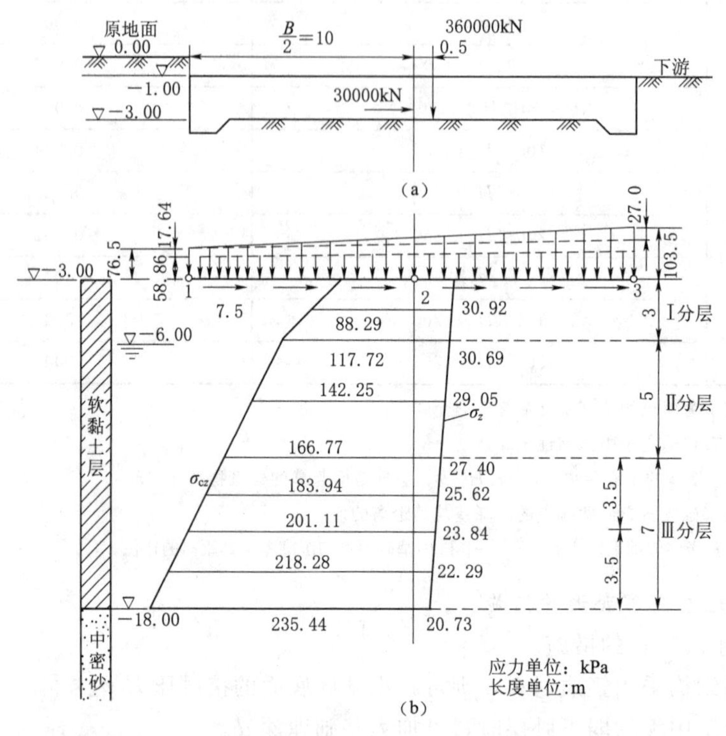

图 3.3.8 ［例 3.3.1］附图

【解】 (1) 地基分层。

共分四层，其中：$H_{\text{Ⅰ}}=3\text{m}$、$H_{\text{Ⅱ}}=5\text{m}$、$H_{\text{Ⅲ}1}=3.5\text{m}$、$H_{\text{Ⅲ}4}=3.5\text{m}$，最大分层厚度为 $5\text{m}=0.25b$，符合水闸地基分层要求，如图 3.3.8 (b) 所示。

(2) 计算基底压力和基底附加压力。

因 $l/b=200/20=10>5$，可按条形基础计算。基础每米长度上所受的竖向荷载 $F+G=360000/200=1800(\text{kN/m})$，所受水平荷载 $P_H=30000/200=150(\text{kN/m})$，即

竖向基底压力为

$$p_{\min}^{\max}=\frac{F+G}{b}\left(1\pm\frac{6e}{b}\right)\frac{1800}{20}\times\left(1\pm\frac{6\times0.5}{20}\right)=\frac{103.5}{76.5}(\text{kPa})$$

基底附加压力为

$$p_{0\min}^{0\max}=p_{\min}^{\max}-\gamma_0 d=\frac{103.5}{76.5}-19.62\times3=\frac{44.65}{17.64}(\text{kPa})$$

水平基底压力为

$$p_h = \frac{P_H}{b} = \frac{150}{20} = 7.5(\text{kPa})$$

基底压力及基底附加压力分布如图 3.3.8（b）所示。

（3）计算各分层面处的自重应力

基底处（$z=0$） $\sigma_{c0} = \gamma_o d = 19.62 \times 3 = 58.86(\text{kPa})$

地下水位处（$z=3\text{m}$） $\sigma_{c3} = 19.62 \times (3+3) = 117.72(\text{kPa})$

基底以下 8m 处（$z=8\text{m}$） $\sigma_{c8} = 117.72 + 9.81 \times 5 = 166.77(\text{kPa})$

基底以下 11.5m 处（$z=11.5\text{m}$） $\sigma_{c11.5} = 166.77 + 9.81 \times 3.5 = 201.11(\text{kPa})$

中密砂层顶面处（$z=15\text{m}$） $\sigma_{c15} = 201.11 + 9.81 \times 3.5 = 235.44(\text{kPa})$

自重应力 σ_{cz} 分布如图 3.3.8（b）所示。

（4）各分层面处的附加应力计算

以基础中心点为例，将竖向基底附加压力分为均布荷载和三角形荷载，其中均布竖向荷载 $p_0=17.64\text{kPa}$，三角形竖向荷载 $p_t=44.64-17.64=27(\text{kPa})$。此外，水平荷载 $p_h=7.5\text{kPa}$，各荷载在地基中引起的附加应力计算见表 3.3.5，附加应力分布如图 3.3.8（b）所示。

表 3.3.5　　基础中心点（点 2）下的附加应力计算

z/m	z/b	$b=20\text{m}$　$x/b=0.5\text{m}$						$\sum\sigma_z$ /kPa
		$p_0=17.64\text{kPa}$		$p_t=27.0\text{kPa}$		$p_h=7.5\text{kPa}$		
		K_z^t	σ_z /kPa	K_z^t	σ_z /kPa	K_z^h	σ_z /kPa	
0	0	1.00	17.64	0.50	12.50	0	0	31.14
3	0.15	0.99	17.46	0.49	12.23	0	0	30.69
8	0.40	0.88	15.52	0.44	11.88	0	0	27.40
11.5	0.58	0.77	12.58	0.38	10.26	0	0	22.84
15	0.75	0.67	11.82	0.33	8.91	0	0	20.73

（5）确定压缩层计算深度。

当深度 $z=15\text{m}$ 处，附加应力 $\sigma_z=20.73\text{kPa}<0.1\sigma_{cz}=23.5\text{kPa}$，故压缩层计算深度 Z_n 可取 15m。

（6）计算各土层自重应力与附加应力的平均值。

第一层自重应力平均值 $\overline{\sigma_{cz1}}$ 与附加应力平均值 $\overline{\sigma_{z1}}$ 为：

$$\overline{\sigma_{cz1}} = (58.85 + 117.72)/2 = 88.29(\text{kPa})$$

$$\overline{\sigma_{z1}} = (31.14 + 30.69)/2 = 30.92(\text{kPa})$$

同理计算其他各土层的应力平均值，见表 3.3.6。

（7）计算基础中心点的沉降量

根据图 3.3.9，由初始应力平均值（$\overline{\sigma_{czi}}$）查出初始孔隙比 e_{1i}，由最终应力平均值（$\overline{\sigma_{czi}} + \overline{\sigma_{zi}}$）查出最终孔隙比 e_{2i}，求出各土层的沉

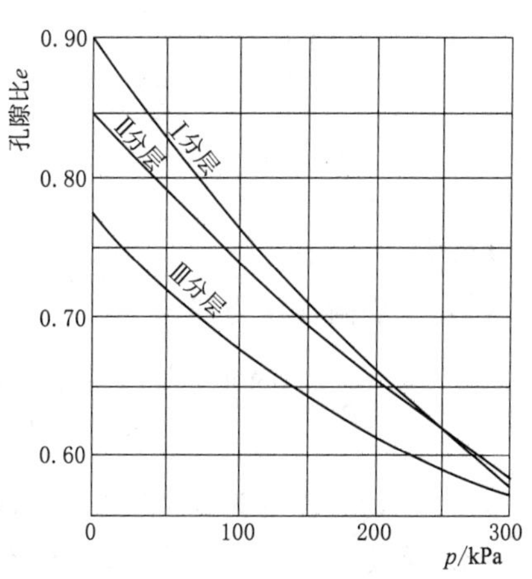

图 3.3.9　压缩曲线

降量 s_i，然后求和得到基础中心点的沉降量 s，详见表 3.3.6。

表 3.3.6　　基础中心点的沉降量计算

分层编号	分层厚 H_i /cm	$\overline{\sigma_{czi}}$ /kPa	$\overline{\sigma_{zi}}$ /kPa	$\overline{\sigma_{czi}}+\overline{\sigma_{zi}}$ /kPa	e_{1i}	e_{2i}	S_i/cm	S/cm
Ⅰ	300	88.29	30.92	119.21	0.783	0.745	6.4	21.1
Ⅱ	500	142.25	29.05	171.30	0.695	0.665	8.9	
Ⅲ$_1$	350	182.94	25.62	209.56	0.619	0.604	2.2	
Ⅲ$_2$	350	218.28	22.29	240.57	0.602	0.590	2.6	

按上述同样方法可以计算出点 1 和点 3 的沉降量分别为 4.3cm 和 7.2cm。

【例 3.3.2】 如图 3.3.10 所示，基础底面尺寸为 4.8m×3.2m，埋深为 1.5m，传至地面的中心荷载 $F=1800$kN，地基的土层分层及各层土的侧限压缩模量（相应于自重应力至自重应力加附加应力段）如图 3.3.10 所示，持力层的地基承载力为 $f_{ak}=180$kPa，用应力面积法计算基础中点的最终沉降。

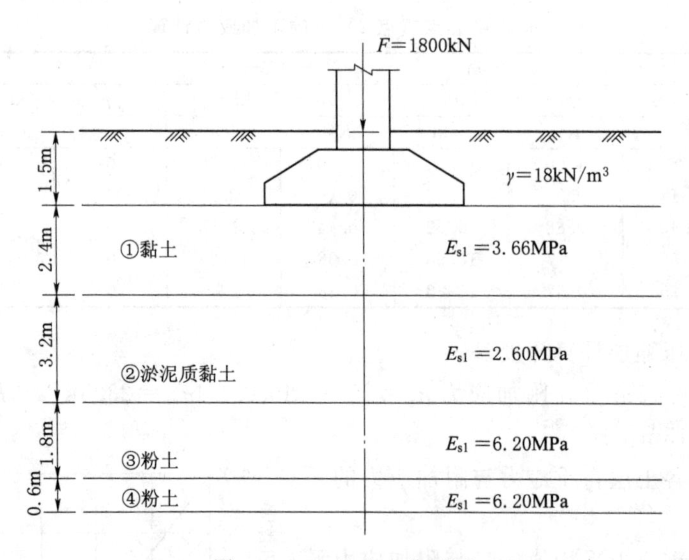

图 3.3.10　地基土分层图

【解】

(1) 基底附加压力

$$p_0=\frac{1800+4.8\times3.2\times1.5\times20}{4.8\times3.2}-18\times1.5=120(\text{kPa})$$

(2) 取计算深度为 8m，计算过程见表 3.3.7，计算沉降量为 123.4mm。

(3) 确定沉降计算深度 z_n。根据 $b=3.2$m，查表 3.3.3 可得 $\Delta z=0.6$m，相应于往上取 Δz 厚度范围（即 7.4～8.0m 深度范围）的土层计算沉降量为 1.3mm，小于

0.025×123.4mm＝3.085mm，满足要求，故沉降计算深度可取为 8.0m。

表 3.3.7　　　　　　　　　　应力面积法计算地基最终沉降

z/m	l/b	z/b	$\overline{\alpha}$	$z_i\overline{\alpha_i}$	$z_i\overline{\alpha_i}-z_{i-1}\overline{\alpha_{i-1}}$	E_{si}/MPa	s_i'/mm	s'/mm
0.0	4.8/3.2＝1.5	0/1.6＝0.0	4×0.2500＝1.0000	0.000				
2.4	1.5	2.4/1.6＝1.5	4×0.2108＝0.8432	2.024	2.204	3.66	66.3	
5.6	1.5	5.6/1.6＝3.5	4×0.1392＝0.5568	3.118	1.094	2.60	50.5	123.4
7.4	1.5	7.4/1.6＝4.625	4×0.1145＝0.4580	3.389	0.271	6.20	5.3	
8.0	1.5	8.0/1.6＝5.0	4×0.1080＝0.4320	3.456	0.067	6.20	1.3	

（4）确定修正系数 ψ_s。

$$\overline{E_s}=\frac{\sum_{i=1}^{n}A_i}{\sum_{i=1}^{n}A_i/E_{si}}$$

$$=\frac{z_4\overline{\alpha_4}-0}{\dfrac{z_1\overline{\alpha_1}-0}{E_{s1}}+\dfrac{z_2\overline{\alpha_2}-z_1\overline{\alpha_1}}{E_{s2}}+\dfrac{z_3\overline{\alpha_3}-z_2\overline{\alpha_2}}{E_{s3}}+\dfrac{z_4\overline{\alpha_4}-z_3\overline{\alpha_3}}{E_{s4}}}$$

$$=\frac{3.456}{\dfrac{2.024}{3.66}+\dfrac{1.904}{2.60}+\dfrac{0.271}{6.20}+\dfrac{0.067}{6.20}}$$

$$=3.36(\text{MPa})$$

由于 $p_0\leqslant 0.75f_{ak}=135\text{kPa}$，查表 3.3.2 得 $\psi_s=1.04$。

（5）计算基础中点最终沉降量 s。

$s=\psi_s s'=1.04\times123.4=128.3(\text{mm})$

3.3.2.2　阅读某工程建筑物沉降观测施工方案

3.30
某建筑物沉降观测施工方案

1. 实训任务

以小组为单位，阅读某工程建筑物沉降观测施工方案，了解建筑物沉降观测内容、观测方法、技术要求等。

2. 实训目标

能阅读建筑物沉降观测施工方案，会根据方案组织施工。

3. 实训内容

【思考与练习】

1. 简述土的自重应力分布特点和计算方法。
2. 简述地下水位下遇相对隔水层时自重应力计算与应力分布特点。
3. 基底压力如何进行简化计算?
4. 为何要计算基底附加压力?有何意义?
5. 地基土体附加应力如何形成?地基中附加应力有何分布规律?
6. 角点法计算附加应力应注意些什么?
7. 相邻建筑物间地基附加应力有何影响?
8. 土中附加应力的计算对于矩形基础和条形基础有何区别?
9. 引起土体的压缩变形的原因是什么?
10. 描述土的压缩性指标有哪些?确定方法与划分标准如何规定?
11. 研究土的压缩性为何要考虑土的应力历史?
12. 确定土的应力历史有哪些方法?
13. 分层总和法与应力面积法计算地基沉降量的原理是什么?
14. 地基变形形式主要有哪几种?
15. 某地基土层剖面,各层土的厚度及重度如习题图3.1所示,试绘制土的自重应力分布图。
16. 如习题图3.2所示形状基础,其上作用着均布荷载 $p=140\text{kPa}$,试求图中 A 点以下6m深处的附加应力 σ_z。

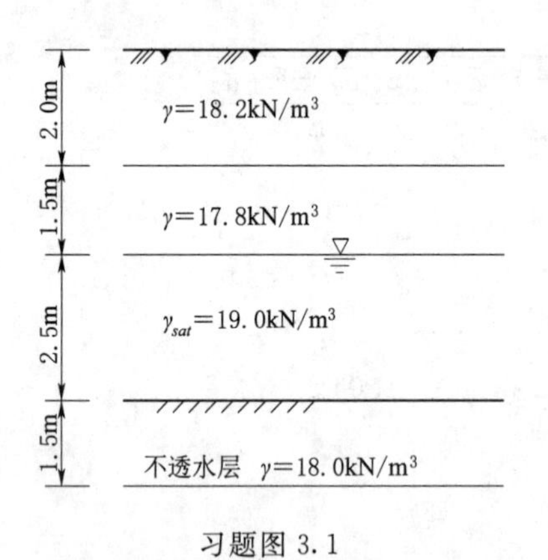

习题图3.1

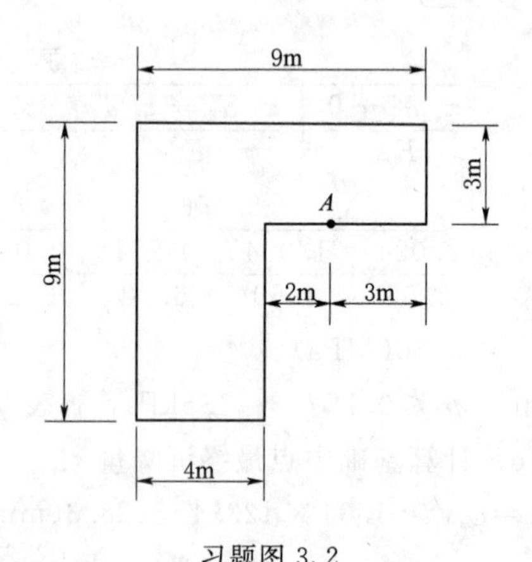

习题图3.2

17. 如习题图3.3所示,某条形基础的宽度 $B=10\text{m}$,受竖直中心荷载 $\overline{P}=1200\text{kN/m}$ 的作用,试求基础中点 O 及一侧 O_1 点下12m深度范围内的附加应力 σ_z,并绘制附加应力分布图。

18. 如习题图3.4所示,一矩形基础,底面尺寸为2m×3.4m,基础及其上部荷载 $P=1360\text{kN}$,试求图中 A 点以下 $z=4\text{m}$ 处的竖向附加应力 σ_z。

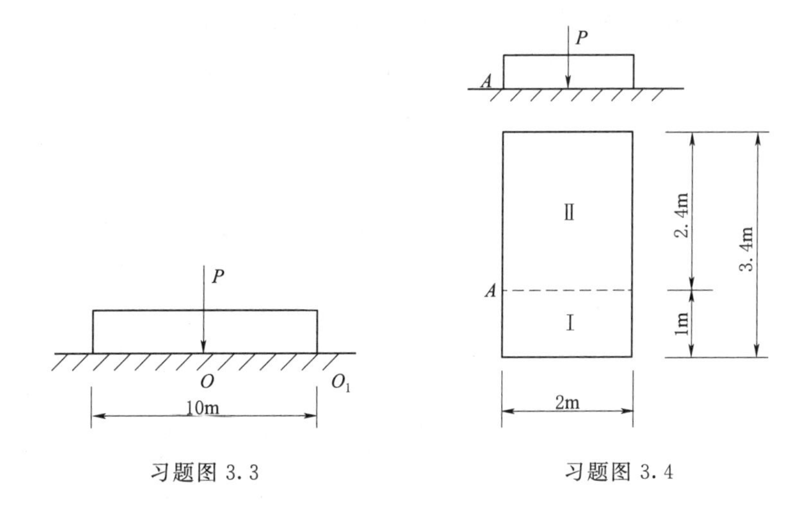

习题图 3.3　　习题图 3.4

19. 对一土样做压缩试验，已知试验土样的天然重度 $\gamma=18.2\text{kN/m}^3$，天然含水率 $\omega=38\%$，土粒比重 $G_s=2.75$，试样高度 $H=20\text{mm}$，试样在各级荷载作用下压缩稳定后的总变形量见习题表 3.1，试绘制 $e-p$ 曲线并求压缩系数及评定土的压缩性大小。

习题表 3.1　　侧限压缩试验结果表

压力 p /kPa	0	50	100	200	300	400
试样总变形量 $\sum\Delta h_i$ /mm	0	0.926	1.308	1.886	2.310	2.564

20. 某基础宽度为 6m，长为 18m，基础埋深为 1.5m，承受垂直中心荷载 $F=12960\text{kN}$。地基为均质土，且自重作用下已压缩稳定。地下水位在地面以下 8m 深处，地基土的湿重度 $\gamma=18.6\text{kN/m}^3$，饱和重度为 $\gamma_{sat}=20.6\text{kN/m}^3$，地基土的压缩曲线如习题图 3.5 所示，试利用分层总和法求基础中点下的最终沉降量。

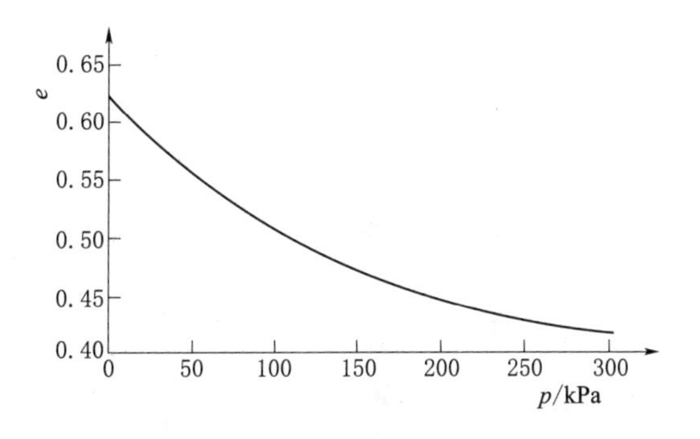

习题图 3.5

21. 如习题图 3.6 所示为某建筑物的柱基础，基底为正方形，边长为 4.0m，基础埋置深度 $d=1.0\text{m}$，上部结构传至基础顶面的荷载 $F=1440\text{kN}$，地基为粉质黏土，其天然重度 $\gamma=16.0\text{kN/m}^3$，土的天然孔隙比 $e=0.97$，地下水位埋深 3.4m，地下水位以下土体的饱和重度 $\gamma_{sat}=18.2\text{kN/m}^3$。土的压缩模量为：地下水位以上 $\overline{E_{s1}}=5.5\text{MPa}$，地下水位以下 $\overline{E_{s2}}=6.5\text{MPa}$。地基土的承载力特征值 $f_{ak}=94\text{kPa}$，试用应力面积法（规范法）计算柱基中点的沉降量。

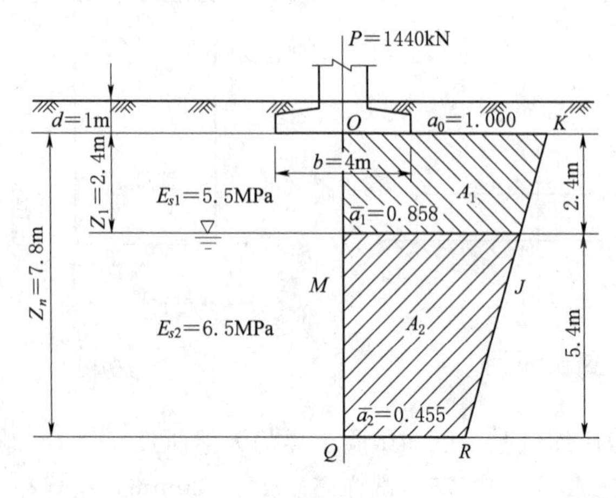

习题图 3.6

学习项目4　土 体 稳 定 分 析

4.1 土体稳定分析导读

4.2 土体稳定分析导读

【情景提示】

1. 加拿大特朗斯康谷仓倾倒事故：加拿大特朗斯康谷仓，南北长59.44m，东西宽23.47m，高31.00m，共65个圆筒仓。基础为钢筋混凝土筏板基础，厚61cm，埋深3.66m。谷仓1911年动工，1913年秋完成，谷仓自重20000t。1913年9月开始装谷物，10月17日装了31822t谷物时，1小时竖向沉降达30.5cm，24小时倾斜26°53′，西端下沉7.32m，东端上抬1.52m，上部钢筋混凝土筒仓完好无损。

4.3 加拿大特朗斯康谷仓倾倒事故

2. 汶川大地震山体滑坡事故：2008年5月12日，汶川发生8.0级毁灭性大地震，地震触发大量滑坡、崩塌、碎屑流，伴随暴雨，在岷江等流域多处形成泥石流，其中北川县城是遭受地震地质灾害最惨烈的城市，县城区面积不足$2.0km^2$，坐落在湔江河发育形成的狭长河谷阶地上，汶川地震发震断裂自西南向北东切穿老城和新城，沿断裂带形成强烈逆冲变形带，致使带上或两侧建筑物倒塌和严重毁坏。老城区几乎一半被城西滑坡摧毁，新城区南部数十幢房屋和县城主干道被景家山崩塌摧毁，北川中学新区一排三层高教学楼和邻近建筑物被新中滑坡毁覆，人员死伤惨重。

【教学目标】

1. 熟悉土的抗剪强度理论及其测定，了解土的极限平衡条件及其应用。

2. 了解地基土的破坏形式及其特点，熟悉各类土的承载力确定方法。

3. 了解边坡失稳的主要原因，熟悉无黏性土的稳定性分析方法。

4.4 汶川地震山体滑坡事故

【内容导读】

1. 介绍直剪试验测定土的抗剪强度指标方法，引出土的抗剪强度理论（库仑定律），并结合图例介绍土的极限平衡条件及其应用。

2. 介绍地基土的应力-应变曲线及其特点，并结合静载荷试验方案解读原位测试方法及其数据处理。

3. 介绍土坡滑动的机理，分析土坡失稳的原因，并结合工程案例解读土坡稳定分析方法及其特点。

学习任务4.1　土 的 抗 剪 强 度

4.1.1　基础知识学习

土的抗剪强度是指土体对外荷载产生剪应力的极限抵抗能力。在外荷载作用下，土体中产生剪应力和剪切变形，当土中某点由外力所产生的剪应力达到土的抗剪强度时，土就沿着剪应力作用方向产生相对滑动，发生剪切破坏。剪切破坏是土体强度破坏的重要特点，因此土的强度问题实质上就是土的抗剪强度问题。

工程实践中与土的抗剪强度有关的工程问题主要有三类：第一类是以土作为建造材料的土工构筑物的稳定性问题，如土坝、路堤等填方边坡以及天然土坡等的稳定性问题［图 4.1.1（a）］；第二类是土作为工程构筑物环境的安全性问题，即土压力问题，如挡土墙、地下结构等的周围土体，它的强度破坏将造成对墙体过大的侧向土压力，以至可能导致这些工程构筑物发生滑动、倾覆等破坏事故［图 4.1.1（b）］；第三类是土作为建筑物地基的承载力问题，如果基础下的地基土体产生整体滑动或因局部剪切破坏而导致过大的地基变形，将会造成上部结构的破坏或影响其正常使用功能［图 4.1.1（c）］。

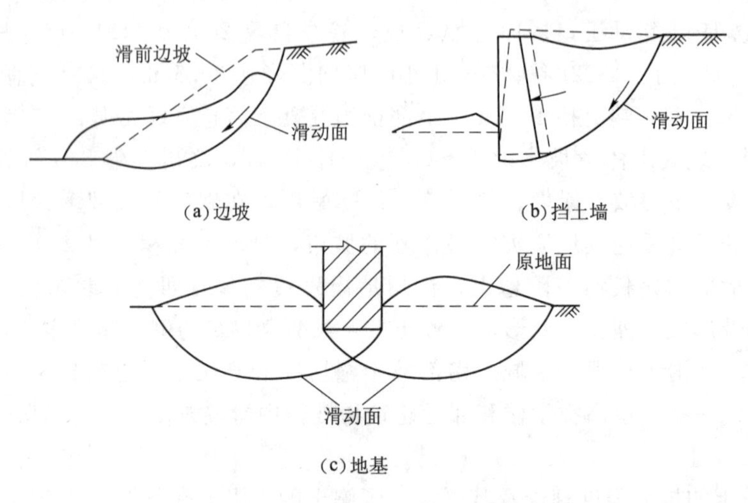

(a)边坡　(b)挡土墙　(c)地基

图 4.1.1　土体剪切破坏示意图

土的抗剪强度，首先取决于其组成、状态和结构等基本性质，这些性质又与形成环境和应力历史等因素有关；其次取决于土所处应力状态。研究土的抗剪强度及其变化规律对于工程设计、施工组织等都具有非常重要的意义。

4.1.1.1　库仑定律

1773 年，法国科学家库仑通过一系列剪切试验，分别总结出砂土、黏性土的抗剪强度表达式为

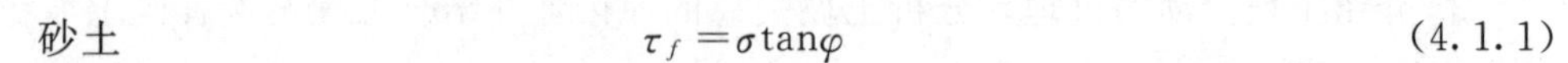

砂土　$$\tau_f = \sigma \tan\varphi \quad (4.1.1)$$

黏性土　$$\tau_f = \sigma \tan\varphi + c \quad (4.1.2)$$

式中　τ_f——土体的抗剪强度，kPa；

σ——剪切滑动面上的法向应力，kPa；

c——土的黏聚力，kPa，对无黏性土 $c=0$；

φ——土的内摩擦角，(°)。

库仑定律表明，土的抗剪强度随剪切面上的法向应力呈线性变化，如图 4.1.2 所示。同时根据该定律可知，对于砂土，其抗剪强度仅仅是粒间的摩擦力；对于黏性土，其抗剪强度由黏聚力和摩擦力两部分构成。

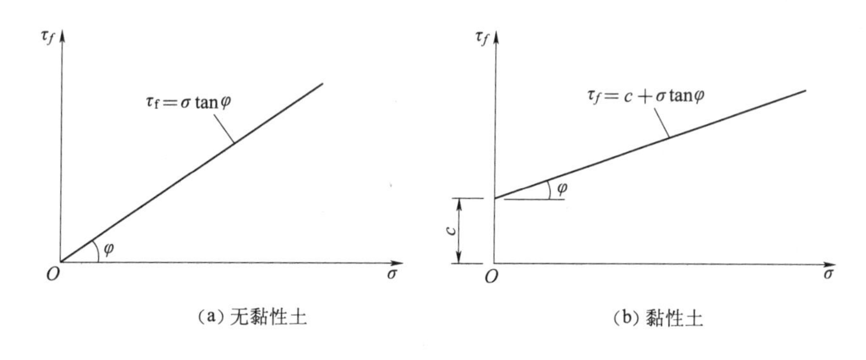

图 4.1.2　抗剪强度与法向应力关系

抗剪强度的摩擦力 $\sigma\tan\varphi$ 主要由以下两部分组成：一是滑动摩擦，即剪切面土粒间表面的粗糙所产生的摩擦作用；二是咬合摩擦，即由颗粒间互相嵌入所产生的咬合力。因此，抗剪强度的摩擦力除了与剪切面上的法向总应力有关以外，还与土的原始密度、土粒的形状、表面的粗糙程度以及级配等因素有关。

砂土的内摩擦角 φ 变化范围不是很大，中砂、粗砂、砾砂一般 φ 为$32°\sim40°$，粉砂、细砂一般 φ 为$28°\sim36°$。砂土中粗颗粒越多，颗粒形状越不规则，颗粒表面越粗糙，则其内摩擦角越大。砂土孔隙比 e 越小，φ 值越大。一般地，含水率对砂土的抗剪强度影响不大，但饱和松散粉砂、细砂很容易液化而失去稳定，对其内摩擦角的取值宜慎重，一般取 φ 为$20°$左右。砂土的黏聚力 c 一般为 0。

黏性土的抗剪强度指标的变化范围很大，内摩擦角 φ 大致为 $0°\sim30°$；黏聚力 c 则从小于 10kPa 到大于 200kPa 之间变化。黏性土的抗剪强度与土的种类、矿物成分有关，并且与土的天然结构是否破坏、破坏后强度恢复程度（触变性）、土体的排水固结程度、密实程度及试验方法等因素有关。

4.1.1.2　土的极限平衡条件

1. 土中某点的应力状态

当土中某点任一方向的剪应力达到土的抗剪强度时，该点处于极限平衡状态。因此，为了研究土中某一点是否破坏，首先应了解该点的应力状态。

从土中任取一单元体，如图 4.1.3（a）所示。设作用在单元体的大、小主应力分别为 σ_1 和 σ_3，在单元体内与大主应力 σ_1 作用面成任意角的 mn 平面上有正应力 σ 和剪应力 τ。为建立 σ、τ 与 σ_1、σ_3 之间的关系，取楔形脱离体 abc 进行受力分析，如图 4.1.3（b）所示。

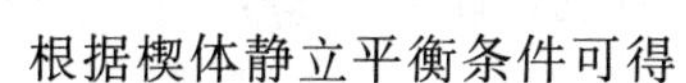
根据楔体静立平衡条件可得

$$\sigma_3 ds\sin - \sigma ds\sin\alpha + \tau ds\cos\alpha = 0$$

$$\sigma_1 ds\cos\alpha - \sigma ds\cos\alpha - \tau ds\sin\alpha = 0$$

联立求解得

$$\sigma = \frac{1}{2}(\sigma_1 + \sigma_3) + \frac{1}{2}(\sigma_1 - \sigma_3)\cos2\alpha \tag{4.1.3}$$

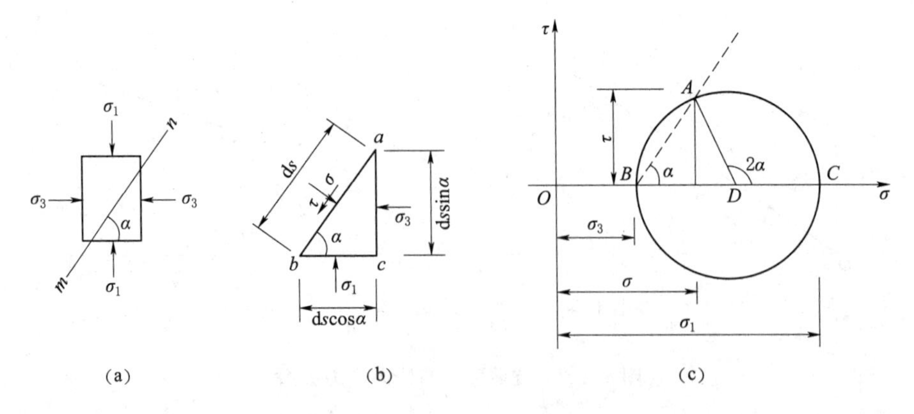

图 4.1.3　土体内任一点的应力状态

$$\tau=\frac{1}{2}(\sigma_1-\sigma_3)\sin2\alpha \tag{4.1.4}$$

上式变化可得

$$\left[\sigma-\frac{1}{2}(\sigma_1+\sigma_3)\right]^2+(\tau-0)^2=\left[\frac{1}{2}(\sigma_1-\sigma_3)\right]^2 \tag{4.1.5}$$

上式为圆的方程，由莫尔发现提出，命名为莫尔应力圆，如图 4.1.3（c）所示，$\left(\frac{\sigma_1+\sigma_3}{2},\ 0\right)$ 为圆心、$\frac{\sigma_1-\sigma_3}{2}$ 为圆半径。莫尔圆圆周上某点的坐标表示土中该点相应某个面上的正应力和剪应力，该面与大主应力作用面的夹角等于$\angle ABD$。由图 4.1.3（c）可知，最大剪应力 $\tau_{\max}=\frac{1}{2}(\sigma_1-\sigma_3)$，作用面与大主应力 σ_1 作用面的夹角 $\alpha=45°$。

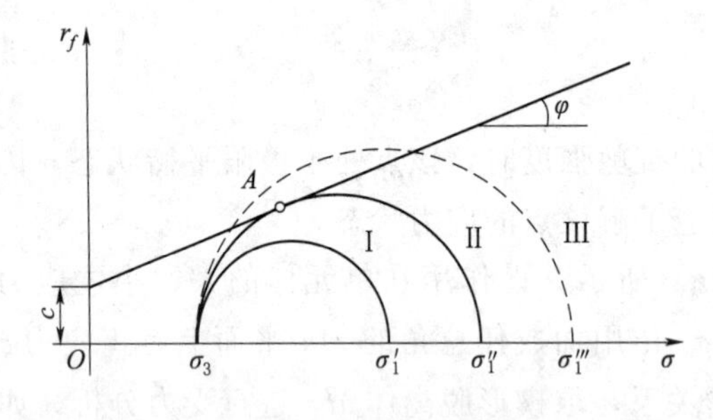

图 4.1.4　莫尔圆与抗剪强度的关系

2. 土的极限平衡条件

为判别土体中某点的平衡状态，可将抗剪强度包线与土体中某点的莫尔应力圆绘于同一坐标系中，按其相对位置判断该点所处的状态，如图 4.1.4 所示，可以划分为以下三种状态：

（1）圆Ⅰ位于抗剪强度包线的下方，表明通过该点的任何平面上的剪应力都小于抗剪强度，即 $\tau<\tau_f$，所以该点处于弹性平衡状态。

（2）圆Ⅱ与抗剪强度包线在 A 点相切，表明切点 A 所代表的平面上剪应力等于抗剪强度，即 $\tau=\tau_f$，所以该点处于极限平衡状态。

（3）圆Ⅲ与抗剪强度包线相割，表示过该点的相应于割线所对应的弧段代表的平面上的剪应力已“超过”土的抗剪强度，即该点“已被剪破”。实际上圆Ⅲ的应力状态是不可能存在的。

土的极限平衡条件，即 $\tau=\tau_f$ 时的应力间关系，故圆Ⅱ被称为极限应力圆。图4.1.5表示了极限应力圆与抗剪强度包线之间的几何关系，由此几何关系可得极限平衡条件的数学形式为

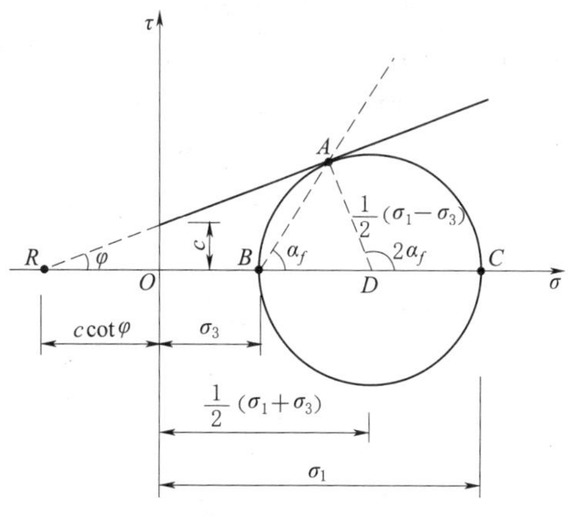

图 4.1.5　土的极限平衡状态

$$\sin\varphi=\frac{\overline{AD}}{\overline{RD}}=\frac{\frac{1}{2}(\sigma_1-\sigma_3)}{c\cot\varphi+\frac{1}{2}(\sigma_1+\sigma_3)}$$

利用三角关系转换后可得

$$\sigma_1=\sigma_3\tan^2\left(45^\circ+\frac{\varphi}{2}\right)+2c\tan\left(45^\circ+\frac{\varphi}{2}\right) \tag{4.1.6}$$

$$\sigma_3=\sigma_1\tan^2\left(45^\circ-\frac{\varphi}{2}\right)-2c\tan\left(45^\circ-\frac{\varphi}{2}\right) \tag{4.1.7}$$

土处于极限平衡状态时，破坏面与大主应力作用面间的夹角为 α_f，由图4.1.5中的几何关系可得

$$\alpha_f=\frac{1}{2}(90^\circ+\varphi)=45^\circ+\frac{\varphi}{2} \tag{4.1.8}$$

上述公式统称为莫尔-库仑强度理论，由该理论所描述的土体极限平衡状态可知，土的剪切破坏并不是由最大剪应力 $\tau_{\max}=\frac{\sigma_1-\sigma_3}{2}$ 所控制，即剪破面并不产生于最大剪应力面，而与最大剪应力面成 $\frac{\varphi}{2}$ 的夹角。

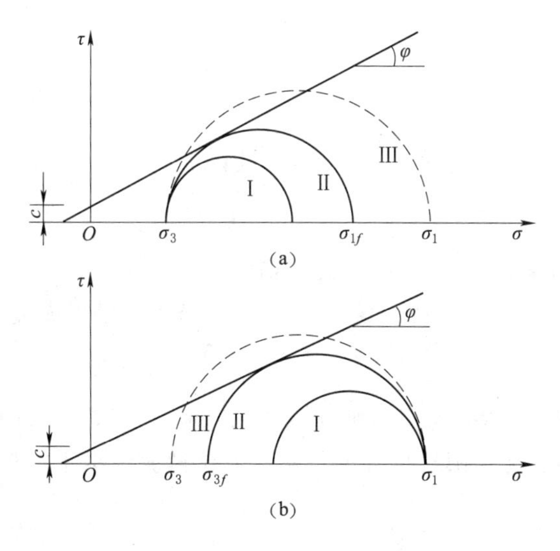

图 4.1.6　土的极限平衡条件

3. 土体稳定判别方法

根据莫尔应力圆与抗剪强度的关系，利用式（4.1.6）和式（4.1.7）表达的土的极限平衡条件，可对土的应力状态进行判定，具体的判断原则如下：

（1）根据式（4.1.6）计算 σ_3 对应的临界大主应力 σ_{1f}，若土的实际大主应力小于临界大主应力，即莫尔应力圆处于图4.1.6（a）的圆Ⅰ，则该应力状态为弹性平衡状态，安全。总结为“大者取大，则安全”（临界值）。

（2）根据式（4.1.7）计算 σ_1 对应的临界小主应力 σ_{3f}，若土的实际

小主应力大于临界小主应力，即莫尔应力圆处于图4.1.6（b）的圆Ⅰ，则该应力状态为弹性平衡状态，安全。总结为“小者取小，则安全”（临界值）。

【例4.1.1】 地基某单元土体的大主应力 $\sigma_1=420\text{kPa}$，小主应力 $\sigma_3=180\text{kPa}$，通过试验测得该土样的抗剪强度指标 $c=18\text{kPa}$，$\varphi=20°$。问：(1) 该单元土体处于何种状态？(2) 是否会沿剪应力最大面发生破坏？

【解】 (1) 单元土体所处状态判别。

设达到极限平衡状态时的大主应力为 σ_{1f}，则由式（4.1.6）得

$$\sigma_{1f}=\sigma_3\tan^2\left(45°+\frac{\varphi}{2}\right)+2c\tan\left(45°+\frac{\varphi}{2}\right)$$

$$=180\times\tan^2\left(45°+\frac{20°}{2}\right)+2\times18\times\tan\left(45°+\frac{20°}{2}\right)=419(\text{kPa})$$

因为 σ_{1f}（419kPa）小于该单元土体的实际大主应力 σ_1（420kPa），所以该单元土体处于破坏状态。

或设达到极限平衡状态时所需小主应力为 σ_{3f}，则由式（4.1.7）得

$$\sigma_{3f}=\sigma_1\tan^2\left(45°-\frac{\varphi}{2}\right)-2c\tan\left(45°-\frac{\varphi}{2}\right)$$

$$=420\times\tan^2\left(45°-\frac{20°}{2}\right)-2\times18\times\tan\left(45°-\frac{20°}{2}\right)=180.7(\text{kPa})$$

因为 σ_{3f}（180.7kPa）大于该单元土体的实际小主应力 σ_3（180kPa），所以该单元土体处于破坏状态。

(2) 是否沿剪应力最大面剪破。

最大剪应力为

$$\tau_{\max}=\frac{1}{2}(\sigma_1-\sigma_3)=\frac{1}{2}\times(420-180)=120(\text{kPa})$$

剪应力最大面上的正应力为

$$\sigma=\frac{1}{2}(\sigma_1+\sigma_3)+\frac{1}{2}(\sigma_1-\sigma_3)\cos2\alpha$$

$$=\frac{1}{2}\times(420+180)+\frac{1}{2}\times(420-180)\cos90°=300(\text{kPa})$$

剪应力最大面上的抗剪强度为

$$\tau_f=\sigma\tan\varphi+c=300\times\tan20°+18=127(\text{kPa})$$

因为在剪应力最大面上 $\tau_f=127\text{kPa}>\tau_{\max}=120\text{kPa}$，所以不会沿该面发生剪破。

4.1.1.3 土的抗剪强度指标测定

工程上常用的土的抗剪强度指标测定方法分室内试验和原位试验两种，其中室内试验包括直接剪切试验、三轴剪切试验、无侧限抗压强度试验，原位试验包括十字板剪切试验和现场大型直剪试验等。

1. 直接剪切试验

直接剪切试验是室内测定土的抗剪强度的最便捷的方法。所使用的仪器为直剪

仪，分应变控制式（等应变速率）和应力控制式（分级施加水平荷载）两种，我国应用较多的是应变控制式直剪仪，由加压装置、剪切推进装置和量测装置三部分组成，其剪切推进装置和量测装置构造如图 4.1.7 所示。

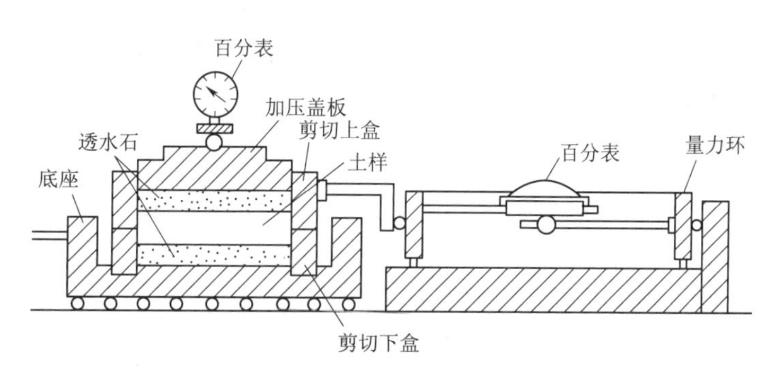

图 4.1.7　直接剪切仪剪切推进装置和量测装置构造

试验时，先安装试样、百分表，通过加压杠杆对试样施加垂直压力，再旋转手轮，以规定速率施加水平剪力，使上下盒之间产生相对位移，直至试样剪损。剪切过程中，记录手轮每转的百分表读数，最后绘制该垂直荷载下的剪应力—剪切变形曲线，如图 4.1.8 所示，以曲线峰值作为试样在该垂直压力作用下的抗剪强度，如没有曲线峰值，一般取剪切变形 4mm 对应的剪应力为抗剪强度。

同一土体取四个试样，在不同垂直压力下测定相应的抗剪强度，汇总后绘制垂直压力 σ -抗剪强度 τ_f 曲线，即为抗剪强度线，如图 4.1.9 所示。

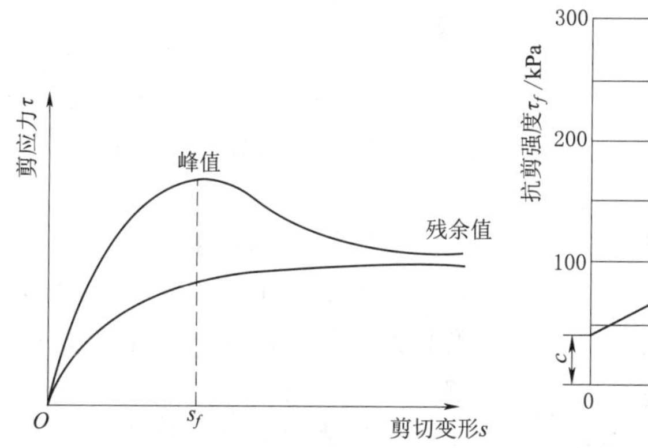

图 4.1.8　剪应力—剪切变形曲线

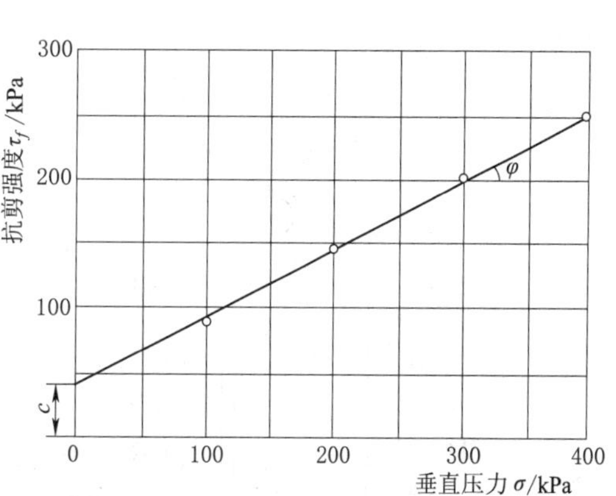

图 4.1.9　垂直压力—抗剪强度关系线

为近似模拟土体实际情况，根据加载速率和排水条件的不同，直剪试验可分为快剪、固结快剪和慢剪三种。

（1）快剪试验是在试样上施加垂直压力后，立即施加水平剪切力，在剪切过程中不允许排水，称为不固结不排水剪。

（2）固结快剪试验是在试样上施加垂直压力，待排水固结稳定后，施加水平剪切力，在剪切过程中不允许排水，称为固结不排水剪。

（3）慢剪试验是在试样上施加垂直压力及水平剪应力的过程中，均应使试样排水固结，称为固结排水剪。

对正常固结黏性土，由上述三种方法获得的抗剪强度线大致如图 4.1.10 所示。在同等工程荷载条件下，快剪的抗剪强度最小，固结快剪的抗剪强度有所增大，而慢剪的抗剪强度最大。

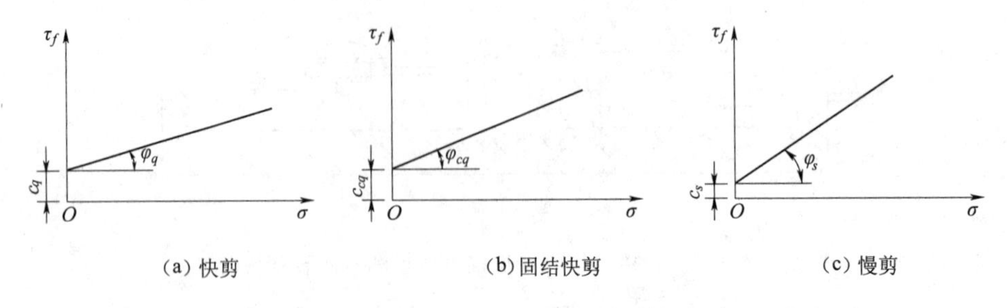

图 4.1.10 直剪试验三种试验强度线

直接剪切试验设备简单，操作方便，易于掌握，但也存在一些缺点：①剪切面人为限定在上、下剪切盒之间，并非最薄弱面；②剪切时上、下盒错开，受剪面积逐渐减小，而在计算抗剪强度时未考虑此变化；③剪切面应力分布不均匀，剪切破坏从边缘开始，发生应力集中现象；④不能严格控制排水条件，不能测量试验过程中试样的孔隙水压力。

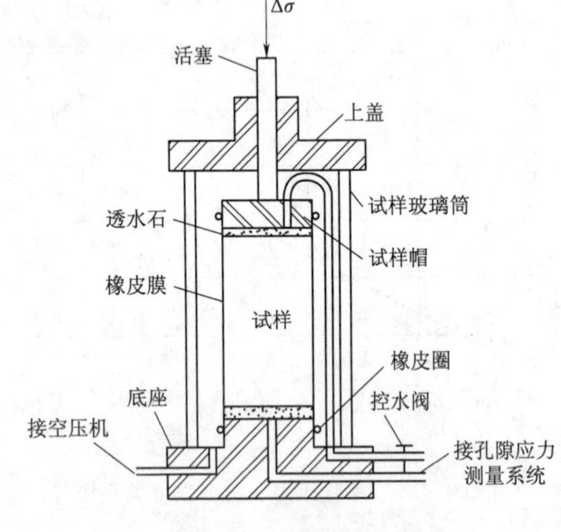

图 4.1.11 三轴剪切仪压力室构造

2. 三轴剪切试验

三轴剪切试验是室内测定土的抗剪强度的一种较完善方法。所使用的仪器为三轴剪切仪，分应变控制式（等应变速率）和应力控制式（分级施加水平荷载）两种，我国应用较多的是应变控制式三轴剪切仪，由压力室、轴压、围压加压装置和孔隙水压力量测装置三部分组成，其中压力室构造如图 4.1.11 所示。

试验时，先用薄橡皮膜包裹、密封试样，安放在压力室，试样中的孔隙水通过下端透水石与孔隙水压力两侧系统连通，由控水阀加以控制。注入液体施压，试样围压相同，内部无剪应力，然后由轴向加压系统通过活塞对试样施压，直至试样剪坏，此时的 σ_1、σ_3 可对应绘出一个极限状态的莫尔应力圆。

一个围压对应一个极限莫尔应力圆，改变围压即可绘制出不同的极限莫尔应力圆，而极限状态下，抗剪强度线与莫尔应力圆相切，即多个极限莫尔应力圆的公切线即为土的抗剪强度线（图 4.1.12）。

为近似模拟土体实际情况，根据加载速率和排水条件的不同，三轴剪切试验可分为不固结不排水剪、固结不排水剪和固结排水剪三种。

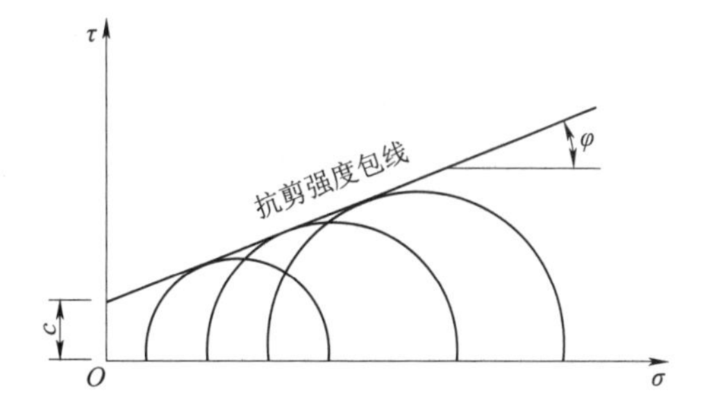

图 4.1.12　三轴剪切试验抗剪强度包线

（1）不固结不排水剪切试验是指试样在施加围压和竖向压力直至发生剪切破坏的整个过程中都不允许土中水排出，试验自始至终关闭控水阀。

（2）固结不排水剪切试验是指在施加围压的过程中打开控水阀，允许试样排水固结，完成后关闭控水阀，施加竖向压力直至试样发生剪切破坏。

（3）固结排水剪切试验是指试样在施加围压时允许试样排水固结，待土样固结稳定后，再在排水条件下缓慢施加竖向压力直至发生剪切破坏。

三轴剪切试验设备复杂，操作要求高，不易掌握，相比直接剪切试验成果更加可靠、准确，具有明显的优点：①应力状态明确，剪切破坏面未人为限定，发生在试样最薄弱处；②能够控制排水条件，测量土中孔隙水压力变化，求得土的有效强度指标；③测定土的其他力学性质指标，如土的弹性模量等。

3. 十字板剪切试验

十字板剪切试验是现场测定土的抗剪强度的一种常用方法，对饱和软黏土最为适用，测试结果相当于不排水抗剪强度。十字板剪切仪由十字板探头、动力装置和量测部分组成同，分机械式和电测式两种，其构造如图 4.1.13 所示。

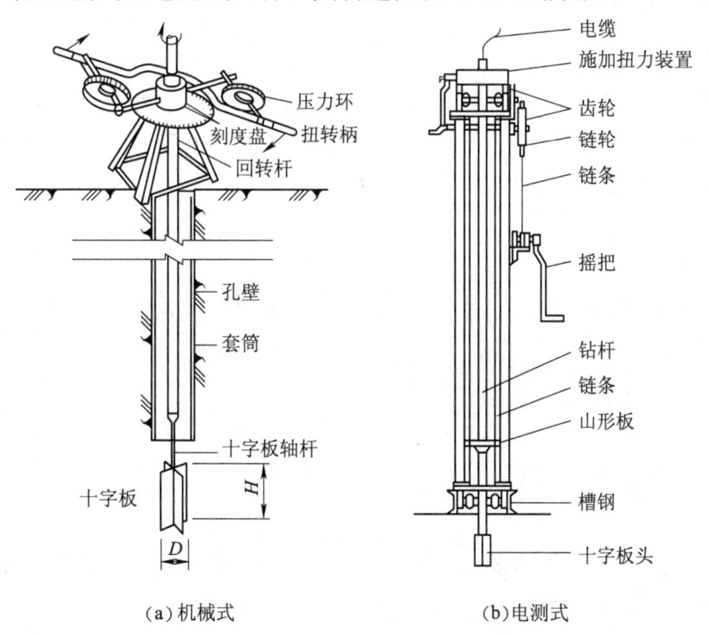

图 4.1.13　十字板剪切仪构造

试验时，先将套筒打入预定深度，清除筒内土体，将十字板探头装在钻杆下端，通过套管压入土中75cm，由地面设备对钻杆施加扭矩，带动十字板探头旋转，直至土体剪损，形成一个直径为D、高度为H的圆柱形剪切面，此时扭矩值为M_{max}，剪应力达到土体的抗剪强度τ_f，由式（4.1.9）可计算得出土的抗剪强度为

$$\tau_f=\frac{2M_{max}}{\pi D^2(H+D/3)} \tag{4.1.9}$$

4.13 现场直剪试验

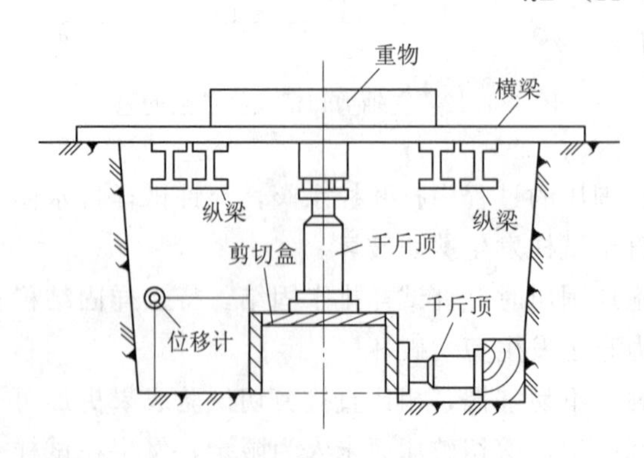

图4.1.14 现场大型直剪仪构造

4. 现场大型直剪试验

现场大型直剪试验是现场测定土的抗剪强度的一种常用方法，对粒径较大的碎石土等难以取样的情况比较适用，现场大型直剪仪的构造如图4.1.14所示，由剪切盒、千斤顶、位移计和其他辅助装置组成。

试验时，在试验点开挖试坑（满足制备3～4个试样），挖至预定深度，压入剪切盒制备试样，然后对几个试样施加不同的垂直压力，固结后，施加水平剪切力，使试样在预定剪切面上破坏，得到不同垂直压力下土的破坏强度。根据测试结果，绘制垂直压力与抗剪强度的关系曲线，即为抗剪强度线，如图4.1.9所示。

4.14 直剪试验教学录像

4.15 直剪试验虚拟仿真平台

4.1.2 教学实训：直接剪切试验

1. 方法与适用范围

直接剪切试验通常采用4个试样，分别在不同的垂直压力p下，施加水平剪切力进行剪切，求得破坏时的剪应力τ，然后绘制$\tau-\sigma$曲线确定土的抗剪强度参数：内摩擦角φ和黏聚力c，适用于测定细粒土的抗剪强度参数（φ和c）及粒径小于2mm砂土的抗剪强度参数（φ）。

2. 仪器设备

（1）应变控制式直剪仪，包括剪切盒、加压装置、百分表及推动机构等。

（2）百分表：量程5～10mm，分度值0.01mm。

（3）天平：称量500g，分度值0.1g。

（4）环刀：内径61.8mm，高20mm。

（5）其他：凡士林、削土刀、蜡纸、百分表等。

4.16 应变控制式直剪仪组图

3. 操作步骤

（1）制备试样：按工程需要，切取原状土试样或制备预定密度及含水率的扰动土试样，每组试验至少取4个试样。

（2）试样安装：对准上下盒，插入固定销钉，依次放入透水石、蜡纸，试样（环刀刃口朝上）、蜡纸、透水石、加压盖板，推试样入剪切盒，移去环刀。

(3) 百分表安装：固定百分表于量力环内的导杆上，顺时针转动手轮，使上盒前端顶住量力环，百分表指针转动，旋转百分表外环，使指针读数归零。

(4) 施加压力：安装加压框架，在4个吊盘分别放上砝码（100kPa：1个1.275kg砝码；200kPa：1个1.275kg砝码和1个2.55kg砝码；300kPa：1个1.275kg砝码和2个2.55kg砝码；400kPa：1个1.275kg砝码和3个2.55kg砝码）。

(5) 剪切试样：拔去固定销钉，以0.8～1.2mm/min（4～6转/min）的速率剪切试样，手轮每转一圈，测记转数和量力环中百分表读数，直至剪切破坏（百分表指针不前进，或有显著后退，一般剪切变形宜达到4mm，若百分表指针继续前进，则剪切变形应达到6mm为止）。

(6) 卸荷：移去砝码，倒转手轮，移去加压框架，依次取出剪切盒各部件，清理土样，整理剪切盒，试验结束。

4. 数据记录与整理（样例）

(1) 直剪试验数据记录，见表4.1.1。

表4.1.1　　直剪试验记录表

试验者：________　　校核者：________

试样说明：原状土　　试验日期：____年____月____日

试验方法：快剪　　测力计率定系数 C=2.49N/cm²/0.01mm

试样编号：1 垂直压力 σ = 100kPa 抗剪强度 τ_f = 94.62kPa				试样编号：2 垂直压力 σ = 200kPa 抗剪强度 τ_f = 136.95kPa			
手轮转数	钢环量表读数/0.01mm	剪切位移/0.01mm	剪应力/(kPa或kg/cm²)	手轮转数	钢环量表读数/0.01mm	剪切位移/0.01mm	剪应力/(kPa或kg/cm²)
①	②	③	④	①	②	③	④
①	②	①×20−②	②×C	①	②	①×20−②	②×C
1	5			1	8		
2	9.2			2	13		
3	12			3	19		
4	15.5			4	23		
5	17			5	25		
6	19			6	29.1		
7	24			7	33		
8	26			8	35		
9	29			9	37		
10	30			10	39		
11	31			11	42		
12	32			12	45		
13	33			13	46.5		

续表

手轮转数	钢环量表读数/0.01mm	剪切位移/0.01mm	剪应力/(kPa或kg/cm²)	手轮转数	钢环量表读数/0.01mm	剪切位移/0.01mm	剪应力/(kPa或kg/cm²)
14	34			14	48		
15	35			15	49.5		
16	35.5			16	50.5		
17	36.5			17	51		
18	37.5			18	54		
19	38			19	55		
20	38		94.62	20	55		136.95
试样编号：3 垂直压力 $\sigma=300$kPa 抗剪强度 $\tau_f=209.16$kPa				试样编号：4 垂直压力 $\sigma=400$kPa 抗剪强度 $\tau_f=253.98$kPa			
手轮转数	钢环量表读数/0.01mm	剪切位移/0.01mm	剪应力/(kPa或kg/cm²)	手轮转数	钢环量表读数/0.01mm	剪切位移/0.01mm	剪应力/(kPa或kg/cm²)
①	②	③	④	①	②	③	④
①	②	①×20－②	②×C	①	②	①×20－②	②×C
1	12			1	14		
2	20			2	20		
3	29			3	31		
4	32			4	40		
5	38.5			5	48		
6	44.5			6	48		
7	52.5			7	52		
8	58.5			8	58		
9	63.5			9	61		
10	66			10	65		
11	67			11	70		
12	70			12	75		
13	74			13	77		
14	77			14	81		
15	80			15	87		
16	81			16	91		
17	82			17	95		
18	84			18	99		
19	84			19	102		
20	84		209.16	20	102		253.98

(2) 绘制 $\tau_f-\sigma$ 曲线，如图 4.1.15 所示，σ 为法向应力，τ_f 为抗剪强度。

(3) 直剪试验数据分析。如图 4.1.15 所示，土的黏聚力为强度线在 τ_f 轴/纵轴的截距，即 $c=38$kPa；土的内摩擦角为强度线与 σ 轴/横轴的夹角，即 $\varphi=30°$。

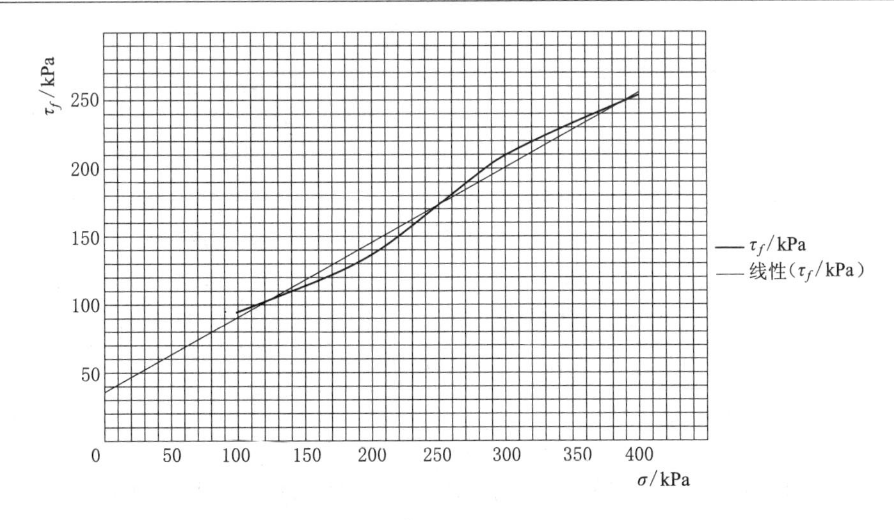

图 4.1.15　直剪试验强度线

【补充说明】《建筑地基基础设计规范》(GB 50007—2011) 第4.2.4条规定：土的抗剪强度指标，可采用原状土室内剪切试验、无侧限抗压强度试验、现场剪切试验、十字板剪切试验等方法测定。当采用室内剪切试验确定时，宜选择三轴压缩试验的自重应力下预固结的不固结不排水试验。经过预压固结的地基可采用固结不排水试验。每层土的试验数量不得少于6组。室内试验抗剪强度指标 c_k、φ_k，可按本规范附录E确定，具体计算方法如下：

1）根据室内 n 组三轴剪切（或直剪）试验的结果，按下列公式计算土的抗剪强度指标的平均值 c_m、φ_m，标准差 σ_c、σ_φ 和变异系数 δ_c、δ_φ：

$$c_m(\varphi_m)=\sum_{i=1}^{n}c_i(\varphi_i)/n \tag{4.1.10}$$

$$\sigma_c(\sigma_\varphi)=\sqrt{\left[\sum_{i=1}^{n}c_i^2(\varphi_i^2)-nc_m^2(\varphi_m^2)\right]/(n-1)} \tag{4.1.11}$$

$$\delta_c(\delta_\varphi)=\sigma_c(\sigma_\varphi)/c_m(\varphi_m) \tag{4.1.12}$$

【提示】 试验数据较多时，平均值和标准差的计算较为复杂，可采用科学计算器求解，方便快捷，计算步骤如下：①开机，选择“MODE”模式键；②选“2”，进入统计模式；③输入“XX”数值，点“M+”按键输入数值，同理依次输入所有数值；④点“shift”按键，选“2”，进入计算选项页面，选择 $1(\overline{x})$，即为平均值结果，结果清零后，可再选择 $3(x\sigma_{n-1})$，即为标准差结果。

科学计算器计算土的抗剪强度指标标准值

2）按下列公式计算土的抗剪强度指标的统计修正系数 ψ_c、ψ_φ。

$$\left.\begin{aligned}\psi_c&=1-\left(\frac{1.704}{\sqrt{n}}+\frac{4.678}{n^2}\right)\delta_c\\ \psi_\varphi&=1-\left(\frac{1.704}{\sqrt{n}}+\frac{4.678}{n^2}\right)f_\varphi\end{aligned}\right\} \tag{4.1.13}$$

式中　n ——样本数量，设 $\beta=\dfrac{1.704}{\sqrt{n}}+\dfrac{4.678}{n^2}$，$\beta$ 值可查表4.1.2得到。

表 4.1.2　　β 值参考表

n	2	3	4	5	6	7	8
β	2.374	1.504	1.144	0.949	0.826	0.740	0.676
n	9	10	11	12	13	14	15
β	0.626	0.586	0.552	0.524	0.500	0.479	0.461
n	16	17	18	19	20	21	
β	0.444	0.429	0.416	0.404	0.393	0.382	

3）按下列公式计算土的抗剪强度指标的标准值 c_k、φ_k。

$$c_k = \psi_c c_m \tag{4.1.14}$$

$$\varphi_k = \psi_\varphi \varphi_m$$

【例 4.1.2】 某粉质黏土层，对 8 组试样进行了室内抗剪强度试验，试验结果见表 4.1.3，试按《建筑地基基础设计规范》（GB 50007—2011），计算该层土的抗剪强度指标的标准值 c_k、φ_k。

表 4.1.3　　土的抗剪强度指标试验结果

黏聚力 c/kPa	13.2	15.3	16.7	15.8	13.7	16.2	15.7	14.8
内摩擦角 φ/(°)	18.9	20.4	19.2	20.3	19.7	22.1	20.5	21.5

【解】 （1）计算土的抗剪强度指标的平均值、标准差及变异系数。

将剪切试验测定的 8 组黏聚力 c 值、内摩擦角 φ 值分别代入式（4.1.10）～式（4.1.12）计算，得

$$c_m = \left(\sum_{i=1}^{n} c_i\right)/n = 15.175\text{kPa}$$

$$\varphi_m = \left(\sum_{i=1}^{n} \varphi_i\right)/n = 20.325°$$

$$\sigma_c = \sqrt{\left[\sum_{i=1}^{n} c_i^2 - nc_m^2\right]/(n-1)} = 1.212\text{kPa}$$

$$\sigma_\varphi = \sqrt{\left[\sum_{i=1}^{n} \varphi_i^2 - n\varphi_m^2\right]/(n-1)} = 1.086°$$

$$\delta_c = \sigma_c / c_m = 1.212/15.175 = 0.080$$

$$\delta_\varphi = \sigma_\varphi / \varphi_m = 1.086/20.325 = 0.053$$

（2）计算土的抗剪强度指标的统计修正系数。

样本数量 $n=8$，查表 4.1.2，得 $\beta=0.676$，将黏聚力 c 值、内摩擦角 φ 值的变异系数 δ_c、δ_φ 代入式（4.1.13）计算得

$$\psi_c = 1 - \left(\frac{1.704}{\sqrt{n}} + \frac{4.678}{n^2}\right)\delta_c = 1 - 0.676 \times 0.080 = 0.946$$

$$\psi_\varphi = 1 - \left(\frac{1.704}{\sqrt{n}} + \frac{4.678}{n^2}\right)\delta_\varphi = 1 - 0.676 \times 0.053 = 0.964$$

（3）计算土的抗剪强度指标的标准值。

将黏聚力 c 值、内摩擦角 φ 值的变异系数 δ_c、δ_φ 和对应平均值 c_m、φ_m 代入式（4.1.14）计算，得

$$c_k=\psi_c c_m=0.946\times15.175=14.36\text{kPa}$$

$$\varphi_k=\psi_\varphi\varphi_m=0.964\times20.325=19.59°$$

学习任务 4.2　地基稳定性分析

4.2.1　基础知识学习

4.2.1.1　地基变形与破坏形式

地基承载力是指在满足变形和稳定的前提下单位面积地基土所能承担的荷载，一般采用现场静载荷试验确定。

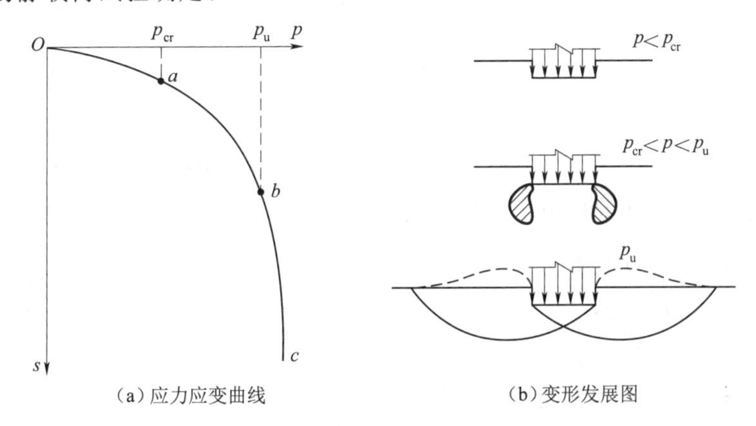

图 4.2.1　载荷试验应力应变曲线及变形图

地基变形常出现以下三个阶段：

（1）线性变形阶段，对应图 4.2.1（a）曲线 Oa 段。荷载较小，地基主要产生压密变形，荷载与沉降关系接近直线。此时土体中各点的剪应力均小于抗剪强度，地基处于弹性平衡状态，a 点对应比例界限荷载 p_{cr}，变形如图 4.2.1（b）所示。

（2）弹塑性变形阶段，对应图 4.2.1（a）曲线 ab 段。荷载增加到超过 a 点压力时，荷载与沉降之间成曲线关系。此时土中局部范围内产生剪切破坏，即出现塑性变形区，随着荷载增加，剪切破坏区逐渐扩大，变形如图 4.2.1（b）所示。

（3）破坏阶段，对应图 4.2.1（a）曲线 bc 段。荷载进一步增大，地基土塑性区已发展成连续的滑动面，荷载略有增加或不增加，沉降均有急剧变化，地基丧失稳定，b 点对应极限荷载 p_u，变形如图 4.2.1（b）所示。

地基土分布区域不同，受荷条件不同，产生的破坏形式也不同，工程经验和试验表明，常有整体剪切破坏、局部剪切破坏和冲剪破坏等三种形式。

（1）整体剪切破坏：随着荷载的增大，基础下形成三角形压密区，挤压两侧土体，产生塑性变形，塑性变形区不断扩大，延伸到地面形成连续的滑动面，基础急剧

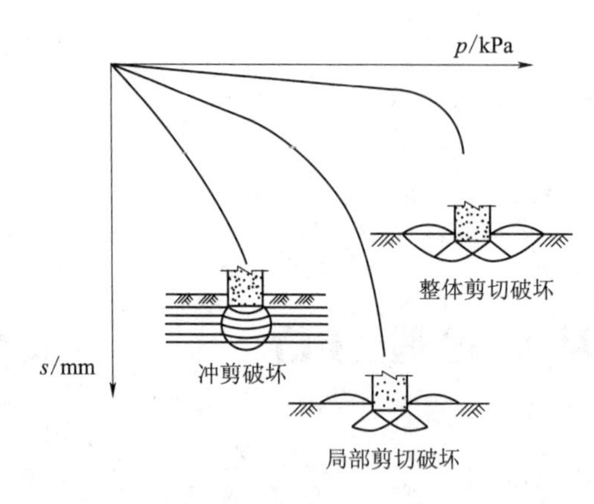

图 4.2.2 载荷试验地基破坏示意图

下沉并可能向一侧倾斜，基础四周的地面明显隆起，如图 4.2.2 所示。整体剪切破坏常见于浅埋基础下的密实砂土或硬黏土地基。

(2) 局部剪切破坏：随着荷载的增加，塑性变形区只发展到地基土体内某一范围，滑动面没有延伸到地面，而是发展在地基内某一深度处，基础周围地面稍有隆起，地基发生较大变形，但房屋一般不会倒塌，如图 4.2.2 所示。局部剪切破坏常见于一定埋深的中等密实砂土地基。

(3) 冲剪（刺入）破坏：基础下软弱土发生垂直剪切破坏，使基础连续下沉。破坏时地基中无明显滑动面，基础四周地面无隆起而是下陷，基础无明显倾斜，但发生较大沉降，如图 4.2.2 所示。冲剪（刺入）破坏常见于压缩性较大的松砂和软土地基。

地基的破坏形式除了与土的性状有关外，还与基础埋深、加荷速率等因素有关。当基础埋深较浅、荷载缓慢施加时，趋向于发生整体剪切破坏；若基础埋深大，快速加荷，则可能形成局部剪切破坏或冲剪破坏。

4.2.1.2 地基承载力确定方法

地基承载力特征值表示正常使用极限状态计算时的地基承载力，其确定可由现场载荷试验、理论公式等方法综合确定。

1. 按现场载荷试验确定地基承载力

现场载荷试验是在现场试坑中设计基底标高处的天然土层放置一块刚性载荷板（面积为 0.25～0.50m^2），然后在其上逐级施加荷载，同时测定在各级荷载下载荷板的沉降量，并观察周围土位移情况，直到地基土破坏失稳。根据试验结果绘制载荷试验的 $p-s$ 曲线，按下列方法确定试验点的地基承载力特征值：

(1) $p-s$ 曲线能明显区分三阶段，则可以方便定出该地基土的比例界限荷载 p_{cr} 和极限荷载 p_u，此时取比例界限荷载 p_{cr} 为地基土承载力特征值。

(2) $p-s$ 曲线能区分三阶段，极限荷载 p_u 小于比例界限荷载 p_{cr} 的两倍时，取极限荷载 p_u 的一半为地基土承载力特征值。

(3) $p-s$ 曲线没有明显三阶段，根据《建筑地基基础设计规范》(GB 50007—2011)，按载荷板沉降与载荷板宽度或直径的比值确定，可取 $s/b=0.01\sim0.015$ 所对应的压力为地基承载力特征值，但其值不应大于最大加载量的一半。

同一土层参加统计的试验点不应少于 3 个，当试验实测值的极差不超过其平均值的 30%时，取此平均值作为该土层的地基承载力特征值。

2. 用理论公式计算地基承载力

根据《建筑地基基础设计规范》(GB 50007—2011)，对轴心荷载作用或荷载作用

偏心距 $e \leqslant 0.033b$（b 为基础底面宽度）的基础，根据土的抗剪强度指标确定地基承载力特征值可按下式计算，并应满足变形要求：

$$f_a = M_b \gamma b + M_d \gamma_m d + M_c c_k \tag{4.2.1}$$

式中　f_a——由土的抗剪强度指标确定的地基承载力特征值，kPa；

M_b、M_d、M_c——承载力系数，按表4.2.1查得；

γ——基础底面以下土的重度，水位以下取浮重度，kN/m^3；

γ_m——基础底面以上土的加权平均重度，水位以下取浮重度，kN/m^3；

b——基础底面宽度，大于6m时取6m，对于砂土小于3m时取3m；

d——基础埋置深度，m；

c_k——基底下一倍短边宽度的深度范围内土的黏聚力标准值，kPa。

表4.2.1　　承载力系数 M_b、M_d、M_c

土的内摩擦角标准值 φ_k /(°)	M_b	M_d	M_c
0	0	1.00	3.14
2	0.03	1.12	3.32
4	0.06	1.25	3.51
6	0.10	1.39	3.71
8	0.14	1.55	3.93
10	0.18	1.73	4.17
12	0.23	1.94	4.42
14	0.29	2.17	4.69
16	0.36	2.43	5.00
18	0.43	2.72	5.31
20	0.51	3.06	5.66
22	0.61	3.44	6.04
24	0.80	3.87	6.45
26	1.10	4.37	6.90
28	1.40	4.93	7.40
30	1.90	5.59	7.95
32	2.60	6.35	8.55
34	3.40	7.21	9.22
36	4.20	8.25	9.97
38	5.00	9.44	10.80
40	5.80	10.84	11.73

注　φ_k 为基底下一倍短边宽度的深度范围内土的内摩擦角标准值，(°)。

3. 承载力特征值的修正

当基础宽度大于3m或埋置深度大于0.5m时，根据载荷试验或其他原位测试、经验值等方法确定的地基承载力特征值，尚应按下式修正：

$$f_a = f_{ak} + \eta_b \gamma (b-3) + \eta_d \gamma_m (d-0.5) \tag{4.2.2}$$

式中　f_a——修正后的地基承载力特征值，kPa；

f_{ak}——地基承载力特征值，kPa；

η_b、η_d——基础宽度和埋深的修正系数，按基底下土的类别查表4.2.2；

b——基础底面宽度，小于3m时取3m，大于6m时取6m；

d ——基础埋置深度，宜自室外地面标高算起。在填方整平地区，可自填土地面标高算起，但填土在上部结构施工后完成时，应从天然地面标高算起。对于地下室，如采用箱形基础或筏基时，基础埋置深度自室外地面标高算起；当采用独立基础或条形基础时，应从室内地面标高算起，m。

表 4.2.2　承载力修正系数

土的类别		η_b	η_d
淤泥和淤泥质土		0	1.0
人工填土，e 或 I_L 不小于 0.85 的黏性土		0	1.0
红黏土	含水比 $\alpha_w > 0.8$	0	1.2
	含水比 $\alpha_w \leqslant 0.8$	0.15	1.4
大面积压实填土	压实系数大于 0.95、黏粒含量 $\rho_c \geqslant 10\%$ 的粉土	0	1.5
	最大干密度大于 2100kg/m³ 的级配砂石	0	2.0
粉土	黏粒含量 $\rho_c \geqslant 10\%$ 的粉土	0.3	1.5
	黏粒含量 $\rho_c < 10\%$ 的粉土	0.5	2.0
e 及 I_L 均小于 0.85 的黏性土		0.3	1.6
粉砂、细砂（不包括很湿与饱和时的稍密状态）		2.0	3.0
中砂、粗砂、砾砂和碎石土		3.0	4.4

注　1. 强风化和全风化的岩石，可参照所风化成的相应土类取值，其他状态下的岩石不修正。
2. 地基承载力特征值按《建筑地基基础设计规范》（GB 50007—2011）附录 D 深层平板载荷试验确定时 η_d 取 0。
3. 含水比是指土的天然含水率和液限的比值。
4. 大面积压实填土是指填土范围大于 2 倍基础宽度的填土。

【例 4.2.1】 如图 4.2.3 所示，已知某建筑物承受轴向压力，其矩形基础剖面及土层的指标如图所示，基础底面尺寸为 2.5m×1.5m，试根据《建筑地基基础设计规范》（GB 50007—2011）计算由土的抗剪强度指标确定的地基承载力特征值 f_a。

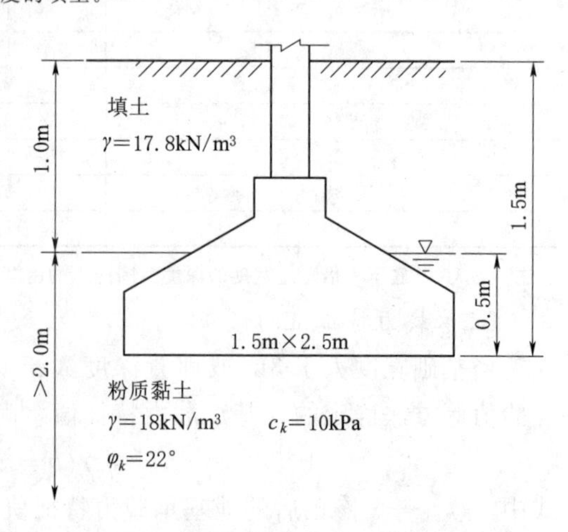

图 4.2.3　例 4.2.1 示意图

【解】 偏心距 $e=0<0.033b$，符合《建筑地基基础设计规范》（GB 50007—2011）要求。

基础底面以上的加权平均重度 $\gamma_m=\dfrac{17.8\times1+(18-10)\times0.5}{1+0.5}=14.53(\text{kN/m}^3)$。

基础底面为粉质黏土，内摩擦角标准值 $\varphi_k=22°$，查表 4.2.1，得

$M_b=0.61$，$M_d=3.44$，$M_c=6.04$，代入式（4.2.1），得

$$
\begin{aligned}
f_a &= M_b\gamma b + M_d\gamma_m d + M_c c_k \\
&= 0.61\times(18-10)\times1.5+3.44\times14.53\times1.5+6.04\times10 \\
&= 142.7(\text{kPa})
\end{aligned}
$$

【例 4.2.2】 已知某独立基础，基础底面尺寸为 3.2m × 4.0m，埋置深度 $d=1.5\text{m}$，基础埋置范围内土的重度 $\gamma_m=17\text{ kN/m}^3$，基础底面下为较厚的黏土层，重度 $\gamma=18\text{kN/m}^3$，孔隙比 $e=0.8$，液性指数 $I_L=0.76$，地基承载力特征值 $f_{ak}=140\text{kPa}$。试对该地基的承载力进行修正。

【解】 已知黏土层孔隙比 $e=0.8$，液性指数 $I_L=0.76$，查表 4.2.2 可得 $\eta_b=0.3$，$\eta_d=1.6$，数值代入式（4.2.2）得

$$
\begin{aligned}
f_a &= f_{ak}+\eta_b\gamma(b-3)+\eta_d\gamma_m(d-0.5) \\
&= 140+0.3\times18\times(3.2-3)+1.6\times17\times(1.5-0.5)=168.28(\text{kPa})
\end{aligned}
$$

4.2.2 教学实训：浅层平板载荷试验

1. 方法与适用范围

浅层平板载荷试验是在一定面积的承压板上向地基土逐级施加荷载，观测地基土发生沉降的原位试验。其成果一般用于评价地基土的承载力，也可用于计算地基土的变形模量。载荷试验适用于各类地基土，它所反映的是相当于承压板下 1.5～2.0 倍承压板直径（或宽度）的深度范围内地基土的强度、变形的综合性状。

2. 仪器设备

试验设备由反力装置、加压装置和观测装置三部分组成，如图 4.2.4 所示。

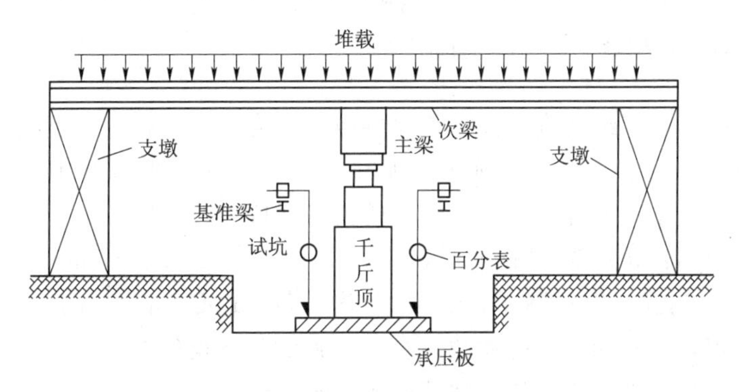

图 4.2.4　平板载荷试验装置示意图

（1）反力装置：包括平台堆载或锚桩（地锚）、主次钢梁、支墩。

（2）加压装置：包括承压板（圆形或正方形钢板，面积 $0.25\sim1.0\text{m}^2$）、千斤顶及油泵、油路、稳压器等。

（3）观测装置：大量程百分表或位移传感器等。

3. 操作步骤

（1）开挖试坑：试坑开挖至基底标高处，宽度不小于承压板直径（或宽度）的 3

倍。试坑底部的土体应注意避免扰动，保持其原状结构和天然湿度，宜在试坑底面用厚度不超过20mm粗砂或中砂层找平。基准梁及加荷平台支点或锚桩宜设置在试坑以外，且与承压板边的净距不应小于2.0m。

(2) 安装加荷装置：吊放承压板及千斤顶，承压板置于试坑中心，并使其与试坑面平整接触，千斤顶合力中心与承压板中心对齐，千斤顶上部再吊放一块承压板，保证千斤顶的出力均匀传递给主梁。

(3) 安装反力装置：吊放主梁支墩、主梁，主梁中心与千斤顶合力中心对齐，再依次吊放次梁支墩、次梁、配重块，注意支墩所在场地要提前处理，支墩面积要能满足地基承载力要求。

(4) 安装观测装置：打设支撑柱，安装基准梁，沉降观测点对称布置在不受变形影响处，固定百分表（或位移传感器），形成完整的沉降量测系统。

(5) 加载操作：加载方式一般采用分级维持荷载沉降相对稳定法（慢速法），并不应小于8级，每级荷载增量为预估极限荷载的1/8，最大加载量不应小于设计要求的2倍。当不易预估试验极限荷载时，可按表4.2.3所列增量选用。

表4.2.3 荷载增量表

试验土层特征	每级荷载增量/kPa
淤泥、流塑状黏质土、松散砂土	≤15
软塑状黏质土、粉土、稍密的砂土	15～25
可塑—硬塑状黏性土、粉土、中密砂土	25～100
坚硬的黏性土、密实砂、碎石类土、软岩石	50～200

(6) 稳压操作：每级荷重下都必须保持稳压，由于加压后地基土沉降、设备变形等都会引起荷载的减小，所以必须随时观察油压表的读数或测力计百分表指针的变动，并通过千斤顶不断地补压，使所施加的荷载保持相对稳定。

(7) 沉降观测：每级荷载施加后，间隔10min、10min、10min、15min、15min以后间隔30min测读一次沉降量，连续2h内，每1h沉降量均小于0.10mm时，认为沉降已趋稳定，可施加下一级荷载，直至达到试验终止条件。

(8) 试验终止条件：当出现下列情况之一时，即可终止试验。

1）承压板周边的土出现明显侧向挤出，周边土体出现明显隆起。

2）沉降量s急剧增大，荷载与沉降（$p-s$）曲线出现明显陡降段。

3）在某一级荷载下，24h内沉降速率不能达到相对稳定标准。

4）承压板累计沉降量不小于承压板边宽（或直径）的6%。

5）加载至要求的最大试验荷载，且承压板沉降达到相对稳定标准。

4. 数据记录与整理

(1) 平板载荷试验数据记录见表4.2.4。

表 4.2.4　　　平板载荷试验记录表

工程名称：××工程　　　试验点号：TX

测试日期：201×-××-××　　　压板面积：1.0m²

序号	荷载/kPa	历时/min		沉降/mm	
		本级	累计	本级	累计
0	0	0	0	0.00	0.00
1					
2					
3					
4					
5					
6					
7					
8					
9					
10					
11					
12					
	最大沉降量：　mm		最大回弹量：　mm	回弹率：　%	

（2）绘制 $p-s$ 和 $s-\lg t$ 曲线，其中 p 为加压荷载，s 为承载板沉降，t 为加载时间。

（3）确定地基承载力特征值。

结合 $p-s$ 和 $s-\lg t$ 曲线特点进行地基承载力判定（判定标准如前所述）。

【补充说明】 平板载荷板尺寸一般比实际基础底面尺寸小，影响深度较小，试验只反映载荷板影响范围内土层的承载力，如果载荷板影响深度范围之下存在软弱下卧层，而该层又处于基础的主要受力层内（图4.2.5），此时除非采用大尺寸载荷板做试验，否则意义不大。

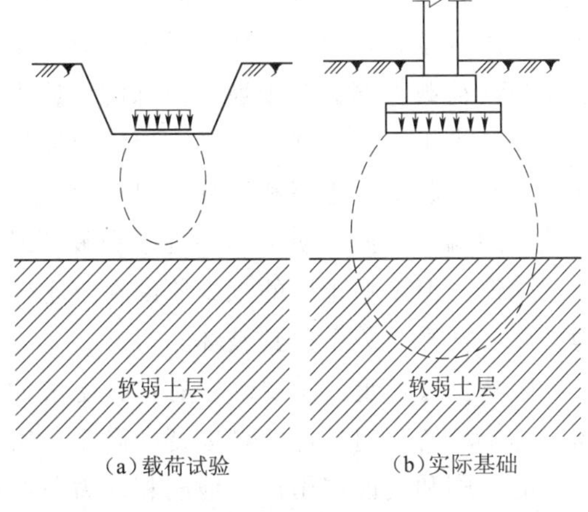

图 4.2.5　载荷板与基础荷载影响深度的比较

学习任务 4.3　土坡稳定性分析

4.3.1　基础知识学习

4.3.1.1　土质边坡的破坏形式

土坡就是具有倾斜坡面的土体。通常可分为天然土坡和人工土坡。天然土坡是由于地质作用自然形成的土坡，如山坡、江河的岸坡等；人工土坡是经过人工挖、填的土工建筑物，如基坑、渠道、土坝、路堤等的边坡。当土坡的顶面和底面都是水平的，且由均质土组成时，称为简单土坡，如图 4.3.1 所示。

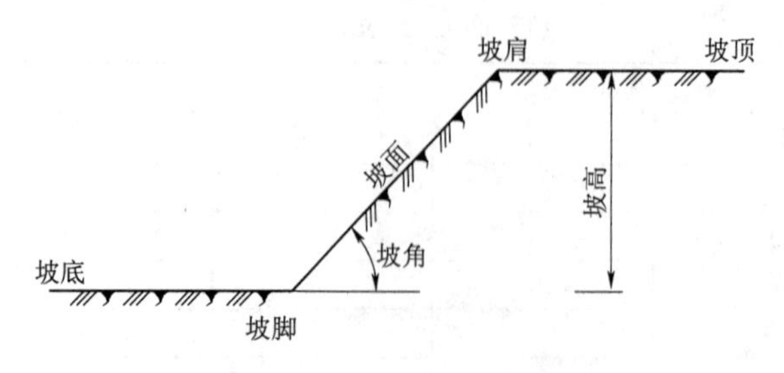

图 4.3.1 边坡各部位组成

根据滑动的诱因，可分为推动式滑坡和牵引式滑坡，推动式滑坡是由于坡顶超载或地震等因素导致下滑力大于抗滑力而失稳，牵引式滑坡主要是由于坡脚受到切割导致抗滑力减小而破坏。

根据滑动面形状的不同，滑坡破坏通常有以下两种形式：

(1) 滑动面为平面的滑坡，常发生在匀质的和成层的非均质的无黏性土构成的土坡中。

(2) 滑动面为近似圆弧面的滑坡，常发生在黏性土坡中。

4.3.1.2 土坡滑动失稳的机理

一般来说，导致土坡滑动失稳的主要原因有以下两种：

一是由于外荷载作用或土坡环境变化等导致坡体内部剪应力增加。在坡顶堆积或修筑建筑物使坡顶荷载增大，降雨导致土体饱和重度增加，渗流引起的动水力和土裂缝中的静水压力，地下水位大幅下降导致土体内有效应力增大，地震、打桩、爆破等引起的动荷载等都会使土坡坡内部的剪应力增大。

二是由于外界各种因素影响导致土体抗剪强度降低，促使土坡失稳破坏。自然界气候变化引起土体干裂和冻融、黏土夹层因雨水的侵入而软化、膨胀土的反复胀缩、黏性土的蠕变、振动使土的结构遭到破坏或使孔隙水压力升高等都会导致土体的抗剪强度降低。但影响土坡的根本原因在于土体内部某个滑动面上的剪应力超过了它的抗剪强度，使平衡关系遭到破坏。

影响土坡稳定的主要因素有：①土坡的地质地形条件；②土坡土体的物理力学性质；③土坡的几何条件，如坡度和高度；④水的润滑和膨胀作用，以及雨水和河流对土体的冲刷和侵蚀作用；⑤地震和动力荷载作用下的振动液化；⑥坡顶荷载的增加或土坡下部开挖造成的平衡失调。

但影响土坡的根本原因在于土体内部某个滑动面上的剪应力超过了它的抗剪强度，使平衡关系遭到破坏。

建筑工程领域中岩土工程稳定问题一般包括三个方面：

(1) 对于拟建土坡，根据给定的高度、土的性质、荷载大小及性质等已知条件设计出合理的断面尺寸，尤其是总体坡角的大小。

(2) 对于已存在的边坡，验算其是否稳定。对于可能失稳的边坡，应根据其危害程度和经济条件，确定安全治理方案。

(3) 地基承载力不足而失稳的问题，建（构）筑物基础在水平荷载作用下的倾覆和滑移失稳，基础在水平荷载作用下连同地基一起滑动失稳以及土坡坡顶建（构）筑物地基失稳，都是地基稳定性问题。

4.3.1.3 土质边坡稳定性分析方法

1. 无黏性土坡的稳定性分析

无黏性土颗粒之间没有黏聚力，破坏滑动面往往接近于一个平面，因此在分析无黏性土坡稳定时，采用平面滑动法进行分析，常分为无渗流作用的无黏性土坡［图4.3.2（a）］和有渗流作用的无黏性土坡［图4.3.2（b）］。

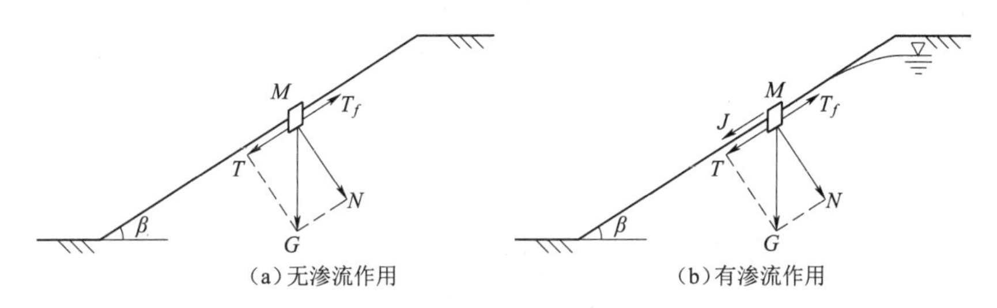

图4.3.2 无黏性土坡稳定分析图

（1）无渗流作用时的无黏性土坡。无渗流作用时的无黏性土土坡系指均质干坡和水下土坡。均质干坡是指由一种土组成，完全在水位以上的无黏性土土坡。水下土坡也是由一种土组成，但完全在水位以下，没有渗透水流作用的无黏性土土坡。在上述两种情况下，只要土坡坡面上的土颗粒在重力作用下能够保持稳定，那么整个土坡就是稳定的。

图4.3.2（a）为一均质无黏性土土坡，土坡坡角为β，在其表面取一单元土体进行分析，设该单元土体的重量为G，其法向分力$N=G\cos\beta$，切向分力$T=G\sin\beta$。法向分力产生摩擦阻力，阻止土体下滑，称为抗滑力，其值为$T_f=N\tan\varphi=G\cos\beta\tan\varphi$，切向分力促使土体下滑，则土坡的安全系数$K$为

$$K=\frac{抗滑力}{滑动力}=\frac{T_f}{T}=\frac{G\cos\beta\tan\varphi}{G\sin\beta}=\frac{\tan\varphi}{\tan\beta} \tag{4.3.1}$$

式中 φ——土体内摩擦角；

β——土坡坡角。

由上式可见，当$\beta=\varphi$时，$K=1$，即抗滑力等于滑动力，土坡处于极限平衡状态，此时的β称为天然休止角。当$\beta<\varphi$时，土坡就是稳定的。为了使土坡具有足够的安全储备，一般取$K=1.1\sim1.5$。

（2）有渗流作用时的无黏性土坡。当边坡的内、外出现水位差时，如基坑排水、坡外水位下降等，在土坡内形成渗流场，如图4.3.2（b）所示。如果水流在溢出段是顺坡流动的，那么溢出处渗流方向与坡面平行，渗流力J（单位体积力）的方向也与坡面平行，这时单元土体的下滑力为$T+J=G\sin\beta+i\gamma_w$（i=水位差/渗流路径=$\Delta h/\Delta l=\sin\beta$），且此时单位体积的土重就等于浮重度$\gamma'$，故土坡的稳定安全系数为

$$K=\frac{抗滑力}{滑动力}=\frac{T_f}{T}=\frac{\gamma'\cos\beta\tan\varphi}{(\gamma'+\gamma_w)\sin\beta}=\frac{\gamma'}{\gamma_{sat}}\times\frac{\tan\varphi}{\tan\beta} \tag{4.3.2}$$

式中 i ——水头梯度，单位长度的水头损失；

γ' ——土体的浮重度，也称有效重度。

由上式可见，与无渗流作用土坡稳定安全系数相比，有渗流作用土坡的稳定安全系数相差 γ'/γ_{sat} 倍（其值约为 0.5），故当坡面有顺坡渗流作用时，无黏性土坡的稳定性比有渗流作用时降低约一半。

【例 4.3.1】 均质无黏性土坡，饱和重度 20.2kN/m³，内摩擦角 30°，若要保证该土坡的稳定系数为 1.2，试问：（1）在干坡或完全浸水的情况下，坡角应为多少？（2）坡面有顺坡渗流时，坡角应为多少？

【解】 （1）无黏性土在没有渗流时，安全系数与土的重度、坡高无关，数值代入式（4.3.1），得

$$\tan\beta = \frac{\tan\varphi}{K} = \frac{\tan 30°}{1.2} = 0.481$$

则要使土坡稳定，坡角应满足 $\beta < \arctan(0.481) = 25.7°$。

（2）当有地下水，存在顺坡渗流时，数值代入式（4.3.2），得

$$\tan\beta = \frac{\gamma' \tan\varphi}{\gamma_{sat} K} = \frac{(20.2 - 9.81) \times \tan 30°}{20.2 \times 1.2} = 0.247$$

则要使土坡稳定，坡角应满足 $\beta < \arctan(0.247) = 13.9°$。

由此可见，当溢出段为顺坡渗流时，土坡稳定安全系数降低 γ'/γ_{sat}。因此，要保持同样的安全度，有渗流溢出时的坡角比没有渗流溢出时要平缓得多。

2. 黏性土坡的稳定性分析

黏性土坡发生滑动时，其滑动面形状多为一曲面，在理论分析中，一般将此曲面简化为圆弧面，并按平面问题处理。圆弧滑动面的产生，与土坡的坡角大小、土的强度指标以及土中硬层的位置等因素有关，一般有以下三种：

1）圆弧滑动面通过坡脚 B 点，如图 4.3.3（a）所示，称为坡脚圆。

2）圆弧滑动面通过坡面上 E 点，如图 4.3.3（b）所示，称为坡面圆。

3）圆弧滑动面发生在坡角以外的 A 点，如图 4.3.3（c）所示，且圆心位于坡面中点的垂直线上，称为中点圆。

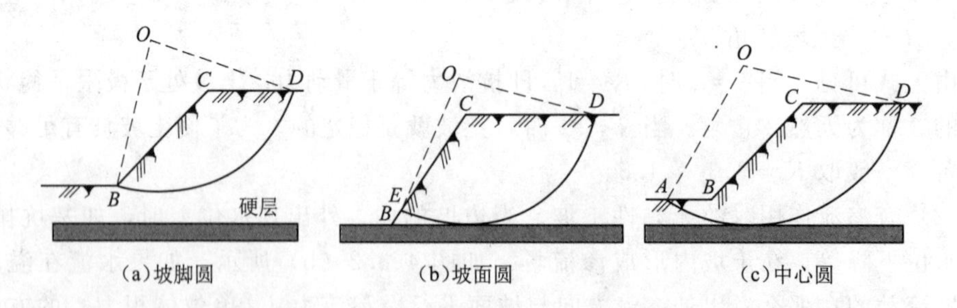

图 4.3.3 黏性土坡的三种滑动面形式

黏性土坡常用稳定分析方法有：①整体分析法，主要适用于均质简单土坡；②土条分析法，主要适用于非均质、外形复杂、部分浸水土坡等情况。

（1）整体分析法。如图 4.3.4 所示，取单位长度土坡进行分析，假设圆弧滑动面

为 AD，圆心为 O，半径为 R，滑动体 $ABCDA$ 自重为 W，促使土体下滑，沿滑动面分布抗剪强度为 τ_f 的抗滑力（$\tau_f=\sigma\tan\varphi+c$，由于滑动面上各点的 σ 值无法确定，对于 $\varphi>0$ 的土，需借助条分法近似求解；对于 $\varphi=0$ 的土，$\tau_f=c$，可直接求解，故整体分析法适用于 $\varphi=0$ 的情况，即适用于不排水条件下饱和软黏土的稳定分析）。

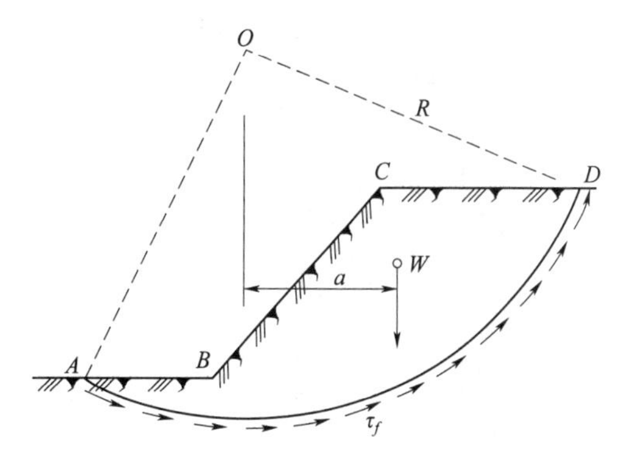

图 4.3.4　整体分析法示意图

土坡失稳时沿圆弧面 AD 发生转动，则稳定安全系数 K 为

$$K=\frac{抗滑力矩}{滑动力矩}=\frac{M_\tau}{M_W}=\frac{\tau_f\widehat{L}_{AD}R}{Wa}=\frac{c\widehat{L}_{AD}R}{Wa} \tag{4.3.3}$$

（2）瑞典条分法。如图 4.3.5 所示，假设圆弧滑动面为 AD，圆心为 O，半径为 R，将滑动体 $ABCDA$ 分成许多竖向土条，土条宽度取 $b=0.1R$，土条重力为 W_i，其平行滑动面分力 $W_i\sin\alpha_i$ 促使土条下滑，沿滑动面分布抗剪强度为 τ_f 的抗滑力（τ_f 由垂直滑动面的土条重力分力 $W_i\cos\alpha_i$ 和土的黏聚力 c 组成，$\tau_f=W_i\cos\alpha_i/l_i\cdot\tan\varphi+c_i$）。

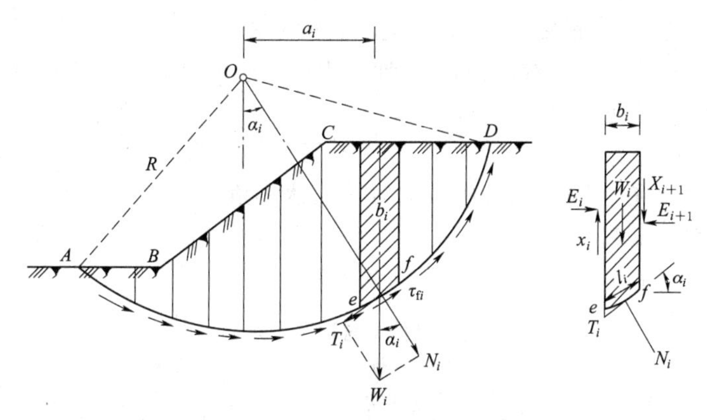

图 4.3.5　瑞典条分法示意图

土坡失稳时沿圆弧面 AD 发生转动，则稳定安全系数 K 为

$$K=\frac{抗滑力矩}{滑动力矩}=\frac{M_\tau}{M_W}=\frac{R\sum_{i=1}^{n}(W_i\cos\alpha_i\tan\varphi_i+c_il_i)}{R\sum_{i=1}^{n}W_i\cos\alpha_i} \tag{4.3.4}$$

4.3.2　教学实训：无黏性土休止角试验

1. 方法与适用范围

休止角是无黏性土在松散状态堆积时，其天然坡面和水平面所形成的最大坡角，

其数值接近于疏松土样的内摩擦角。测定无黏性土在风干状态和水下状态的休止角，适用于不含黏粒或粉粒的纯砂土。

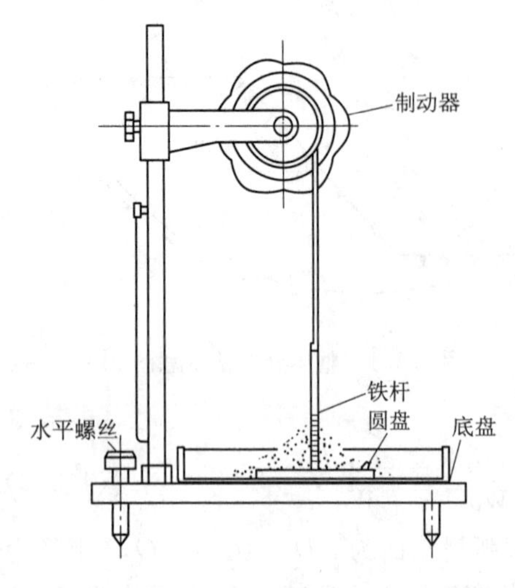

图 4.3.6 休止角测定仪

2. 仪器设备

（1）休止角测定仪：如图 4.3.6 所示。

（2）其他：小勺、水槽等。

3. 操作步骤

（1）取代表性的充分风干试样若干，选择相应圆盘（粒径小于 2mm 试样选用直径 10cm 的圆盘，粒径小于 5mm 试样选用直径 20cm 的圆盘）。

（2）转动制动器，使圆盘落在底盘中。

（3）用小勺细心地沿铁杆四周倾倒试样，小勺离试样表面的高度应始终保持在 1cm 左右，直至圆盘外缘完全盖满为止。

（4）慢慢转动制动器，使圆盘平稳升起，直至离开底盘内的试样为止。测记锥顶与铁杆接触处的刻度（$\tan\alpha_c$）。

（5）如果测定水下状态的休止角，先将盛满试样的圆盘慢慢地沉入水槽中，水槽内水面应达铁杆的“0”刻度处，当锥体全部淹没水中后，即停止下降，待其充分饱和，直至无气泡上升为止。然后慢慢转动制动器，使圆盘升起，当锥体露出水面时，测记锥顶与铁杆接触处的刻度（$\tan\alpha_m$）。

（6）试验进行 2 次平行测定，取其算术平均值，以整数（°）表示，将测得的 $\tan\alpha_c$ 和 $\tan\alpha_m$ 值，在三角函数表中查取对应的休止角。

4. 数据记录与整理

试验记录见表 4.3.1。

表 4.3.1　　无黏性土休止角试验记录表

工程名称：________　土样说明：________　试验者：________

土样编号：________　试验日期：________　校核者：________

土样编号	风干状态休止角			水下状态休止角		
	读数		平均值	读数		平均值
	$\tan\alpha_c$	/(°)	/(°)	$\tan\alpha_m$	/(°)	/(°)
21						
22						

【思考与练习】

1. 何谓土的抗剪强度？同一种土的抗剪强度是不是一个定值？

2. 土的抗剪强度由哪两部分组成？土的抗剪强度指标如何测定？
3. 什么是土的极限平衡状态？土的极限平衡条件如何应用？
4. 地基破坏的形式有哪几种？各有什么特点？
5. 什么是地基承载力特征值？怎样确定？
6. 简述地基整体剪切破坏的过程及其特点。
7. 边坡失稳的形式有哪几种？影响稳定的因素有哪些？
8. 无黏性土坡稳定性如何分析？坡面渗流时对稳定性有何影响？
9. 黏性土坡常用稳定分析方法有哪些？各有什么特点？

学习项目5　挡 土 结 构 工 程

挡土结构工程导读

【情景提示】

1.2014年5月，山东省某公司厂区因暴雨积水导致土壤松动，使挡土墙倒塌，并压倒附近职工居住的简易板房，事故造成18人死亡，3人受伤。

2. 某小区砌石挡土墙有6m多高，距离小区一幢居民楼只有3m多远，在墙中间一块三四平方米的区域，因渗水在冬季结着厚厚的冰，墙里的混凝土用手一碰，就不断地从墙缝隙里掉下来。后经物业处理，在挡土墙上方挖了一个截水沟，并对挡土墙做了加固措施。

挡土结构工程导读

【教学目标】

1. 掌握土压力的基本知识，能够计算各种类型的土压力。

2. 熟悉挡土墙的用途和分类。

3. 熟悉挡土墙的设计依据和原则。

4. 了解重力式挡土墙稳定分析计算方法。

挡土墙事故组图

【内容导读】

通过讲解挡土墙的用途、使用挡土墙的目的进而了解各种挡土墙的类型，每种类型挡土墙的特点、设计及施工要点，并辅以土压力计算，挡土墙稳定分析等实训。

学习任务5.1　挡土结构与土压力

挡土结构与土压力

5.1.1　基本知识学习

挡土结构与土压力

5.1.1.1　挡土墙的用途

用于支承路堤填土或山坡土体，防止填土或土体变形失稳，而承受侧向土压力的构筑物称为挡土墙。在公路工程中，它广泛地用于支撑路堤填土或路堑边坡，以及桥台、隧道洞口和河流堤岸等处。

挡土墙各部位的名称如图5.1.1所示，墙身靠填土（或山体）一侧称为墙背，大部分外露的一侧称为墙面（或墙胸），墙的顶面部分称为墙顶，墙的底面部分称为墙底（或基底），墙背与墙底的交线称为墙踵，墙面与墙底的交线称为墙趾。墙背与竖直面的夹角称为墙背倾角，一般用α表示，墙踵到墙顶的垂直距离称为墙高，用H（h）表示。

挡土墙在各种土建工程中应用广泛，如铁路、公路工程中可以用于支承路堤或路堑边坡、隧道洞口、支承桥台后填土，以减少土石方量和占地面积，并经常用于整治坍方、滑坡等路基病害；水利、港湾工程中用作支挡河岸及水闸的岸墙，还可防止水流冲刷堤岸；工业与民用建筑中用作地下连续墙等。随着大量土木工程在地形复杂地区的兴建，挡土墙结构显得更加重要，其设计将直接影响到工程的经济效益及安全。

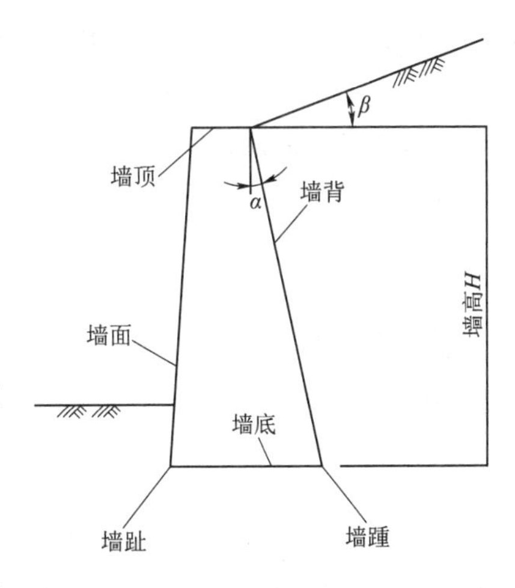

图 5.1.1　挡土墙各部分名称

在遇到下列情况时可考虑修建挡土墙：

（1）陡坡地段。

（2）岩石风化的路堑边坡地段。

（3）为避免大量挖方及降低边坡高度的路堑地段。

（4）可能产生塌方、滑坡的不良地质地段。

（5）高填方地段。

（6）水流冲刷严重或长期受水浸泡的沿河路基地段。

（7）为节约用地、减少拆迁或少占农田的地段。

（8）为保护重要建筑物、生态环境或其他特殊需要的地段。

5.1.1.2　挡土墙的类型

常用的挡土墙，按其结构形式可分为重力式、悬臂式、扶壁式、锚杆及锚定板式和加筋土挡土墙等；按照墙体材料可分为石砌挡土墙、混凝土挡土墙、钢筋混凝土挡土墙、钢板挡土墙等；按照挡土墙的设置位置可分为路堑挡土墙、路肩挡土墙、路堤挡土墙、山坡挡土墙、抗滑挡土墙、站台挡土墙等。一般应根据工程需要、土质情况、材料供应、施工技术及造价等因素合理地选择。

1. 重力式挡土墙

重力式挡土墙是依靠墙身自重支撑陡坡以保持土体稳定性的构筑物，目前在工程中应用较多。它所承受的主要荷载是墙后土压力，其稳定性主要依靠墙身的自重来维持。由于要平衡墙后土体的土压力，因而需要较大的墙身截面，挡土墙较重，故而得名。一般由块石或混凝土砌筑，结构简单、施工方便，能就地取材，适应性强，适合山区建设。但这种挡土墙对地基承载力有较高要求，当墙体较高时，墙身经放坡后墙底占地面积较大。

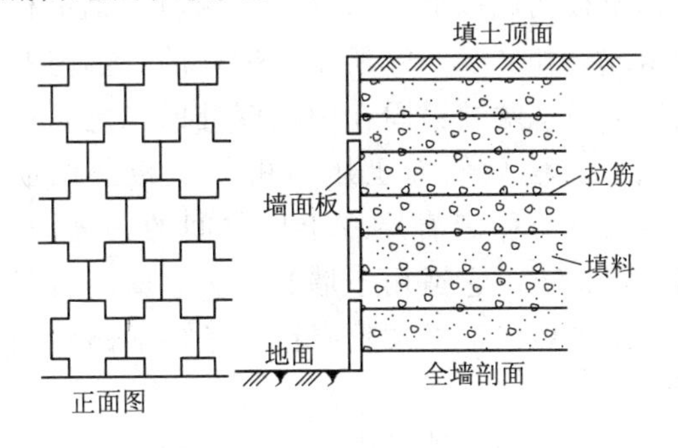

图 5.1.2　加筋土挡土墙

2. 加筋土挡土墙

加筋土挡土墙是利用加筋土技术修建的支挡结构物，是填土、拉筋、面板三者的结合体，如图 5.1.2 所示。加筋土是一种在土中加入拉筋的复合土，它利用拉筋与土之间的摩擦作用，把土的侧压力削减到土体中，改善土体的变形条件和提高土体的工程性能，从而达到稳定土体的目的。在这个整体中起控制作用的是填土与拉筋之间的摩擦力，面板的作用是阻挡填土坍落挤出，迫使填土与拉筋结合为整体。加筋土挡土墙属于柔性结构，对地基变形适应性大，建筑高度也可很大，适用于填土路基。但须考虑其挡板后填土的渗水稳定及地基变形对其影响，需要通过计算分析选用。

3. 悬臂式挡土墙

悬臂式挡土墙一般由钢筋混凝土立壁（墙面板）、墙趾板和墙踵板构成，呈倒T字形，具有三个悬臂板，如图5.1.3所示。墙的稳定主要依靠墙踵悬臂上的土重维持。墙体内设置钢筋以承受拉力，故墙身截面较小。悬臂式挡土墙适用于墙高大于5m、地基土质较差、当地缺少石料等情况，多用于市政工程及储料仓库。

4. 扶壁式挡土墙

扶壁式挡土墙由墙面板（立壁）、墙趾板、墙踵板及扶壁（扶肋）组成，如图5.1.4所示。当墙身较高时，沿悬臂式挡土墙立壁的纵向，每隔一定距离加设扶壁把立壁和墙踵板连接起来，起加劲肋的作用，以改善立壁和墙踵板的受力条件，提高结构的刚度和整体性，减小立壁的变形。扶壁式挡土墙的稳定性是依靠墙身自重和扶壁间填土的重量来保证的，而且墙趾板的设置也显著地增大了挡土墙的抗倾覆稳定性，并且减小了基底压力，一般用于重要的大型土建工程。

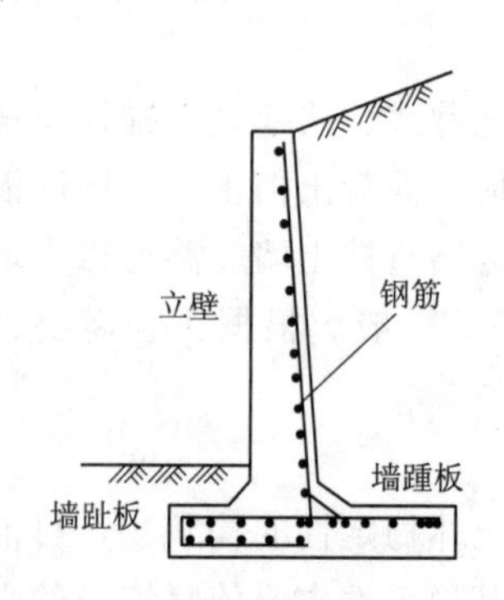

图5.1.3　悬臂式挡土墙

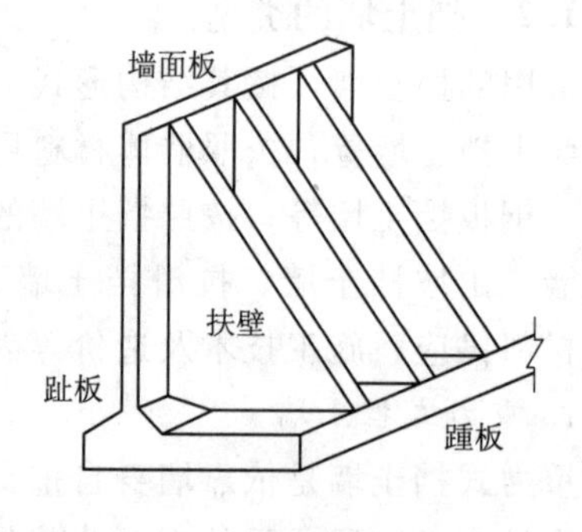

图5.1.4　扶臂式挡土墙

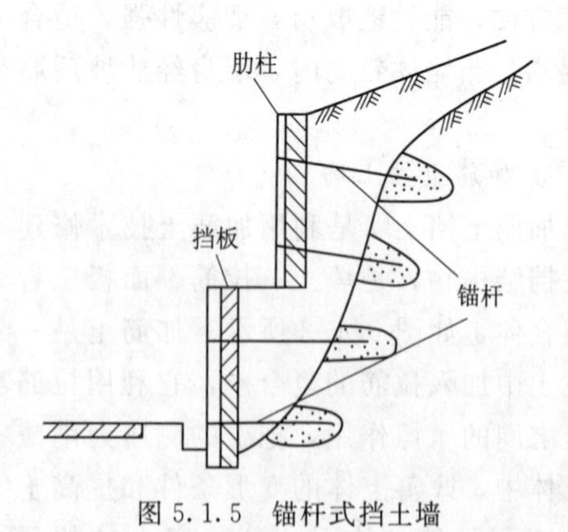

图5.1.5　锚杆式挡土墙

5. 锚杆及锚定板式挡土墙

锚杆式挡土墙是由预制的钢筋混凝土肋柱、挡土板构成墙面，与水平或倾斜的钢锚杆联合组成，如图5.1.5所示。锚杆的一端与肋柱连接，另一端被锚固在山坡深处的稳定岩层或土层中。墙后侧向土压力由挡土板传结肋柱，由锚杆与稳定岩层或土层之间的锚固力，使墙获得稳定。它适用于墙高较大、缺乏石料或挖基困难地区，以及具有锚固条件的路堑挡土墙。

锚定板式挡土墙是由钢筋混凝土墙面、钢拉杆、锚定板以及其间的填土共同形成的一种组合挡土结构，如图5.1.6所示。它与

锚杆式挡土墙受力状态相似，通过位于稳定位置处锚定板前局部填土的被动抗力来平衡拉杆拉力，依靠填土的自重来保持填土的稳定性。一方面填土对墙面产生主动土压力，另一方面填土又对锚定板的位移产生被动的土抗力。通过钢拉杆将墙面板和锚定板连接起来，就变成了一种能承受侧压力的新型支挡结构。锚定板式挡土墙的特点是构件断面小，不受地基承载力的限制，构件可预制，有利于实现结构轻型化和施工机械化。它适用于缺乏石料地区的路肩墙或路堤墙。

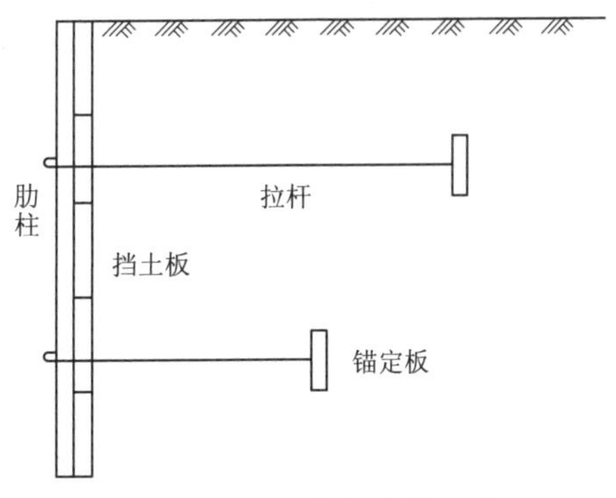

图 5.1.6　锚定板式挡土墙

5.1.1.3　土压力的分类

土压力是指挡土墙墙后填土因自重或外荷载作用对墙背产生的侧向压力。根据挡土墙的位移情况和墙后土体所处的应力状态，可将土压力分为以下三种。

（1）静止土压力。若挡土墙静止不动，墙后土体处于弹性平衡状态，作用在墙背上的土压力称为静止土压力，用 E_0 表示，如图 5.1.7（a）所示。如地下室外墙、地下水池侧壁、涵洞的侧墙以及其他不产生位移的挡土构筑物都可近似视为受静止土压力作用。

（2）主动土压力。当挡土墙向离开土体方向位移至墙后土体达到极限平衡状态时，作用在墙背上的土压力称为主动土压力，用 E_a 表示，如图 5.1.7（b）所示。

（3）被动土压力。当挡土墙在外力作用下，向土体方向位移至墙后土体达到极限平衡状态时，作用在墙背上的土压力称为被动土压力，用 E_p 表示，如图 5.1.7（c）所示。如拱桥桥台在桥上荷载作用下挤压土体并产生一定量的位移，则作用在台背上的侧压力就属于被动土压力。

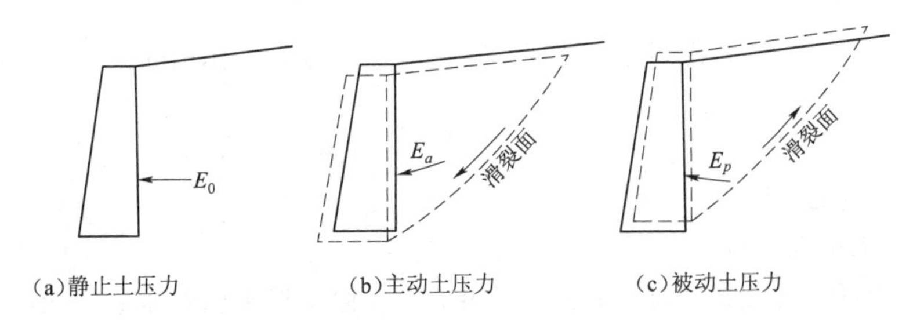

图 5.1.7　作用在挡土墙上三种土压力

图 5.1.8 给出了三种土压力与挡土墙位移的之间关系。由图可见，产生被动土压力所需的位移量要比产生主动土压力所需的位移量大得多。土压力的大小及其分布规律与墙体材料、形状、挡土墙的位移方向和大小、墙体高度、墙后土体性质、地下水的情况等有关。试验结果表明：在相同条件下，主动土压力小于静止土压力，而静止土压力又小于被动土压力，即

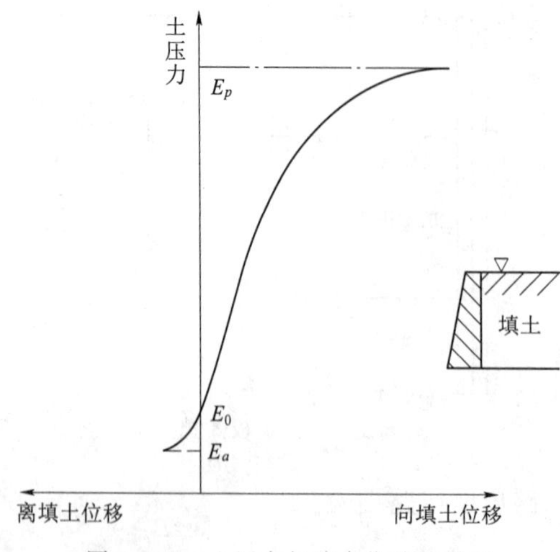

图 5.1.8 土压力与墙身位移的关系

$$E_a < E_0 < E_p$$

5.1.1.4 土压力计算

1. 静止土压力

静止土压力可根据半无限弹性体的应力状态进行计算。在土体表面下任意深度 z 处取一微小单元体，在自重作用下产生竖向应力 σ_z 和侧应力 σ_x（图 5.1.9），这个侧压力的反作用力就是静止土压力。根据半无限弹性体在无侧移的条件下侧压力与竖向应力之间的关系，该处的静止土压力强度 p_0 可按下式计算：

$$p_0 = \sigma_x = K_0 \sigma_z = K_0 \gamma z \tag{5.1.1}$$

式中 γ——土体重度，kN/m^3；

K_0——静止土压力系数。

K_0 值可用室内三轴仪测得，在原位则可用自钻式旁压仪测试得到；在缺乏试验资料时，可用下述经验公式估算：

砂土 $K_0 = 1 - \sin\varphi'$

黏性土 $K_0 = 0.95 - \sin\varphi'$

超固结黏土 $K_0 = OCR^{0.5}(1 - \sin\varphi')$

式中 φ'——土的有效内摩擦角；

OCR——超固结比。

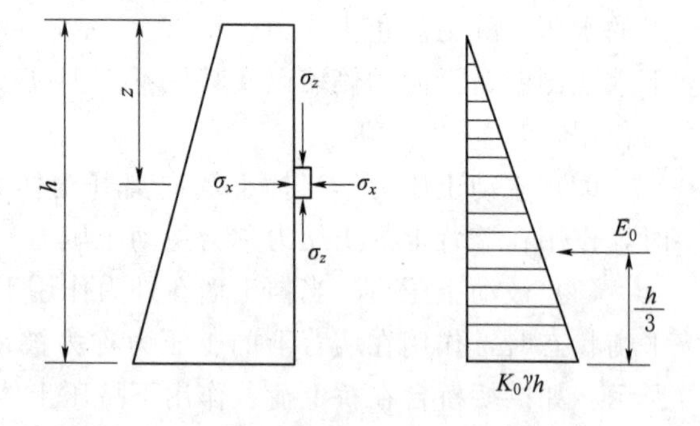

图 5.1.9 墙背竖直时的静止土压力

由式（5.1.1）可知，静止土压力沿挡土结构竖向为三角形分布，如图 5.1.9 所示。静止土压力作用点距墙底 $h/3$ 处，单位墙长上作用的大小 E_0 为

$$E_0 = \frac{1}{2}\gamma h^2 K_0 \tag{5.1.2}$$

式中 h——挡土结构高度，m。

2. 朗肯土压力理论

朗肯土压力理论是朗肯于 1857 年提出的。他假定挡土墙背垂直、光滑，其后土体表面水平并无限延伸，这时土体内的任意水平面和墙的背面均为主平面（在这两个平面上的剪应力为零），作用在该平面上的法向应力即为主应力。朗肯根据墙后土体处于极限平衡状态，应用极限平衡条件，推导出了主动土压力和被动土压力计算公式。

（1）朗肯主动土压力。当挡土墙在土压力的作用下向远离土体的方向位移时，作用在微元体上的竖向应力 σ_{cz} 保持不变，而水平向应力 σ_x 逐渐减小，直至达到土体处于极限平衡状态。土体处于极限平衡状态时的最大主应力为$\sigma_1=\sigma_{cz}=\gamma z$，而最小主应力$\sigma_3=\sigma_x$即为主动土压力强度$p_a$。根据土的极限平衡条件，可得出主动土压力强度$p_a$的计算公式为

$$p_a=\sigma_{cz}K_a-2c\sqrt{K_a} \tag{5.1.3}$$

其中

$$K_a=\tan^2\left(45°-\frac{\varphi}{2}\right)$$

式中　p_a——墙背任一点处的主动土压力强度，kPa；

K_a——朗肯主动土压力系数。

由朗肯主动土压力计算公式（5.1.3）可知，无黏性土中主动土压力强度与深度成正比，沿墙高的土压力强度呈三角形分布（图5.1.10）。土压力作用点距墙底$h/3$，单位长度上的土压力为三角形分布面积，即

$$E_a=\frac{1}{2}\gamma h^2K_a \tag{5.1.4}$$

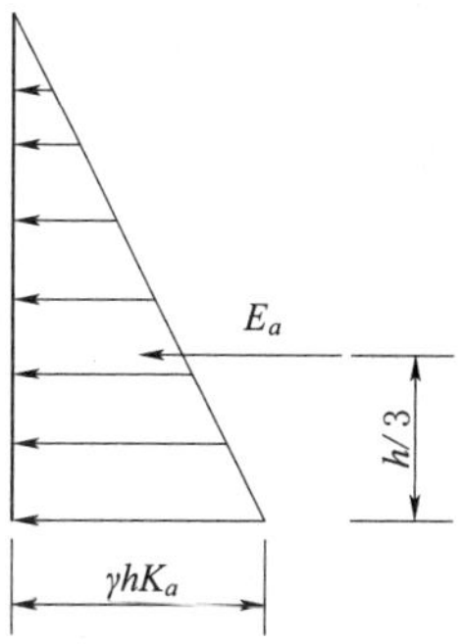

图5.1.10　无黏性土主动土压力分布

黏性土中的土压力强度由两部分组成：一部分是由土体自重引起的土压力γzK_a，另一部分是黏聚力c引起的负侧压力$2c\sqrt{K_a}$，两部分的叠加结果如图5.1.11所示，其中aed部分是负侧压力，对墙背是拉应力，但实际上土与墙背在很小的拉应力作用下即会分离，故在计算土压力时，这部分的压力应设为零，因此黏性土的土压力分布仅是abc部分。令式（5.1.3）为零即可求得临界深度z_0。

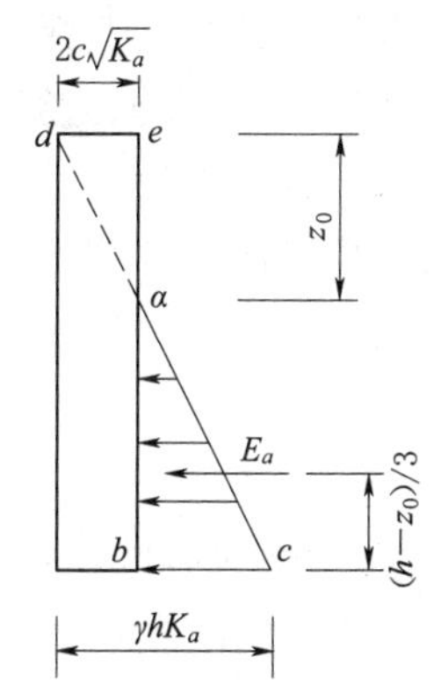

图5.1.11　黏性土主动土压力分布

$$z_0=\frac{2c}{\gamma\sqrt{K_a}} \tag{5.1.5}$$

单位长度挡墙上的主动土压力可由土压力实际分布面积计算（图5.1.11中abc部分的面积）。

$$E_a=\frac{1}{2}(\gamma hK_a-2c\sqrt{K_a})(h-z_0) \tag{5.1.6}$$

主动土压力的作用点通过三角形的形心，即作用在离墙底$\frac{h-z_0}{3}$高度处。

（2）朗肯被动土压力。被动土压力是填土处于被动极限平衡时作用在挡土墙上的土压力。由朗肯土压力原理可知，被动极限平衡时最小主应力为$\sigma_3=\sigma_z=\gamma z$，而最大主应力$\sigma_1=\sigma_x$即为被动土压力强度$p_p$。代入极限平衡条件，整理后可得被动土压力强度。

$$p_p=\sigma_{cz}K_p+2c\sqrt{K_p} \tag{5.1.7}$$

其中

$$K_p=\tan^2\left(45°+\frac{\varphi}{2}\right)$$

式中　p_p——墙背任一点处的被动土压力强度，kPa；

K_p——朗肯被动土压力系数。

计算朗肯被动土压力时，无论何种情况，首先按式（5.1.7）计算出各土层上、

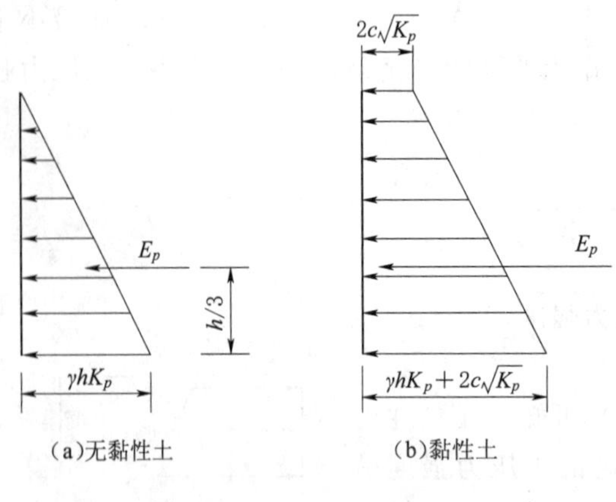

(a)无黏性土　(b)黏性土

图 5.1.12　被动土压力分布

下层面处的土压力强度 p_p，绘出被动土压力强度分布图（图 5.1.12），填土为无黏性土时呈三角形分布，为黏性填土时呈梯形分布。作用在单位长度挡土墙上的土压力 E_p 同样可由土压力实际分布面积计算，E_p 的作用线通过土压力强度分布图的形心。

（3）几种情况朗肯土压力计算。

1）成层土体中：当墙后土体由不同性质的水平土层组成，在计算各点的土压力时，可先计算其相应的自重应力，需注意的是土压力系数应采用各点对应土层的土压力系数值。

2）土体表面有均布荷载：当墙后土体表面有连续均布荷载 q 作用时，均布荷载在土中产生的上覆压力沿墙体方向矩形分布，主动土压力分布强度为 qK_a。土压力的计算方法是将上覆压力项 σ_{cz} 换以 $\gamma z+q$ 计算即可，如黏土的主动土压力强度为

$$p_a=(\gamma z+q)K_a-2c\sqrt{K_a} \tag{5.1.8}$$

3）墙后土体有地下水：当墙后土体中有地下水存在时，墙体除受到土压力的作用外，还将受到水压力的作用。通常所说的土压力是指土粒有效应力形成的压力，其计算方法是地下水位以下部分采用土的浮重度计算，水压力按静水压力计算。但在实际工程中计算墙体上的侧压力时，考虑到土质条件的影响，可分别采用“水土分算”或“水土合算”的计算方法。所谓“水土分算”法是将土压力和水压力分别计算后再叠加的方法，这种方法比较适合渗透性大的砂土层情况；“水土合算”法在计算土压力时则将地下水位以下的土体重度取为饱和重度，水压力不再单独计算叠加，这种方法比较适合渗透性小的黏性土层情况。

3. 库仑土压力理论

库仑 1773 年建立了库仑土压力理论，根据滑动土楔处于极限平衡状态时的静力平衡条件来求解主动土压力和被动土压力。其基本假定为：挡土墙后土体为均匀各向同性无黏性土（$c=0$）；挡土墙后产生主动或被动土压力时墙后土体形成滑动土楔，其滑裂面为通过墙踵的平面；滑动土楔可视为刚体。

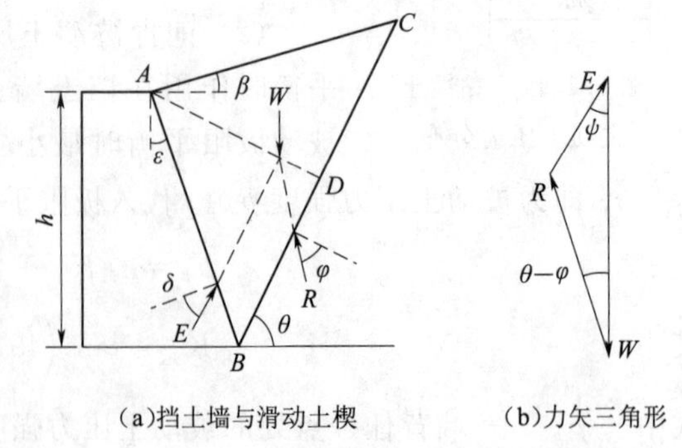

(a)挡土墙与滑动土楔　(b)力矢三角形

图 5.1.13　库仑主动土压力计算

（1）库仑主动土压力。如图 5.1.13（a）所示，设挡土墙高为 h，墙背俯斜，与垂线的夹角为 ε，墙后土体为无黏性土（$c=0$），土体表面与

水平线夹角为 β，墙背与土体的摩擦角为 δ。挡土墙在土压力作用下将向远离土体的方向位移（平移或转动），最后土体处于极限平衡状态，墙后土体将形成一滑动土楔，其滑裂面为平面 BC，滑裂面与水平面成 θ 角。

沿挡土墙长度方向取1m进行分析，并取滑动土楔 ABC 为隔离体，作用在滑动土楔上的力有土楔体的自重 W、滑裂面 BC 上的反力 R 和墙背面对土楔的反力 E（土体作用在墙背上的土压力与 E 大小相等方向相反）。滑动土楔在 W、R、E 的作用下处于平衡状态，因此三力必形成一个封闭的力矢三角形，如图5.1.13（b）所示。根据正弦定理并求出 E 的最大值即为墙背的库仑主动土压力。

$$E_a=\frac{1}{2}\gamma h^2 K_a \tag{5.1.9}$$

其中

$$K_a=\frac{\cos^2(\varphi-\varepsilon)}{\cos^2\varepsilon\cos(\varepsilon+\delta)\left[1+\sqrt{\dfrac{\sin(\varphi+\delta)\sin(\varphi-\beta)}{\cos(\varepsilon+\delta)\cos(\varepsilon-\beta)}}\right]^2} \tag{5.1.10}$$

式中　K_a——库仑主动土压力系数，由式（5.1.10）计算，也可以查相应规范表；

δ——填土对挡土墙的摩擦角（外摩擦角），可按以下规定取值：俯斜的混凝土或砌体墙，取 $\left(\frac{1}{2}\sim\frac{2}{3}\right)\varphi$；台阶形墙背，取 $\frac{2}{3}\varphi$；垂直混凝土或砌体墙，取 $\left(\frac{1}{3}\sim\frac{1}{2}\right)\varphi$。

库仑主动土压力强度分布图呈三角形，作用方向与墙背法线逆时针成 δ 角，作用点在距墙底 $h/3$ 处，如图5.1.14所示。

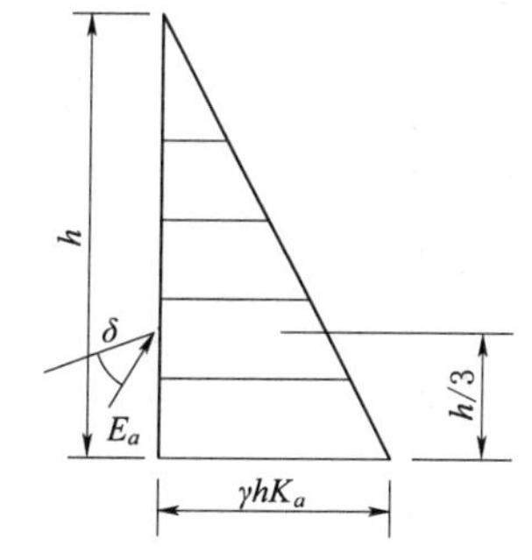

图5.1.14　库仑主动土压力分布

（2）库仑被动土压力。库仑被动土压力计算公式的推导与库仑主动土压力的方法相似，计算简图如图5.1.15所示，计算公式为

$$E_p=\frac{1}{2}\gamma h^2 K_p \tag{5.1.11}$$

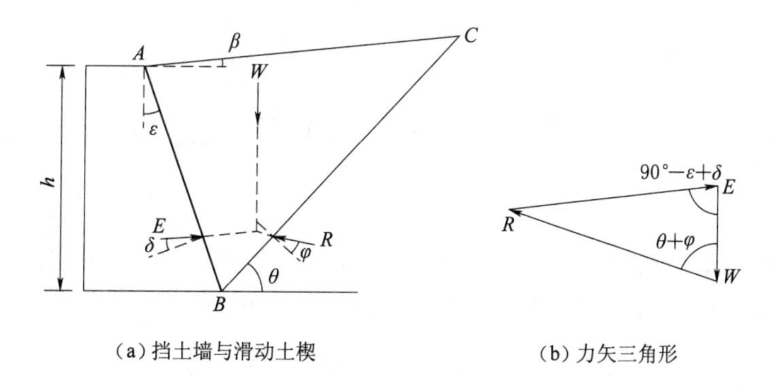

(a) 挡土墙与滑动土楔　(b) 力矢三角形

图5.1.15　库仑被动土压力计算

其中
$$K_p=\frac{\cos^2(\varphi+\varepsilon)}{\cos^2\varepsilon\cos(\varepsilon-\delta)\left[1-\sqrt{\frac{\sin(\varphi+\delta)\sin(\varphi+\beta)}{\cos(\varepsilon-\delta)\cos(\varepsilon-\beta)}}\right]^2} \tag{5.1.12}$$

式中　K_p——库仑被动土压力系数。

库仑被动土压力强度分布图也呈三角形，其作用方向与墙背法线顺时针成 δ 角，作用点在距墙底 $h/3$ 处。

当墙背垂直（$\varepsilon=0$）、光滑（$\delta=0$）、土体表面水平（$\beta=0$）时，库仑土压力计算公式与朗肯土压力公式一致。

5.1.2　教学实训：土压力计算与绘图

【例 5.1.1】 有一挡土墙高 6m，墙背竖直、光滑，墙后填土面水平，填土的物理力学指标为：$c=15\text{kPa}$，$\varphi=15°$，$\gamma=18\text{kN/m}^3$。求朗肯主动土压力及其作用点并绘出主动土压力分布图。

【解】 (1) 计算墙顶处的主动土压力强度 p_{a1}。

$$\begin{aligned}p_{a1}&=\gamma z\tan^2\left(45°-\frac{\varphi}{2}\right)-2c\tan\left(45°-\frac{\varphi}{2}\right)\\&=18\times0\times\tan^2\left(45°-\frac{15°}{2}\right)-2\times15\times\tan\left(45°-\frac{15°}{2}\right)\\&=-23.0(\text{kPa})<0\end{aligned}$$

(2) 计算临界深度 z_0。

$$\begin{aligned}z_0&=\frac{2c}{\gamma\sqrt{K_a}}\\&=\frac{2\times15}{18\times\tan\left(45°-\frac{15°}{2}\right)}\\&=2.17(\text{m})\end{aligned}$$

(3) 计算墙底处的主动土压力强度 p_{a2}。

$$\begin{aligned}p_{a2}&=\gamma z\tan^2\left(45°-\frac{\varphi}{2}\right)-2c\tan\left(45°-\frac{\varphi}{2}\right)\\&=18\times6\times\tan^2\left(45°-\frac{15°}{2}\right)-2\times15\times\tan\left(45°-\frac{15°}{2}\right)\\&=40.6(\text{kPa})\end{aligned}$$

(4) 绘制主动土压力分布图。主动土压力的分布图如图 5.1.16 所示。

(5) 计算主动土压力值。主动土压力值按分布面积为

$$E_a=\frac{1}{2}\times40.6\times(6-2.17)=77.8(\text{kN/m})$$

主动土压力 E_a 的作用点离墙底的距离为

$$\frac{h-z_0}{3}=\frac{6-2.17}{3}=1.28(\mathrm{m})$$

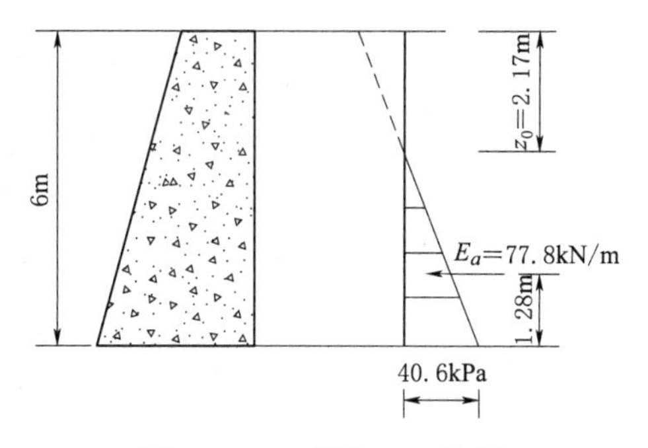

图5.1.16　[例5.1.1] 图

【例5.1.2】 挡土墙高5m，墙背直立、光滑，墙后土体表面水平，共分两层，各层土的物理力学指标如图5.1.17所示，求朗肯主动土压力并绘出土压力分布图。

【解】 第一层的土压力强度

层顶面处：　$p_{a0}=0$

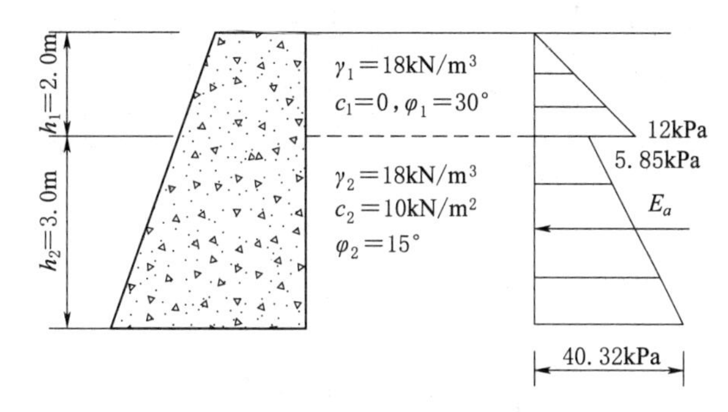

图5.1.17　[例5.1.2] 图

层底面处：

$$p_{a1}=\gamma_1 h_1\tan^2\left(45°-\frac{\varphi_1}{2}\right)=18\times 2\times\tan^2\left(45°-\frac{30°}{2}\right)=12(\mathrm{kPa})$$

第二层的土压力强度

层顶面处：

$$p_{a2}=\gamma_1 h_1\tan^2\left(45°-\frac{\varphi_2}{2}\right)-2c\tan\left(45°-\frac{\varphi_2}{2}\right)$$

$$=18\times 2\times\tan^2\left(45°-\frac{15°}{2}\right)-2\times 10\times\tan\left(45°-\frac{15°}{2}\right)$$

$$=5.85(\mathrm{kPa})$$

层底面处：

$$p_{a3}=(\gamma_1 h_1+\gamma_2 h_2)\tan^2\left(45°-\frac{\varphi_2}{2}\right)-2c\tan\left(45°-\frac{\varphi_2}{2}\right)$$

$$=(18\times 2+19.5\times 3)\times\tan^2\left(45°-\frac{15°}{2}\right)-2\times 10\times\tan\left(45°-\frac{15°}{2}\right)$$

$$=40.32(\mathrm{kPa})$$

主动土压力合力为

$$E_a=\frac{1}{2}p_{a1}h_1+\frac{1}{2}(p_{a2}+p_{a3})h_2$$

$$=\frac{1}{2}\times12\times2+\frac{1}{2}(5.85+40.32)\times3$$

$$=81.26(\text{kPa})$$

主动土压力分布图如图 5.1.17 所示。

【例 5.1.3】 有一挡土墙，如图 5.1.18 所示，高 5m，墙背直立、光滑，填土面水平，填土的指标为：$c=20\text{kPa}$，$\varphi=18°$，$\gamma=18\text{kN/m}^3$，地面作用着均布荷载 $q=20\text{kPa}$。求朗肯主动土压力合力的大小和作用点，并画出主动土压力分布图。

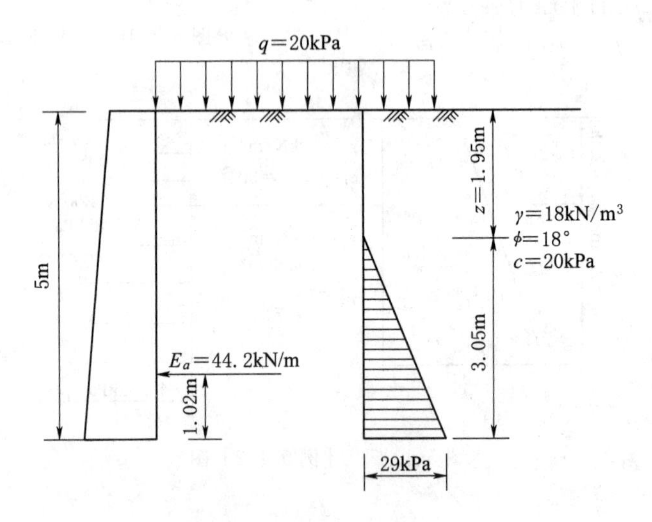

图 5.1.18 [例 5.1.3] 图

【解】 本题符合朗肯条件，先求主动土压力系数：

$$K_a=\tan^2\left(45°-\frac{18°}{2}\right)=0.528$$

当 $z=z_0=\dfrac{2c\sqrt{K_a}-qK_a}{\gamma K_a}=\dfrac{2\times20\sqrt{0.528}-20\times0.52}{18\times0.528}=1.95(\text{m})$ 时，$p_a=0$。

当 $z=5\text{m}$ 时，

$$p_a=(q+\gamma z)K_a-2c\sqrt{K_a}$$

$$=(20+18\times5)\times0.528-2\times20\times\sqrt{0.528}=29(\text{kPa})$$

墙背主动土压力分布如图 5.1.18 所示。

合力 E_a 的大小和作用点：

$$E_a=\frac{1}{2}\times29\times(5-1.95)=44.4(\text{kN/m})$$

方向垂直于墙背，作用点在距墙脚 $\dfrac{5-1.95}{3}=1.02(\text{m})$ 处。

学习任务5.2　挡 土 墙 设 计

5.2.1　基础知识学习

5.2.1.1　重力式挡土墙

重力式挡土墙是以墙身自重来维持挡土墙在土压力作用下的稳定，它是我国目前最常用的一种挡土墙形式。重力式挡土墙多用浆砌片（块）石砌筑，缺乏石料地区有时可用混凝土预制块作为砌体，也可直接用混凝土浇筑，一般不配钢筋或只在局部范围配置少量钢筋。这种挡土墙形式简单、施工方便，可就地取材，适应性强，因而应用广泛。

由于重力式挡土墙依靠自身重力来维持平衡稳定，因此墙身断面大，圬工数量也大，在软弱地基上修建时往往受到承载力的限制。如果墙过高，材料耗费多，因而也不经济。当地基较好、墙高不大，且当地又有石料时，一般优先选用重力式挡土墙。

当重力式挡土墙墙背只有单一坡度时，称为直线形墙背；若多于一个坡度，则称为折线形墙背。直线形墙背可做成俯斜、仰斜、垂直三种，墙背向外侧倾斜时称为俯斜，墙背向填土一侧倾斜时称为仰斜，墙背垂直时称为垂直；折线形墙背有凸形折线墙背和衡重式墙背两种，如图5.2.1所示。

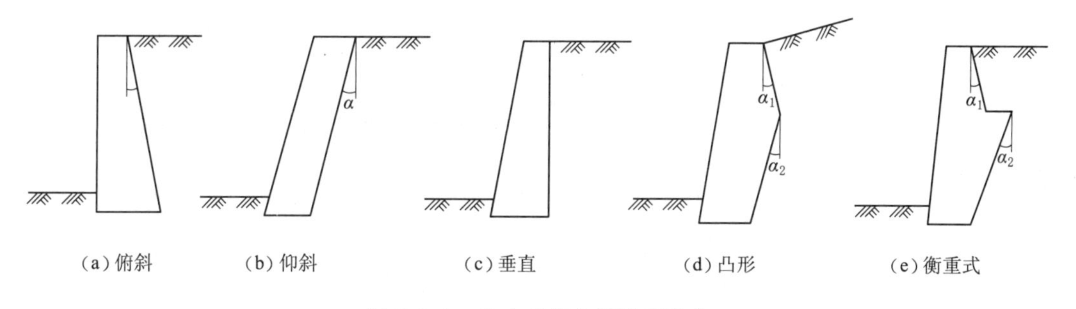

图5.2.1　重力式挡土墙墙背形式

仰斜墙背所受的土压力较小，开挖量和回填量均较小，但墙后填土不易压实，不便施工，当墙趾处地面横坡较陡时，采用仰斜墙背将使墙身增高，断面增大，如图5.2.2所示，所以仰斜墙背适用于路堑墙及墙趾处地面平坦的路肩墙或路堤墙。

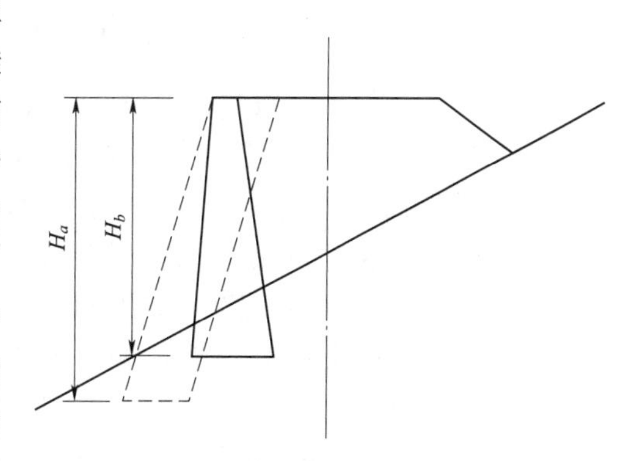

图5.2.2　地面横坡对墙高的影响

俯斜墙背所受土压力较大，其墙身断面较仰斜墙背时要大，通常在地面横坡陡峻时，利用陡直的墙面，以减小墙高。俯斜墙背可做成台阶形，以增加墙背与填土之间的摩擦力。

垂直墙背介于仰斜和俯斜墙背之间。

凸形折线墙背系由仰斜墙背演变而来，上部俯斜，下部仰斜，以减小上部断面尺寸，多用于路堑墙，也可用于路肩墙。

衡重式墙背在上下墙之间设有衡重台，利用衡重台上填土的重力使全墙重心后移，增加了墙身的稳定。由于采用陡直的墙面，且下墙采用仰斜墙背，因而可以减小墙身高度，减少开挖工作量。适用于山区地形陡峻处的路肩墙和路堤墙，也可用于路堑墙。

5.15 挡土墙构造

1. 重力式挡土墙的构造

重力式挡土墙的构造必须满足强度与稳定性的要求，同时应考虑就地取材、经济合理、施工养护的方便与安全。

(1) 墙身构造。重力式挡土墙的仰斜墙背坡度一般采用1∶0.25，不宜缓于1∶0.30；俯斜墙背坡度一般为1∶0.25～1∶0.40，衡重式或凸折式挡土墙下墙墙背坡度多采用1∶0.25～1∶0.30仰斜，上墙墙背坡度受墙身强度控制，根据上墙高度，采用1∶0.25～1∶0.45俯斜，如图5.2.3所示。墙面一般为直线形，其坡度应与墙背坡度相协调。同时还应考虑墙趾处的地面横坡，在地面横向倾斜时，墙面坡度影响挡土墙的高度，横向坡度越大影响越大。因此，地面横坡较陡时，墙面坡度一般为1∶0.05～1∶0.20，矮墙时也可采用直立；地面横坡平缓时，墙面可适当放缓，但一般不缓于1∶0.35。

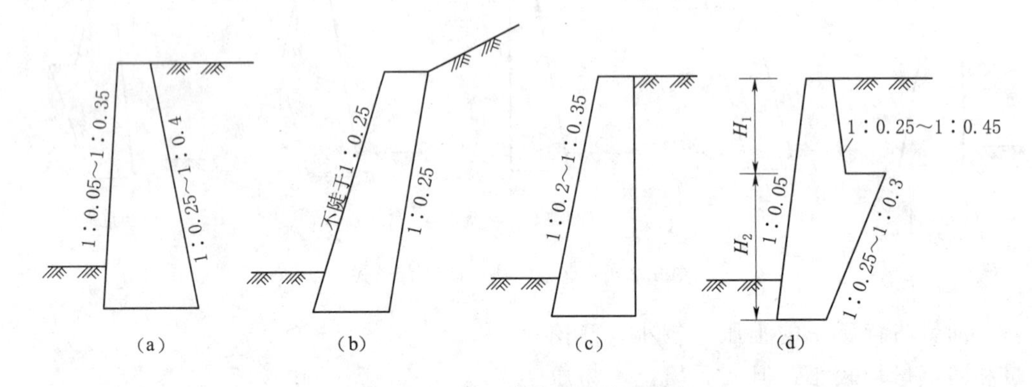

图5.2.3 挡土墙墙背和墙面坡度

仰斜式挡土墙墙面一般与墙背坡度一致或缓于墙背坡度；衡重式挡土墙墙面坡度采用1∶0.05，所以在地面横坡较大的山区，采用衡重式挡土墙较经济。衡重式挡土墙上墙与下墙的高度之比，一般采用2∶3较为经济合理。对一处挡土墙而言，其断面形式不宜变化过多，以免造成施工困难，并且应当注意不要影响挡土墙的外观。

混凝土块和石砌体挡土墙的墙顶宽度一般不应小于0.5m，混凝土墙顶宽度不应小于0.4m。路肩挡土墙墙顶应以粗料石或C15混凝土做帽石，其厚度不得小于0.4m，宽度不小于0.6m，突出墙外的飞檐宽应为0.1m。如不做帽石或为路堤墙和路堑墙，应选用大块片石置于墙顶并用砂浆抹平。

在有石料的地区，重力式挡土墙应尽可能采用浆砌片石砌筑，片石的极限抗压强度不得低于30MPa。在一般地区及寒冷地区，采用M7.5水泥砂浆；在浸水地区及严寒地区，采用M10水泥砂浆。在缺乏石料的地区，重力式挡土墙可用C15混凝土或片石混凝土建造；在严寒地区，采用C20混凝土或片石混凝土。

为保证列车正常运行、线路养护及行人的安全，路肩挡土墙在一定条件下，应设置防护栏杆。

为避免因地基不均匀沉陷而引起墙身开裂，根据地基地质条件的变化和墙高、墙身断面的变化情况需设置沉降缝。在平曲线地段，挡土墙可按折线形布置，并在转折处以沉降缝断开。为防止圬工砌体因收缩硬化和温度变化而产生裂缝应设置伸缩缝，设计中一般将沉降缝和伸缩缝合并设置，沿线路方向每隔10～25m设置一道，如图5.2.4所示。缝宽为2～3cm，自墙顶做到基底。缝内沿墙的内、外、顶三边填塞沥青麻筋或沥青木板，塞入深度不小于0.2m，当墙背为岩石路堑或填石路堤时，可设置空缝。

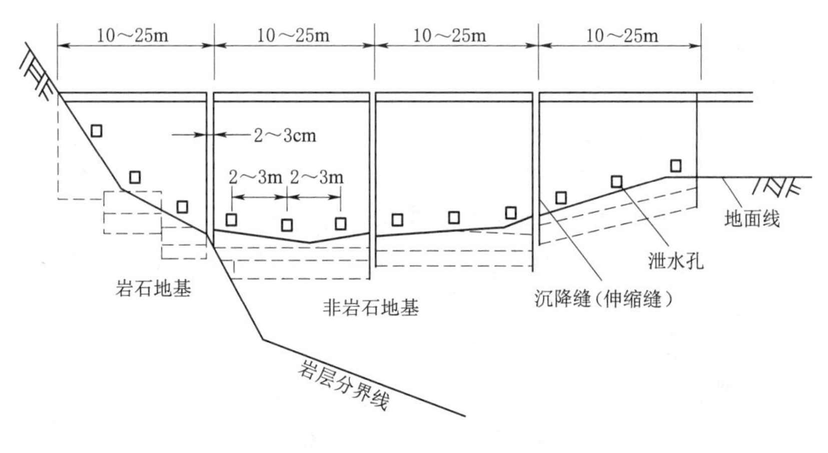

图5.2.4　沉降缝与伸缩缝

若墙后填土的透水性不良或可能发生冻胀，应在最低一排泄水孔至墙顶以下0.5m的高度范围内，填筑不小于0.3m厚的砂加卵石或土工合成材料反滤层。既可减轻冻胀力对墙的影响，又可防止墙后产生静水压力，同时起反滤作用。反滤层的顶部与下部应设置隔水层。

挡土墙常因雨水下渗而又排水不良，地表水渗入墙后填土，使填土的抗剪强度降低，土压力增大，这对挡土墙的稳定不利。如果墙后积水，则要产生水压力。积水自墙面渗出，还有产生渗流压力。水位较高时，静、动水压力对挡土墙的稳定更是较大威胁。因此挡土墙必须有良好的排水设施，以免墙后填土因积水而造成地基松软，从而导致承载力不足。若填土冻胀，则会使挡土墙开裂或倒塌。故常沿墙长设置间距为2～3m，直径不小于100mm的泄水孔，墙后做好滤水层和必要的排水盲沟，在墙顶地面铺设防水层，当墙后有山坡时，还应在坡下设置截水沟，如图5.2.5所示。

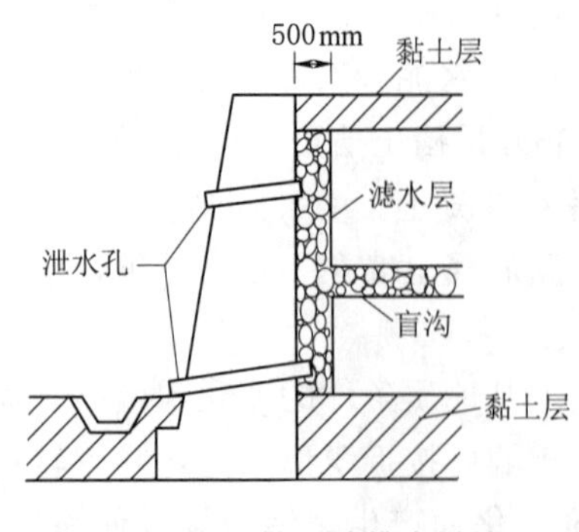

图 5.2.5 挡土墙排水设施

(2) 基础埋置深度。挡土墙一般采用明挖基础。当地基为松软土层时，可采用加宽基础、换填或桩基础。水下基础挖基有困难时，可采用桩基础或沉井基础。基础埋置深度应按地基的性质、承载力的要求、冻胀的影响、地形和水文地质等条件确定。

挡土墙基础置于土质地基上时，其基础埋深应符合下列要求：

1）基础埋置深度不小于1m。当有冻结且冻结深度小于或等于1m时，应在冻结线以下不小于0.25m（不冻胀土除外）；当冻结深度超过1m时，可在冻结线下0.25m内换填弱冻胀土或不冻胀土，但埋置深度不小于1.25m。不冻胀土层（如碎石、卵石、中砂或粗砂等）中的基础，埋置深度可不受冻深的限制。

2）受水流冲刷时，基础应埋置在冲刷线以下不小于1m。

3）路堑挡土墙基础底面应在路肩以下不小于1m，并应低于侧沟砌体底面不小于0.2m。

(3) 重力式挡土墙的布置。挡土墙的布置是挡土墙设计的一个重要内容，通常在路基横断面图和墙趾纵断面图上进行。布置前应现场核对路基横断面图，不满足要求时应补测，并测绘墙趾处的纵断面图，收集墙址处的地质和水文等资料。

1）挡土墙位置的选定：路堑挡土墙的位置通常设置在路基的侧沟边。山坡挡土墙应考虑设在基础可靠处，墙的高度应保证设墙后墙顶以上边坡稳定。路肩挡土墙因可充分收缩坡脚，大量减少填方和占地，当路肩与路堤墙的墙高或截面圬工数量相近、基础情况相似时，应优先选用路肩墙。若路堤墙的高度或圬工数量比路肩墙显著降低，而且基础可靠时，宜选用路堤墙。必要时应作技术经济比较以确定墙的位置。当路基两侧同时设置路肩和路堑挡土墙时，一般应先施工路肩墙，以免在施工时破坏路堑墙的基础。同时要求过路肩墙墙踵与水平面成 f 角的平面不得伸入到路堑墙的基底面以下，否则应加深路堑墙的基础，或将两者设计成一个整体结构。沿河路堤设置挡土墙时，应结合河流的水文、地质情况以及河道工程来布置，注意应保证墙后水流顺畅，不致挤压河道而引起局部冲刷。滑坡地段的抗滑挡土墙，应结合地形、地质条件，滑面的部位、滑坡推力，以及其他工程，如抗滑桩、减载、排水等综合考虑；带拦截落石作用的挡土墙，应按落石范围、规模、弹跳轨迹等进行考虑；受其他建筑物，如房屋、公路、桥涵、隧道等控制的挡土墙，在满足特定的要求下，尚需考虑技术经济条件。

2）纵向布置：纵向布置在墙址纵断面图上进行，布置后绘成挡土墙正面图，布置的内容有确定挡土墙的起讫点和墙长，选择挡土墙与路基或其他结构物的衔接方式。路肩挡土墙端部可嵌入石质路堑中，或采用锥坡与路堤衔接；当路肩挡土墙、路堤挡土墙兼设时，其衔接处可设斜墙或端墙；与桥台连接时，为防止墙后回填土从桥台尾端与挡土墙连接处的空隙中溜出，需在台尾与挡土墙之间设置隔墙及接头墙。路堑挡土墙在隧道洞口应结合隧道洞门、翼墙的设置情况平顺衔接；与路堑边坡衔接时，一般将墙高逐渐降低至 2m 以下，使边坡坡脚不致伸入边沟内，有时也可用横向端墙连接。按地基、地形及墙身断面变化情况进行分段，确定伸缩缝和沉降缝的位置。当墙身位于弧形地段，如桥头锥体坡脚，因受力后容易出现竖向裂缝，宜缩短伸缩缝间距，或考虑其他措施。布置各挡土墙的基础。墙址地面有纵坡时，挡土墙的基底宜做成不大于 5%的纵坡。但地基为岩石时，为减少开挖，可沿纵向做成台阶。台阶尺寸应随纵坡大小而定，但其高宽比不宜大于 1∶2。布置泄水孔的位置，包括数量、间隔和尺寸等。此外，在布置图上应注明各特征断面的桩号，以及墙顶、基础、顶面、基底、冲刷线、冰冻线、常水位或设计洪水位的标高等。

3）横向布置：横向布置选择在墙高最大处、墙身断面或基础形式有变异处。根据墙型、墙高、地基及填土的物理力学指标等设计资料，进行挡土墙设计或套用标准图，确定墙身断面、基础形式和埋置深度，布置排水设施等，并绘制挡土墙横断面图。

4）平面布置：对于个别复杂的挡土墙，如高、长的沿河挡土墙和曲线挡土墙，除了纵、横向布置外，还应进行平面布置，绘制平面图，标明挡土墙与线路的平面位置及附近地貌和地物等情况，特别是与挡土墙有干扰的建筑物的情况。沿河挡土墙还应绘出河道及水流方向、其他防护与加固工程等。

在以上设计图中，还应标写简要说明，必要时可另编设计说明书，说明选用挡土墙方案的理由，选用挡土墙结构类型和设计参数的依据，对材料和施工的要求及注意事项，主要工程数量等。如采用标准图，应注明其编号。

（4）重力式挡土墙的稳定分析。

1）挡土墙抗滑移验算。在抗滑移稳定验算中，如图 5.2.6 所示的挡土墙，将土压力 E_a 及挡土墙重力 G 各分解为平行和垂直于基底的两个分力：滑移力 E_{at}、抗滑移力 E_{an} 及 G_n 在基底产生的摩擦力。抗滑移力和滑动力的比值称为抗滑移安全系数 K_s，即

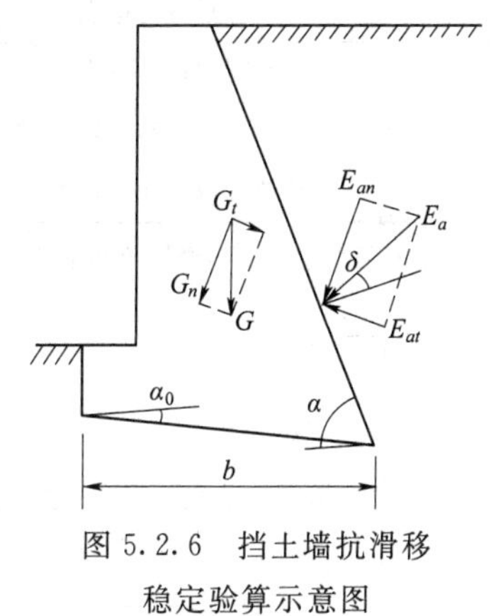

图 5.2.6 挡土墙抗滑移稳定验算示意图

$$K_s=\frac{抗滑力}{滑动力}=\frac{(G_n+E_{an})\mu}{E_{at}-G_t}\geqslant 1.3 \qquad (5.2.1)$$

其中

$$G_n=G\cos\alpha_0$$
$$G_t=G\sin\alpha_0$$
$$E_{an}=E_a\cos(\alpha-\alpha_0-\delta)$$
$$E_{at}=E_a\sin(\alpha-\alpha_0-\delta)$$

式中 K_s——抗滑移安全系数；

G_n——垂直于基底的重力分力；

G_t——平行于基底的重力分力；

E_{an}——垂直于基底的土压力分力；

E_{at}——平行于基底的土压力分力；

G——挡土墙每米自重，kN/m；

α_0 ——挡土墙基底的倾角，(°)；

α ——挡土墙墙背的倾角，(°)；

μ ——土对挡土墙基底的摩擦系数，由试验确定，也可按表5.2.1选用；

δ ——土对挡土墙墙背的摩擦角，可按表5.2.2选用，(°)。

表5.2.1　　土对挡土墙基底的摩擦系数 μ

土的类别		摩擦系数 μ
黏性土	可塑	0.25～0.30
	硬塑	0.30～0.35
	坚硬	0.35～0.45
粉土		0.30～0.40
中砂、粗砂、砾砂		0.40～0.50
碎石土		0.40～0.60
软质岩		0.40～0.60
表面粗糙的硬质岩		0.65～0.75

注　1. 对易风化的软质岩和塑性指数 I_p 大于22的黏性土，基底摩擦系数应通过试验确定。
2. 对碎石土，可根据其密实程度、填充物状况、风化程度等确定。

表5.2.2　　土对挡土墙墙背的摩擦角 δ

挡土墙情况	摩擦角 δ
墙背平滑，排水不良	$(0\sim0.33)\varphi_k$
墙背粗糙，排水良好	$(0.33\sim0.50)\varphi_k$
墙背很粗糙，排水良好	$(0.50\sim0.67)\varphi_k$
墙背与填土间不可能滑动	$(0.67\sim1.00)\varphi_k$

注　φ_k—墙背填土的内摩擦角标准值。

2）挡土墙抗倾覆验算。

如图5.2.7所示，将土压力 E_a 分解为水平分力 E_{ax} 和垂直分力 E_{az}，显然，对墙趾 o 点的倾覆力矩为 $E_{ax}z_f$，而抗倾覆力矩则为 $Gx_0+E_{az}x_f$。为了保证挡土墙稳定，应使抗倾覆力矩大于倾覆力矩，两者之比值称为抗倾覆安全系数 K_t，即

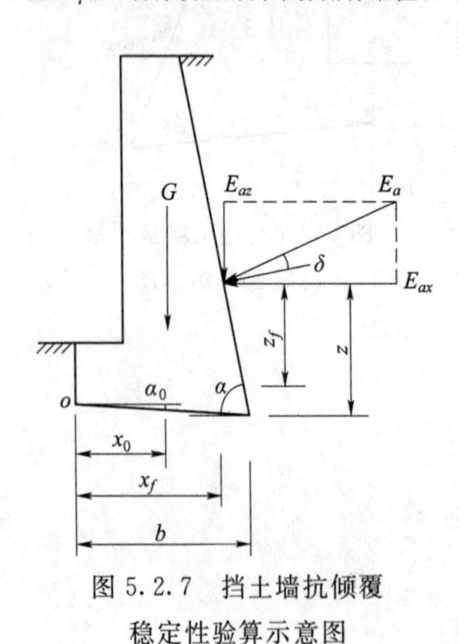

图5.2.7　挡土墙抗倾覆稳定性验算示意图

$$K_t=\frac{抗倾覆力矩}{倾覆力矩}=\frac{Gx_0+E_{az}x_f}{E_{ax}z_f}\geqslant1.6 \tag{5.2.2}$$

其中

$$E_{ax}=E_a\sin(\alpha-\delta)$$
$$E_{az}=E_a\cos(\alpha-\delta)$$
$$x_f=b-z\cot\alpha$$
$$z_f=z-b\tan\alpha_0$$

式中　K_t——抗倾覆安全系数；

G——挡土墙每米自重，kN/m；

E_{ax}——每米主动土压力的水平分力；

E_{az}——每米主动土压力的垂直分力；

x_0、x_f、z_f——G、E_{az}、E_{ax}至墙趾o点的距离。

α_0——挡土墙基底的倾角，(°)；

α——挡土墙墙背的倾角，(°)；

z——土压力作用点离墙踵的高度，m；

x_0——挡土墙重心离墙趾的水平距离，m；

b——基底的水平投影宽度，m。

若验算不能满足式（5.2.2）的要求，可按以下措施处理：增大挡土墙底宽和减小墙面坡度，这样增大了G值及力臂，抗倾覆力矩增大，但工程量也相应增大，且墙面坡度受地形条件限制。加长加高墙趾，x_0增大，抗倾覆力矩增大。但墙趾过长，则墙趾端部弯矩、剪力较大，易产生拉裂拉断或剪切破坏，需要配置钢筋。墙背做成仰斜式，可减小土压力。在挡土墙垂直墙背上做卸荷台，如图5.2.8所示。平台以上土压力不能传到平台以下，总压力减小，故抗倾覆稳定性增大。卸荷台用于钢筋混凝土挡土墙，砌筑的块石挡土墙不宜做卸荷台。

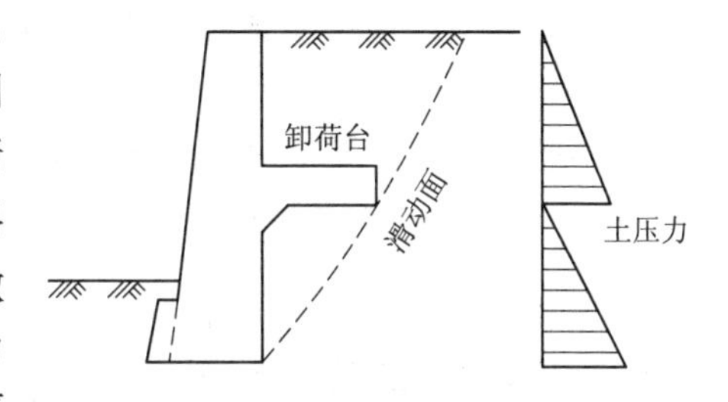

图5.2.8　有卸荷台的挡土墙

(5) 墙后填土的选择。根据前述土压力理论进行分析，作用在挡土墙上的土压力值越小越好，这样可以使挡土墙断面小，省方量，降低造价。各种土压力中，最小的土压力为主动土压力E_a，而E_a数值的大小与墙后填土的种类和性质密切相关。由此可见，挡土墙后的填土应作为挡土墙工程的组成部分进行设计与选择。卵石、砾石、粗砂、中砂等内摩擦角φ大，主动土压力系数$K_a=\tan^2(45°-\varphi/2)$小，则作用在挡土墙上的主动土压力$E_a=\frac{1}{2}\gamma h^2K_a$小，此类粗粒土为挡土墙后理想回填土。此外，细砂、粉砂、含水率接近最优含水率的粉土、粉质黏土和低塑性黏土为可用的回填土。软黏土、成块的硬黏土、膨胀土和耕植土等因性质不稳定，在冬季结冰时或雨季吸水膨胀都将产生额外的土压力，对挡土墙的稳定性产生不利影响，故不能作为墙后填土。

5.2.1.2　加筋土挡土墙

加筋土挡土墙是利用加筋土技术修建的一种轻型支挡结构物，是由墙面板、拉筋、填料三部分组成的复合结构物，如图5.2.9所示。它依靠填料与拉筋之间的摩擦力作用，平衡填料作用于墙面上的水平土压力，使之形成整体，抵抗其后部填料产生的土压力。

现代加筋土的概念和设计理论是20世纪60年代法国工程师HenriVidal首创的。

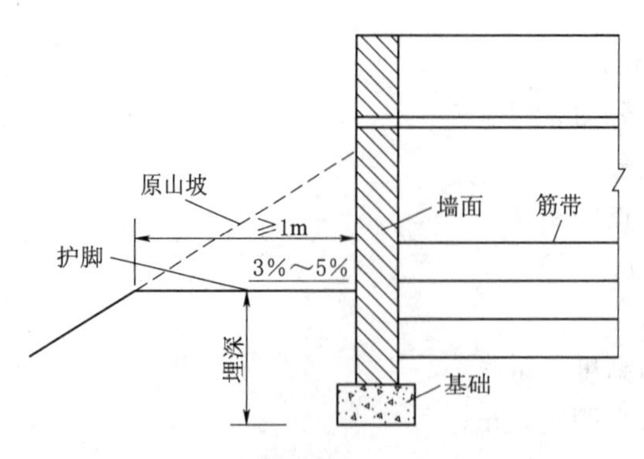

图 5.2.9 加筋挡土墙组成示意图

世界上规模最大的加筋土工程—重庆长江滨江路加筋土工程

根据他的设计理论于 1965 年在法国普拉聂尔斯（Prageres）成功修建了一座公路加筋土挡土墙，该项工程立刻引起了世界工程界的浓厚兴趣及各国的重视，得到很高评价。国外誉之为仅次于钢筋混凝土、预应力钢筋混凝土的又一次发明。此后，世界各国普遍开展了加筋土技术的研究和工程试验。加筋土技术在我国发展和应用是在 20 世纪 70 年代末才开始的，从理论研究、模型试验和现场试验到机理分析，都取得了有益的成果。目前我国也是世界上规模最大的加筋土工程为重庆长江滨江路工程，长约 6km，加筋土挡墙墙面积约 $110000m^2$，墙最高处达 33m。

1. 加筋土挡土墙的类型

（1）加筋土挡土墙按其断面外轮廓形式划分如下：

1）单面式加筋土挡土墙，如图 5.2.10 所示。

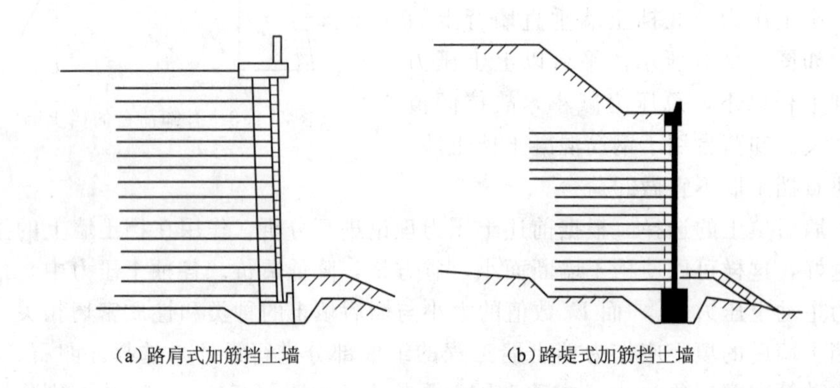

(a)路肩式加筋挡土墙　　(b)路堤式加筋挡土墙

图 5.2.10 单面式加筋挡土墙

2）双面式加筋土挡土墙，双面式中又分分离式和交错式加筋土挡土墙，如图 5.2.11 所示。

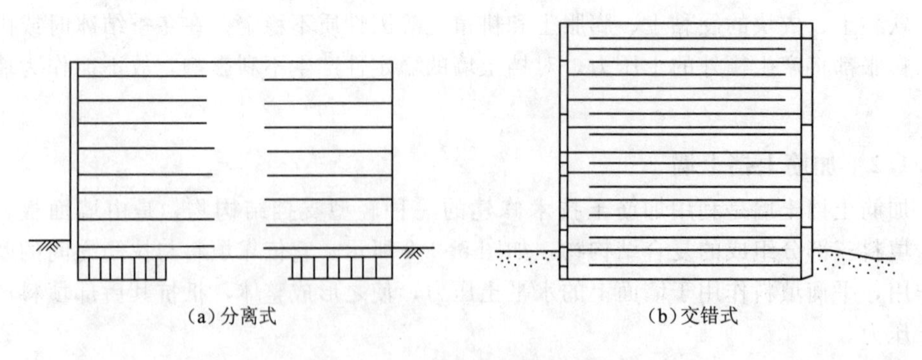

(a)分离式　　(b)交错式

图 5.2.11 双面式加筋挡土墙

3）台阶式加筋土挡土墙，如图5.2.12所示。

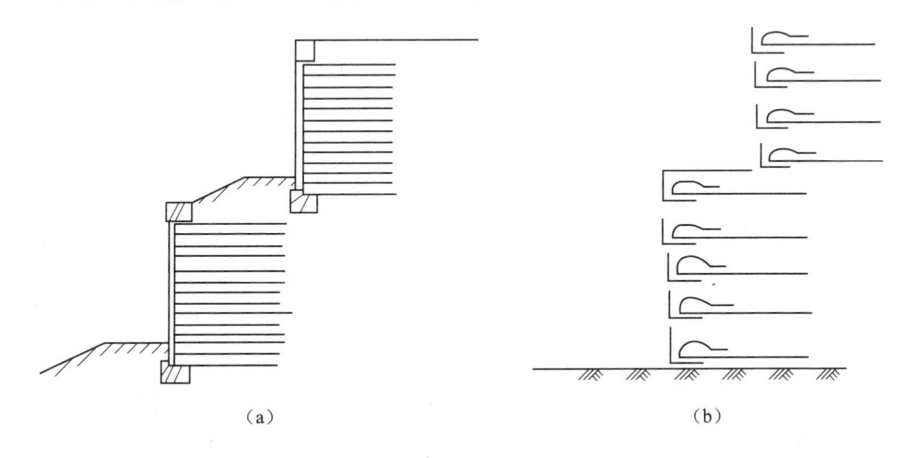

图5.2.12　台阶式加筋挡土墙

（2）加筋土挡土墙按其断面结构形式，一般分为矩形、正梯形、倒梯形和锯齿形，如图5.2.13所示。

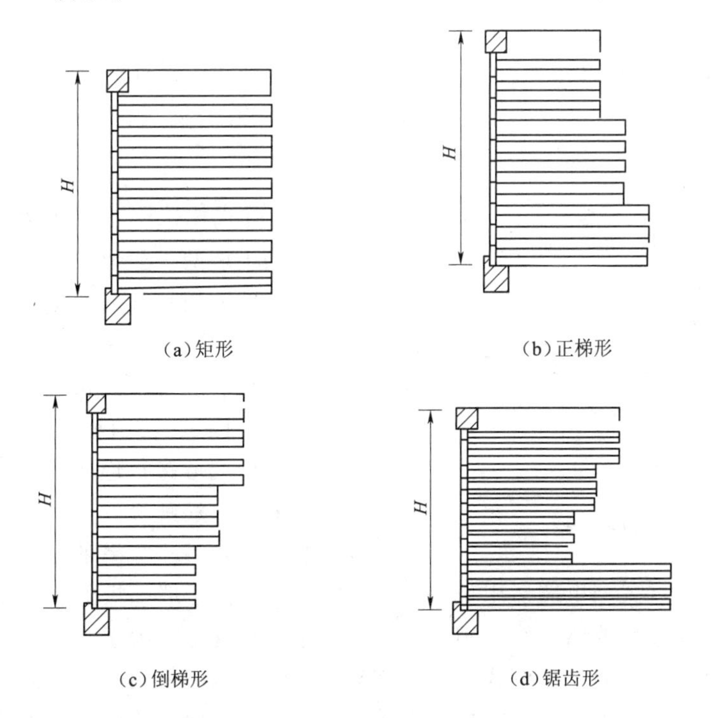

图5.2.13　加筋结构断面形式

（3）加筋土挡土墙按拉筋的形式可分为条带式加筋土挡土墙（拉筋为条带式，每一层不满铺拉筋）和满铺式加筋挡土墙（每一层连续满铺土工格栅或土工织物拉筋）。

2. 加筋土挡土墙的应用范围

加筋土挡土墙一般应用于地形较为平坦且宽敞的填方路段上，适用于一般地区的路肩墙，在挖方路段或地形陡峭的山坡，由于不利于布置拉筋，一般不宜使用。滑坡和崩坍等工程地质不良地段由于地质条件复杂，土压力变化较大，可能导致墙面板受力不均产生相互错位，而且这种地段修筑加筋土挡土墙挖方量也比较大，故应慎重采用。加筋土挡土墙高度Ⅰ级干线不宜大于10m。

3. 加筋土挡墙的特点

(1) 优点：组成加筋土挡土墙的墙面板和拉筋可以预先制作，在现场用机械（或人工）分层填筑。这种装配式的方法，施工简便、快速，并且节省劳力和缩短工期。加筋土挡土墙是柔性结构物，能够适应地基轻微的变形。在软弱的地基上修筑时，由于拉筋在填筑过程中逐层埋设，所以，因填土引起的地基变形对加筋土挡土墙的稳定性影响比对其他结构物小，地基的处理也较简便。加筋土挡土墙具有一定的柔性，抗振动性强，因此，它也是一种很好的抗震结构物。加筋土挡土墙节约占地，造型美观。由于墙面板可以垂直砌筑，可以大量减少占地。挡土墙的总体布设和墙面板的形式图案可根据周围环境特点和需要进行设计。加筋土挡土墙造价比较低。与钢筋混凝土挡土墙相比，可减少一半左右造价；与石砌重力式挡土墙相比，也可节约20%以上。而且，加筋土挡土墙造价的节省随墙高的增加而越加显著，因此它具有良好的经济效益。

(2) 缺点：挡墙背后需要充足的空间，以获得足够的墙宽来保证内部和外部稳定性。对于钢材加筋的锈蚀、用作暴露面层的土工合成材料在紫外线照射下的变质，以及填土中聚酯类加筋材料的老化等问题，需要制定合适的设计标准。由于目前加筋土系统的设计和施工经验仍不成熟，故规范尚需进一步完善。

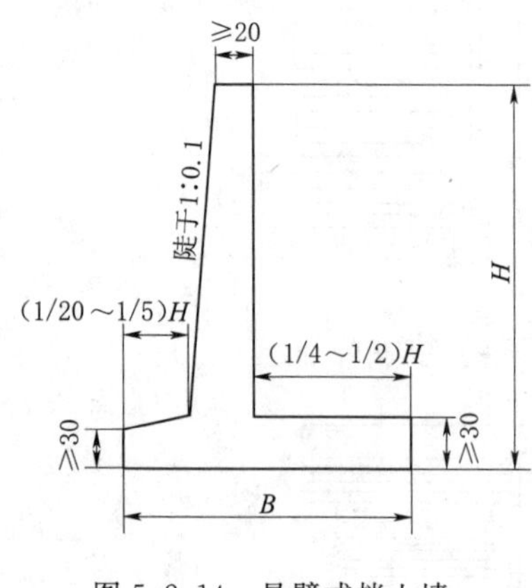

图5.2.14 悬臂式挡土墙

5.2.1.3 悬臂式和扶壁式挡土墙

悬臂式挡土墙的一般形式如图5.2.14所示，它是由立壁（墙面板）和墙底板（包括墙趾板和墙踵板）组成，呈倒T字形，具有三个悬臂，即立壁、墙趾板和墙踵板。扶壁式挡土墙由墙面板（立壁）、墙趾板、墙踵板及扶肋（扶壁）组成，扶肋把立壁同墙踵板连接起来，起加劲的作用，以改善立壁和墙踵板的受力条件，提高结构的刚度和整体性，减小立壁的变形。

悬臂式和扶壁式挡土墙适用于缺乏石料的地区。由于墙踵板的施工条件，一般用于填方路段作路肩墙或路堤墙使用。悬臂式挡土墙高度不宜大于6m，当墙高大于4m时，宜在墙面板前加肋。扶壁式挡土墙宜整体灌注，也可采用拼装，但拼装式扶壁挡土墙不宜在地质不良地段和地震烈度大于或等于八度的地区使用。悬臂式和扶壁式挡土墙的结构稳定性是依靠墙身自重和墙踵板上方填土的重力来保证的，而且墙趾板的设置也显著地增大了挡土墙的抗倾覆稳定性并大大减小了基底接触应力。

悬臂式和扶壁式挡土墙的主要特点是构造简单、施工方便，墙身断面较小，自身质量轻，可以较好地发挥材料的强度性能，能适应承载力较低的地基。但是需耗用一定数量的钢材和水泥，特别是墙高较大时，钢材用量急剧增加，影响其经济性能。

5.2.1.4 锚杆及锚定板式挡土墙

1. 锚杆挡土墙

锚杆挡土墙是利用板肋式，格构式或排桩式墙身结构挡土，依靠固定在岩石或可靠地基上的锚杆维持稳定的挡土墙。

在20世纪50年代以前，锚杆技术只是作为施工过程的一种临时措施。20世纪50年代中期以后，西方国家在隧道工程中开始采用小型永久性的灌浆锚杆和喷射混凝土代替衬砌结构。1966年锚杆挡土墙在我国始应用于成昆线，继而在许多铁路线上修建，使用效果良好。现已广泛应用于铁路、公路、煤矿和水利等支挡工程中。

锚杆挡土墙按墙面的结构形式可分为柱板式挡土墙和壁板式挡土墙，如图5.2.15所示。柱板式锚杆挡土墙由挡土板、肋柱和锚杆组成，如图5.2.15（a）所示。肋柱是挡土板的支座，锚杆是肋柱的支座，墙后的侧向土压力作用于挡土板上，并通过挡土板传递给肋柱，再由肋柱传递给锚杆，由锚杆与周围地层之间的锚固力即锚杆抗拔力使之平衡，以维持墙身及墙后土体的稳定。壁板式锚杆挡土墙由墙面板和锚杆组成，如图5.2.15（b）所示。墙面板直接与锚杆连接，并以锚杆为支撑，土压力通过墙面板传给锚杆，依靠锚杆与周围地层之间的锚固力（即抗拔力）抵抗土压力，以维持挡土墙的平衡与稳定。目前多用柱板式锚杆挡土墙。

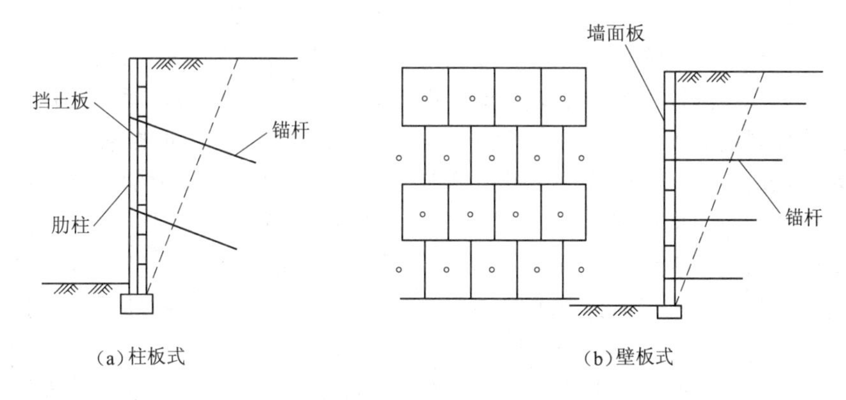

图5.2.15 锚杆挡土墙类型

锚杆挡土墙可根据地形设计为单级或多级，每级墙的高度不宜大于8m，具体高度应视地质和施工条件而定。在多级墙的上、下两级墙之间应设置平台，平台宽度一般不小于2.0m。平台应使用厚度不小于0.15m的C15混凝土封闭，并设向墙外倾斜的横坡，坡度为2%。多级墙总高度不宜大于18m。

锚杆挡土墙的特点是：结构质量轻，使挡土墙的结构轻型化，与重力式挡土墙相比，可以节约大量的圬工和节省工程投资；有利于挡土墙的机械化、装配化施工，可以提高劳动生产率；不需要开挖大量基坑，能克服不良地基挖基的困难，并利于施工安全。但是锚杆挡土墙也有一些不足之处，使设计和施工受到一定的限制，如施工工艺要求较高，要有钻孔、灌浆等配套的专用机械设备，且要耗用一定的钢材。

锚杆挡土墙适用于一般地区岩质路堑地段，但其他具有锚固条件的路堑墙也可使用，还可应用于陡坡路堤。在不良地质地段使用时，必须采取相应措施。

另一类锚杆挡土墙为竖向预应力锚杆挡土墙，它也利用了锚杆技术，即竖向锚杆锚固岩层地基中，并施加预应力，以竖向预应力锚杆代替重力式挡土墙的部分圬工断面，减小挡土墙的圬工数量且增加其稳定性。竖向预应力锚杆挡土墙的工作原理、设计方法与普通锚杆挡土墙有很大的差异。

2. 锚定板挡土墙

锚定板挡土结构是一种适用于填方的轻型支挡结构，可以用作挡土墙、桥台、港口护岸工程。锚定板结构是我国铁路部门首创的一种支挡结构形式，它发展于20世纪70年代初期，1974年首次在太焦铁路上使用，目前在铁路部门已广泛使用，公路、水利、煤矿等部门也在立交桥台、边坡支挡、坡脚防护等多种工程中应用。

锚定板挡土墙是由墙面系、拉杆、锚定板以及充填墙面与锚定板之间的填土所共同组成的一个整体。在这个整体结构的内部，存在着作用于墙面上的土压力、拉杆的拉力和锚定板的抗拔力等相互作用的内力，这些内力必须互相平衡，才能保证结构内部的稳定。同时，在锚定板挡土墙的周围边界上，还存在着从边界外部传来的土压力、活载以及结构自重所产生的作用力和摩擦力，这些外力也必须互相平衡，以保证锚定板挡土墙的整体稳定性，防止发生滑动或蠕动。

锚定板挡土墙和锚杆挡土墙一样，也是依靠“拉杆”的抗拔力来保持挡土墙的稳定。但是这种挡土墙与锚杆挡土墙又有着明显的区别，锚杆挡土墙的锚杆必须锚固在稳定的地层中，其抗拔力来源于锚杆与砂浆、孔壁地层的摩阻力；而锚定板挡土墙的拉杆及其端部的锚定板均埋设在回填土中，其抗拔力来源于锚定板前填土的被动抗力。依靠锚定板在填土中的抗拔力抵抗侧向土压力，以维持挡土墙的平衡与稳定。锚定板挡土墙按墙面结构形式可分为肋柱式和无肋柱式式两种，如图5.2.16所示。肋柱式挡土墙［图5.2.16（a）］的墙面由肋柱与挡土板拼装而成，根据运输与吊装能力可采用单根肋柱，也可以分段拼接，上下肋柱之间用榫连接。按肋柱上的拉杆层数还可分为单层拉杆、双层拉杆和多层拉杆锚定板挡土墙。如图5.2.16（b）所示，无肋柱式式挡土墙的墙面板（壁面板）可采用矩形或十字形板拼装而成，墙面板直接用拉杆与锚定板连接。

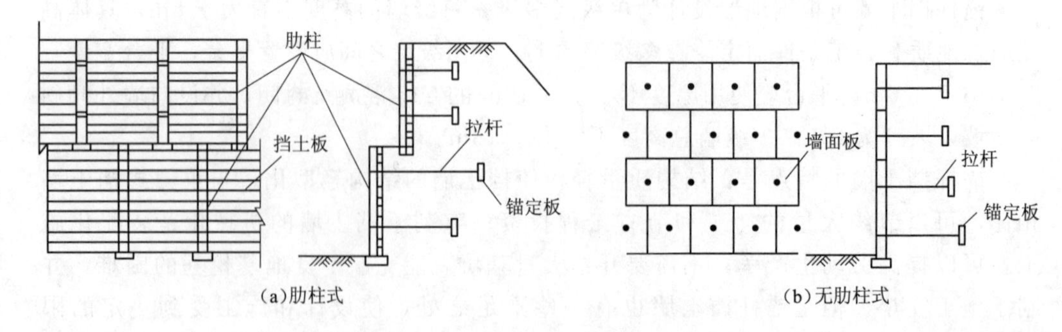

图5.2.16 锚定板挡土墙结构形式

锚定板挡土墙可根据地形采用单级或多级，单级锚定板挡土墙的高度通常不宜大于10m，双级墙的总高度不宜大于10m。分级设计时，上、下两级墙之间应设置平台，平台宽度一般不宜小于2.0m。为了减少因上级墙肋柱下沉对下级墙拉杆的影响，上级墙肋柱与下级墙肋柱沿路线方向的位置应该相互错开，如图5.2.16（a）所示。上述按不同情况分类的各种锚定板挡土墙，还可以相互组合使之成为形式多样、适合各种具体使用条件的锚定板挡土墙，也可以根据周围环境及地质地形条件设计成锚定板和锚杆联合使用的挡土墙，如图5.2.17所示。上层拉杆利用锚定板锚固在新填土中，下层拉杆采用灌浆锚杆固定在原有边坡内。这样可充分利用原有边坡及新填路基，发挥锚定板和锚杆的优越性。

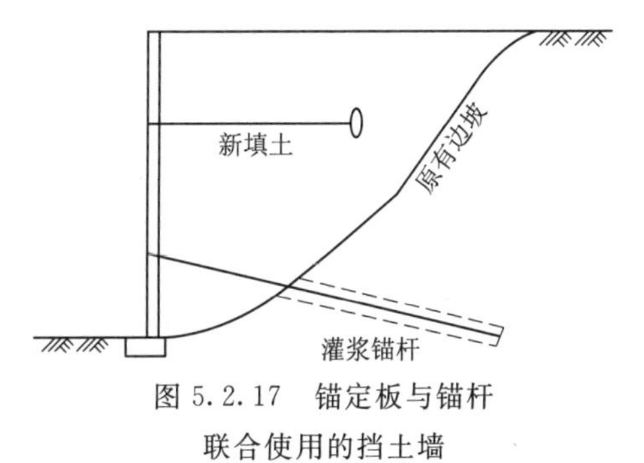

图5.2.17　锚定板与锚杆联合使用的挡土墙

锚定板挡土墙的主要特点有构件断面小、结构质量轻、柔性大、工程量小、圬工数量少，构件可预制，有利于实现结构轻型化和机械化施工。它主要适用于一般地区墙高不大于10m的路肩墙、路堤墙、桥台端墙以及货物站台墙。在滑坡、坍塌地段以及膨胀土地区不能用。

5.2.2　教学实训

5.2.2.1　挡土墙稳定性验算

【例5.2.1】 如图5.2.18所示，某挡土墙高5m，墙背竖直光滑，填土面水平。采用MU30毛石和M5混合砂浆砌筑。已知砌体重度$\gamma_0=22\text{kN/m}^3$，填土重度$\gamma=16\text{kN/m}^3$，内摩擦角$\varphi=30°$，黏聚力$c=0$，地面荷载$q=2\text{kN/m}^2$，基底摩擦系数$\mu=0.5$，验算挡土墙的稳定性。

【解】（1）确定挡土墙的截面尺寸

因为该挡土墙由块石砌筑而成，根据构造要求，墙顶宽度为0.8m>0.4m，墙底宽度为2.9m $\approx\left(\dfrac{1}{2}\sim\dfrac{1}{3}\right)h$。

（2）计算挡土墙自重和土重

$$G_1=0.5\times2.9\times22=31.9(\text{kN/m})$$
$$G_2=0.5\times1.7\times4.5\times22=84.15(\text{kN/m})$$
$$G_3=0.8\times4.5\times22=79.2(\text{kN/m})$$
$$G_4=0.2\times4.5\times16=14.4(\text{kN/m})$$
$$G=G_1+G_2+G_3+G_4=209.65(\text{kN/m})$$

（3）计算挡土墙受到的主动土压力

$$K_a=\tan^2\left(45°-\frac{\varphi}{2}\right)=\tan^2\left(45°-\frac{30°}{2}\right)=\frac{1}{3}$$

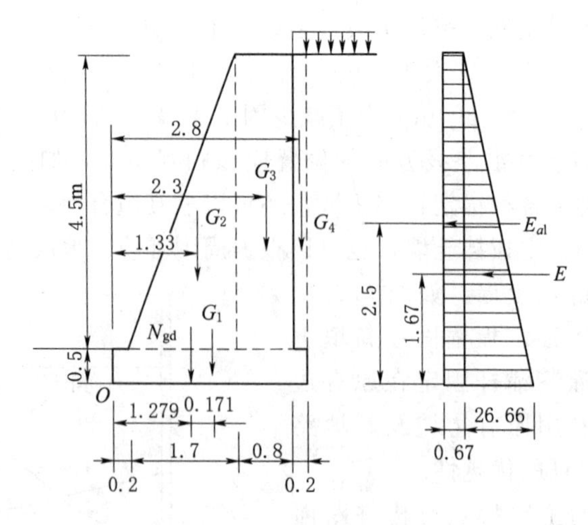

图 5.2.18　挡土墙稳定性分析图

墙顶处 $\sigma_a=(q+\gamma z)K_a=(2+0)\times\dfrac{1}{3}=0.67(\text{kPa})$

墙底处 $\sigma_a=(q+\gamma z)K_a=(2+16\times 5)\times\dfrac{1}{3}=27.33(\text{kPa})$

主动土压力 $E_{a1}=0.67\times 5=3.35(\text{kN/m})$

$$E_{a2}=\frac{1}{2}\times(27.33-0.67)\times 5=66.65(\text{kN/m})$$

(4) 抗滑移验算

$$\frac{(G_n+E_{an})\mu}{E_{at}-G_t}=\frac{(209.65+0)\times 0.5}{3.35+66.65}=1.50>1.3$$

(5) 抗倾覆验算

$$M_{抗倾覆}=Gx_0+E_{az}x_f=31.9\times 1.45+84.15\times 1.33+79.2\times 2.3+14.4\times 2.8$$
$$=380.65(\text{kN}\cdot\text{m})$$

$$M_{倾覆}=E_{ax}z_f=3.35\times 2.5+66.65\times\frac{5}{3}=119.46(\text{kN}\cdot\text{m})$$

$$\frac{Gx_0+E_{az}x_f}{E_{ax}z_f}=\frac{380.65}{119.46}=3.2>1.6$$

所以挡土墙满足稳定性要求。

5.2.2.2　某工程挡土墙局部滑移事故处理工程案例

5.18 某工程挡土墙局部滑移事故处理工程案例

【思考与练习】

1. 分析各类挡土墙的结构特点及其使用场合。

2. 挡土墙抗滑稳定、抗倾覆稳定或地基承载力不足时，可分别采用那些改进措施？什么措施较为有效？

3. 土中加筋可起什么作用？怎样才能使拉筋发挥最大效用？

4. 拉筋长度由哪几部分组成？为什么位于上层的拉筋需要的长度往往较大？

5. 挡土墙高4.5m，墙背竖直、光滑，填土面水平。填土的黏聚力 $c=6\text{kPa}$，$\varphi=22°$，$\gamma=18\text{kN/m}^3$。求主动土压力 E_a。若填土表面作用 $q=10\text{kN/m}^2$ 的均布荷载时，主动土压力又是多大？

6. 挡土墙墙高6m，填土分两层，各层土的物理及力学性质指标如习题图5.1所示，试绘出主动土压力强度分布图，并求出主动土压力的大小。

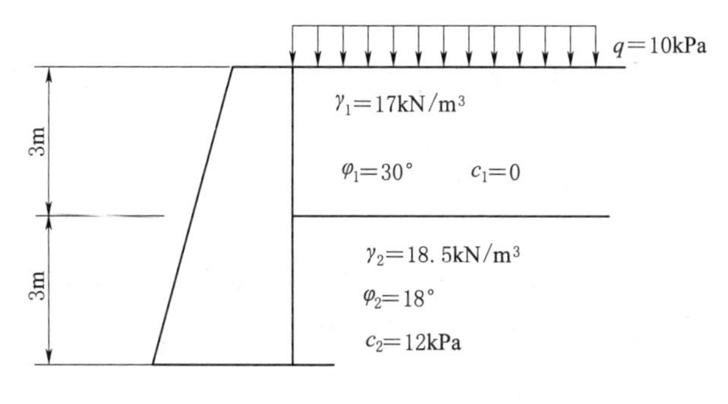

习题图5.1

7. 如习题图5.2所示挡土墙，墙背竖直光滑，墙高10m，填土面水平，其上作用着均布荷载，填土由两层无黏性土组成，土的物理力性质指标及地下水位如习题图5.2所示，试求主动土压力的大小和总侧压力的大小及作用位置，并绘出分布图。

8. 如习题图5.3所示，挡土墙高4m，$\varphi=30°$，$\beta=0$，$\alpha=90°$，$\delta=0$，墙后填土重度 $\gamma=18.5\text{kN/m}^3$，基底的摩擦系数 $\mu=0.5$，墙身由MU30毛石和M5混合砂浆砌筑，砌体重度 $\gamma_0=22\text{kN/m}^3$，试验算挡土墙的稳定性。

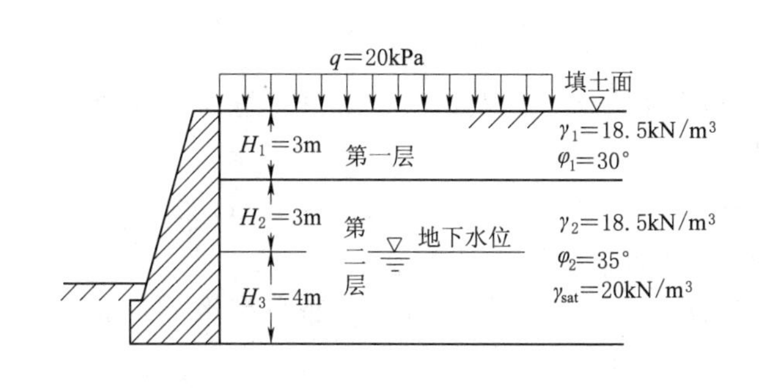

习题图5.2

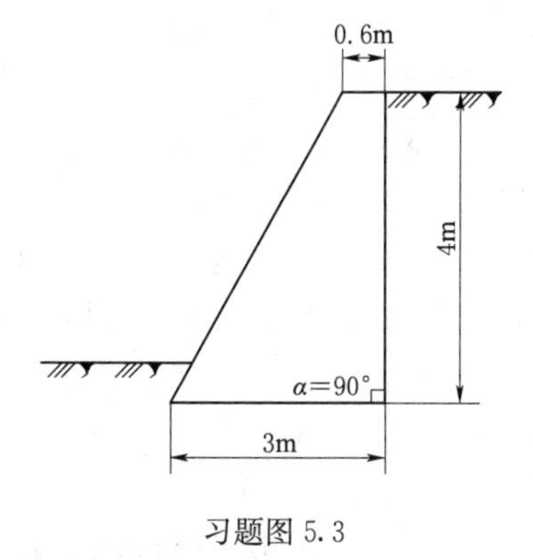

习题图5.3

6.1 地基处理技术导读
6.2 地基处理技术导读

学习项目6　地 基 处 理 技 术

【情景提示】

广东省某市两幢8层现浇框架结构的住宅楼，每幢总建筑面积近4000m²，房屋总高度为26.5m，基础为条形基础。该楼在竣工验收时发现因地基处理不当，整幢楼向西侧倾斜，倾斜最大值为250mm，大大超过了《建筑地基基础设计规范》(GB 50007—2011)允许的范围，被评定为不合格工程，需要对其进行纠偏及加固处理。根据该楼的地质情况和沉降量大小，纠偏采用钻孔取土的方案，挖土深度从室内地面到基础梁下3.5m深左右，使此楼纠正到允许的范围，纠偏后地基采取了化学灌浆加固方法加固地基，整个处理历时6个月，最终验收为合格工程。以上案例表明，在工程建设中，会不可避免地遇到地质条件不良或软弱地基，在这类地基上修筑建筑物，往往要对这类地基进行处理，改善地基土的不良工程性质，防止工程事故的发生。

【教学目标】

1. 熟悉验槽的内容，掌握验槽常用方法，掌握地基局部处理方法。

2. 掌握常用的地基处理方法及适用条件，掌握其施工工艺、监测要点及质量控制要点。

3. 熟悉地基处理施工方案编制方法。

【内容导读】

1. 重点介绍了验槽的内容、验槽常用方法，以及地基局部处理方法，并辅以某工程基坑验槽报告阅读实训及验槽实习。

2. 重点介绍了常用的地基处理方法的适用条件、施工工艺、监测方法和质量控制要点，并辅以实际工程的地基处理施工方法认识实习。

3. 介绍了地基处理施工方案的编制方法，并辅以钻孔灌注桩典型施工方案阅读实训。

学习任务6.1　验槽与地基局部处理

6.3 验槽与地基局部处理

6.1.1　基础知识学习

基坑工程主要由工程勘察、支护结构设计与施工、基坑土方开挖、地下水控制、信息化施工及周边环境保护等构成。

基坑土方开挖是基坑工程的重要内容，其目的是为地下结构施工创造条件。检验开挖的基坑和勘察的结果是否一致，以及基坑是否符合设计要求，需要对开挖的基坑进行验槽，以此探明基坑土质情况，并判断地基是否需要局部处理。

6.1.1.1　验槽

验槽的目的与内容

1. 验槽概念

验槽就是在基础开挖至设计标高后，建设、监理、勘察、设计及施工单位的项目负责人、技术质量负责人，共同检查基础下部土质是否与勘察、设计资料相符，有无地下障碍物及不良土层需处理，合格后方可进行基础施工。验槽是建筑物施工第一阶段基槽开挖后的重要工序，也是一般岩土工程勘察工作最后一个环节。验槽是为了普遍探明基槽的土质和特殊土情况，据此判断异常地基是否需要进行局部处理：原钻探是否需补充，原基础设计是否需修正，对自己所接受的资料和工程的外部环境进行确认。

验槽现场组图

2. 验槽目的

（1）检验勘察成果是否符合实际。通常勘探孔的数量有限，布设在建筑物外围轮廓线四角与长边的中点。基槽全面开挖后，地基持力层土层会完全暴露出来，首先检验勘察成果与实际情况是否一致，勘察成果报告的结论与建议是否正确和切实可行，地基土层是否到达设计时由地质部门给的数据的土层，是否有差别，如有不相符的情况，应协商解决，修改设计方案，或对地基进行处理等措施。

（2）检验基础深度是否达到设计深度，持力层是否到位或超挖，基坑尺寸是否正确，轴线位置及偏差、基础尺寸是否符合设计要求，基坑是否积水，基底土层是否被扰动。

（3）解决勘察遗留的问题，处理施工中新发现的问题。

3. 验槽条件和内容

（1）验槽前准备。

1）查看结构说明和地质勘查报告，对比结构设计所用的地基承载力、持力层与报告所提供的是否相同。

2）询问、察看建筑位置是否与勘查范围相符。

3）察看场地内是否有软弱下卧层。

4）场地是否为特别不均匀场地，是否存在勘查方要求进行特别处理的情况而设计方没进行处理。

5）要求建设方提供场内是否有地下管道和相应的地下设施。

（2）无法验槽的情况。

1）基槽底面与设计标高相差太大。

2）基槽底面坡度较大、高低悬殊。

3）槽底有明显机械车辙痕迹，地基土扰动明显。

4）现场没有详勘阶段的岩土工程勘察报告或附有结构设计总说明的施工图阶段的图纸。

（3）验槽的主要内容。

1）校核基槽开挖的平面位置与槽底标高是否符合勘察、设计要求。

2）检验槽底持力层土质和地下水情况。

3）检验空穴、古墓、古井、防空掩体及地下埋设物的位置、深度、形状。当发现基槽平面土质显著不均匀，或局部存在古井、菜窖、坟穴、河沟等不良地基时，可用钎探查明其平面范围与深度。

4）全面观察整个基坑底，注意土颜色是否一致，土的坚硬程度是否一样，有无软硬不一或弱土层，走上去有无颤动的感觉。

5）验槽的重点应选择在桩基、承重墙或其他受力较大的部位。

（4）推迟验槽情况。

6.6
8LJ-6A 6B型全自动地基钎探机

1）设计所使用的承载力和持力层与勘查报告不符。

2）场地内有软弱下卧层而设计方未说明原因。

3）场地为不均匀场地，勘查方需进行地基处理而设计方未进行处理。

4. 验槽方法

验槽的方法通常采用观察法，而对于基底以下土层不可见部位，辅以钎探法配合共同完成。

6.7
钎探的两种方式

（1）观察法。验槽时应重点观察柱基、墙角、承重墙下或其他受力较大部位，基槽边坡是否稳定。

（2）钎探法。钎探是用锤将钢钎打入坑底以下的土层内一定深度，根据锤击次数和入土难易程度来判断土的软硬情况。一般来说，钎探的钢钎直径为20～50mm，长度为1.5～3m，将10kg锤举高0.5～0.7m，让锤自由下落将钢钎垂直打入土中，记录每打入0.3m的锤击数，以此来判断地基土的承载力。钎探的工艺流程是绘制钎点平面布置图、放钎点线、就位打钎记录锤击数、拔钎、盖孔保护、验收、灌砂。

6.8
钎孔保护

（3）轻型动力触探。遇到下列情况之一时，应在基底进行轻型动力触探：

6.9
WG-VIWG-VI地基承载力现场检测仪

1）持力层明显不均匀。

2）浅部有软弱下卧层。

3）有浅埋的坑穴、古墓、古井等，直接观察难以发现。

4）勘察报告或设计文件规定应进行轻型动力触探。

6.1.1.2 地基局部处理

6.10
微型贯入仪

1. 地基局部处理原则

将局部软弱层或硬物尽可能挖除，回填与天然土压缩性相近的材料，分层夯实；处理后的地基应保证建筑物各部位沉降量趋于一致，以减少地基的不均匀下沉；处理后的地基与周围地基压缩性相接近，能满足设计要求的地基强度，满足变形和稳定性要求；能就地取材，尽量利用废料、廉价材料，做到在技术上可行，使用上安全，经济上合理，保护环境，节约资源；施工方法简单、方便、快速，能有效降低工程成本；不破坏基底好土，减少扰动，处理要彻底，不留隐患。

6.11
CT-1轻型圆锥动力触探仪

2. 地基局部处理方法

（1）松土坑、古墓、坑穴。松土坑、古墓、坑穴处理方法参见表6.1.1。

表 6.1.1 松土坑、古墓、坑穴处理方法

地基情况	处理简图	处理方法
松土坑在基槽中范围内		将坑中松软土挖除，使坑底及四壁均见天然土为止，回填与天然土压缩性相近的材料。当天然土为砂土时，用砂或级配砂石回填；当天然土为较密实的黏性土，用3∶7灰土分层回填夯实；天然土为中密可塑的黏性土或新近沉积黏性土，可用1∶9或2∶8灰土分层回填夯实，每层厚度不大于20cm
松土坑在基槽中范围较大，且超过基槽边沿时		因条件限制，槽壁挖不到天然土层时，则应将该范围内的基槽适当加宽，加宽部分的宽度可按下述条件确定：当用砂土或砂石回填时，基槽壁边均应按 l_1∶h_1＝1∶1坡度放宽；用1∶9或2∶8灰土回填时，基槽每边应按 b∶h＝0.5∶1坡度放宽；用3∶7灰土回填时，如坑的长度不大于2m，基槽可不放宽，但灰土与槽壁接触处应夯实
松土坑范围较大，且长度超过5m时		如坑底土质与一般槽底土质相同，可将此部分基础加深，做1∶2踏步与两端相接。每步高不大于50cm，长度不小于100cm，如深度较大，用灰土分层回填夯实至坑（槽）底一平
松土坑较深，且大于槽宽或1.5m时		按以上要求处理挖到老土，槽底处理完毕后，还应适当考虑加强上部结构的强度，方法是在灰土基础上1～2皮砖处（或混凝土基础内）、防潮层下1～2皮砖处及首层顶板处，加配4ϕ(8～12)mm钢筋跨过该松土坑两端各1m，以防产生过大的局部不均匀沉降
松土坑下水位较高时		当地下水位较高，坑内无法夯实时，可将坑（槽）中软弱的松土挖去后，再用砂土、砂石或混凝土代替灰土回填； 如坑底在地下水位以下时，回填前先用粗砂与碎石（比例为1∶3）分层回填夯实；地下水位以上用3∶7灰土回填夯实至要求高度

续表

地基情况	处 理 简 图	处 理 方 法
基础下有古墓、地下坑穴	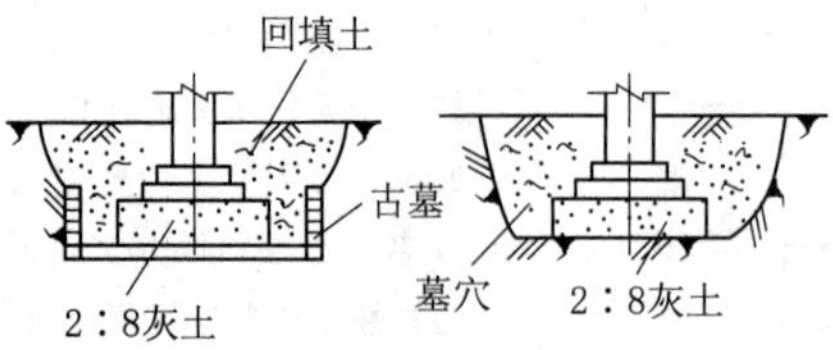 回填土；古墓；2∶8灰土；墓穴；2∶8灰土	1. 墓穴中填充物如已恢复原状结构的可不处理； 2. 墓穴中填充物如为松土，应将松土杂物挖出，分层回填素土或3∶7灰土夯实到土的密度达到规定要求； 3. 如古墓中有文物，应及时报主管部门或当地政府处理（下同）
基础下压缩土层范围内有古墓、地下坑穴	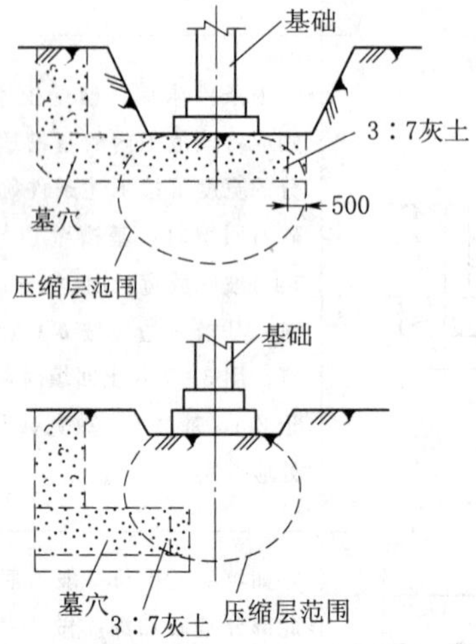 基础；3∶7灰土；500；墓穴；压缩层范围；基础；墓穴；3∶7灰土；压缩层范围	1. 墓坑开挖时，应沿坑边四周每边加宽50cm，加宽深入到自然地面下50cm，重要建筑物应将开挖范围扩大，沿四周每边加宽50cm。开挖深度：当墓坑深度小于基础压缩土层深度，仅挖到坑底；如墓坑深度大于基层压缩土层深度，开挖深度应不小于基础压缩土层深度； 2. 墓坑和坑穴用3∶7灰土回填夯实；回填前应先打2～3遍底夯，回填土料宜选用粉质黏土分层回填，每层厚20～30cm，每层夯实后用环刀逐点取样检查，土的密度应不小于1.55t/m^3
基础外有古墓、地下坑穴	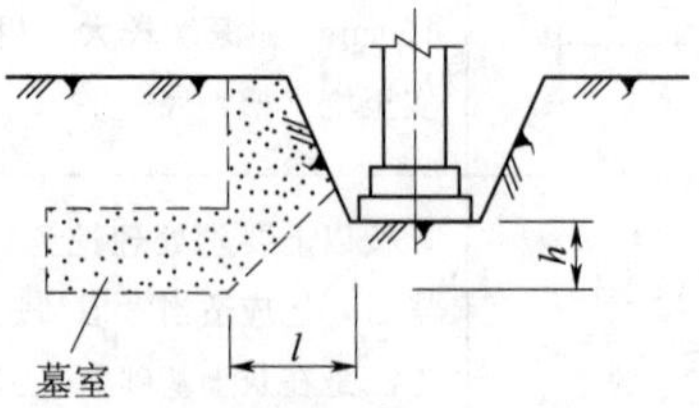 h；l；墓室	1. 将墓室、墓道内全部充填物清除，对侧壁和底部清理面要切入原土150mm左右，然后分别以纯素土或3∶7灰土分层回填夯实； 2. 墓室、坑穴位于墓坑平面轮廓外时，如$l/h>1.5$，则可不作专门处理

(2) 土井、砖井、废矿井。土井、砖井、废矿井处理方法参见表6.1.2。

表6.1.2 土井、砖井、废矿井处理方法

井的部位	处 理 简 图	处 理 方 法
土井、砖井在室外，距基础边缘5m以内	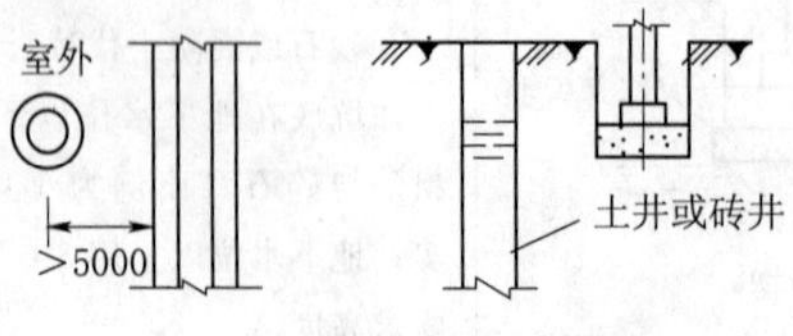 室外；>5000；土井或砖井	先用素土分层夯实，回填到室外地坪以下1.5m处，将井壁四周砖圈拆除或松软部分挖去，然后用素土分层回填并夯实

续表

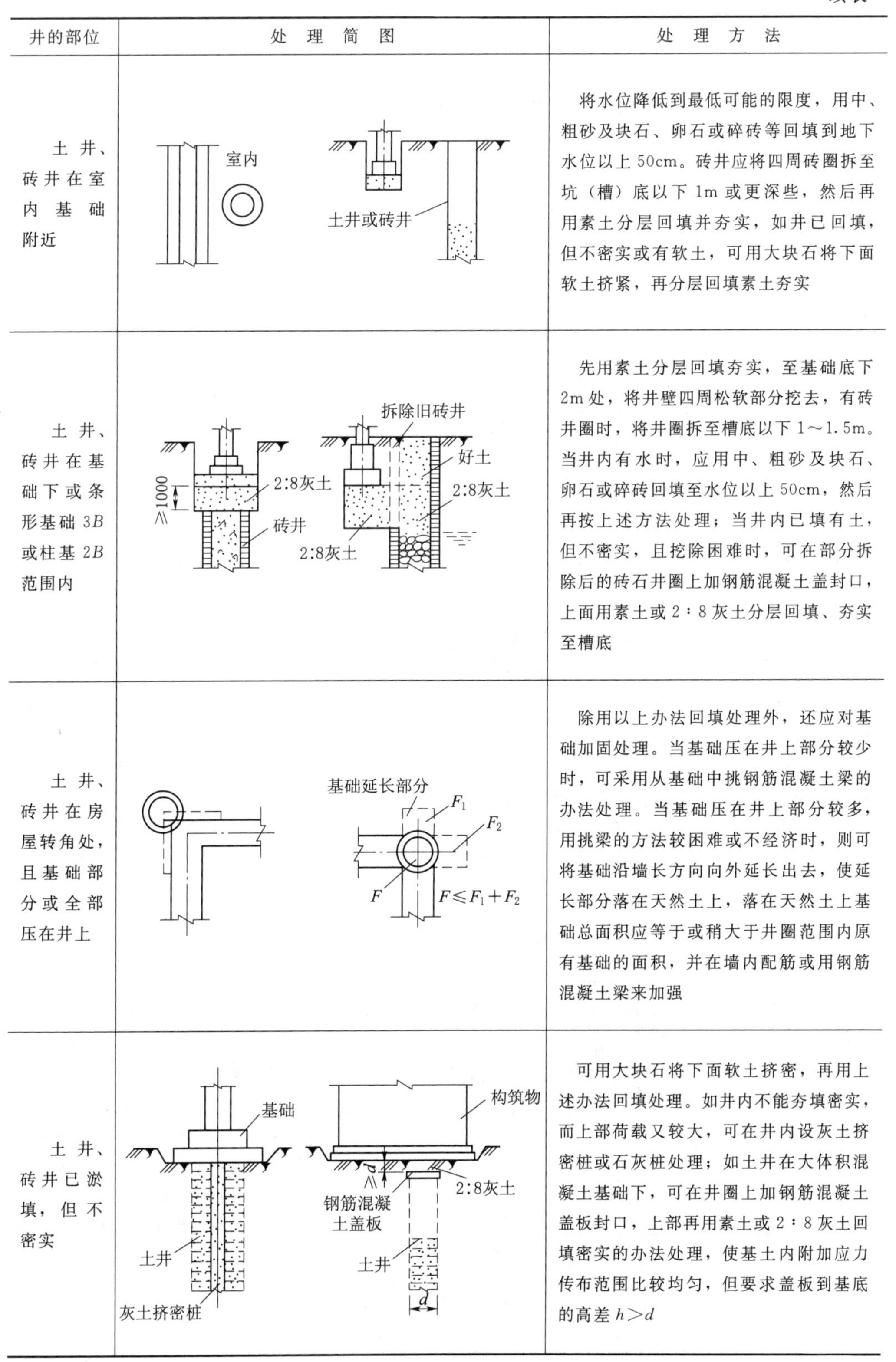

井的部位	处　理　简　图	处　理　方　法
土井、砖井在室内基础附近		将水位降低到最低可能的限度，用中、粗砂及块石、卵石或碎砖等回填到地下水位以上50cm。砖井应将四周砖圈拆至坑（槽）底以下1m或更深些，然后再用素土分层回填并夯实，如井已回填，但不密实或有软土，可用大块石将下面软土挤紧，再分层回填素土夯实
土井、砖井在基础下或条形基础$3B$或柱基$2B$范围内		先用素土分层回填夯实，至基础底下2m处，将井壁四周松软部分挖去，有砖井圈时，将井圈拆至槽底以下1～1.5m。当井内有水时，应用中、粗砂及块石、卵石或碎砖回填至水位以上50cm，然后再按上述方法处理；当井内已填有土，但不密实，且挖除困难时，可在部分拆除后的砖石井圈上加钢筋混凝土盖封口，上面用素土或2∶8灰土分层回填、夯实至槽底
土井、砖井在房屋转角处，且基础部分或全部压在井上		除用以上办法回填处理外，还应对基础加固处理。当基础压在井上部分较少时，可采用从基础中挑钢筋混凝土梁的办法处理。当基础压在井上部分较多，用挑梁的方法较困难或不经济时，则可将基础沿墙长方向向外延长出去，使延长部分落在天然土上，落在天然土上基础总面积应等于或稍大于井圈范围内原有基础的面积，并在墙内配筋或用钢筋混凝土梁来加强
土井、砖井已淤填，但不密实		可用大块石将下面软土挤密，再用上述办法回填处理。如井内不能夯填密实，而上部荷载又较大，可在井内设灰土挤密桩或石灰桩处理；如土井在大体积混凝土基础下，可在井圈上加钢筋混凝土盖板封口，上部再用素土或2∶8灰土回填密实的办法处理，使基土内附加应力传布范围比较均匀，但要求盖板到基底的高差$h>d$

续表

井的部位	处理简图	处理方法
废矿井在基础下存在采矿废井，基础部分或全部压在废矿井上	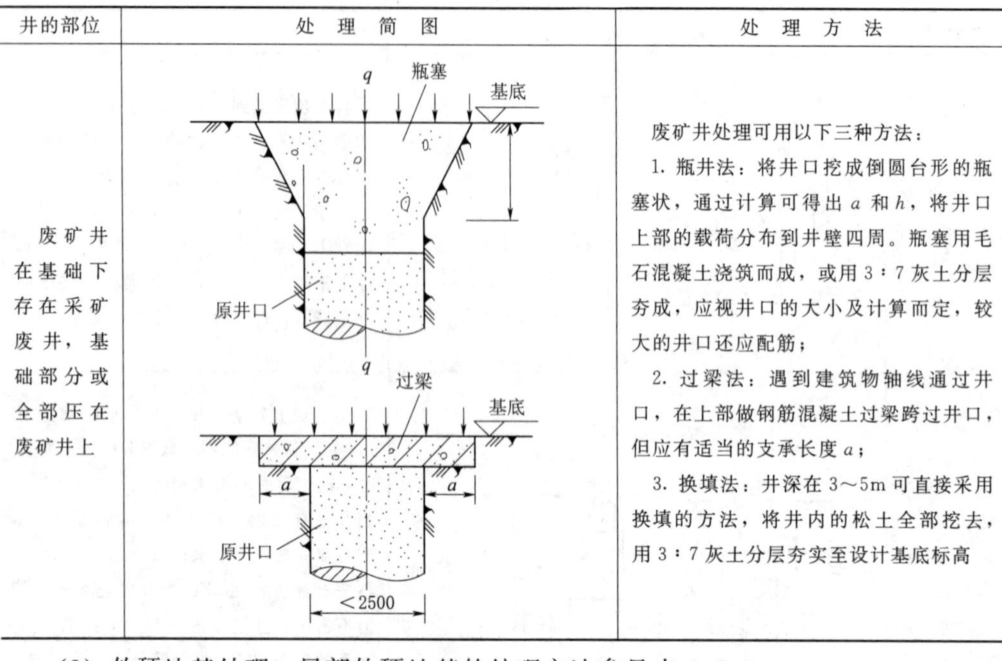	废矿井处理可用以下三种方法： 1. 瓶井法：将井口挖成倒圆台形的瓶塞状，通过计算可得出 a 和 h，将井口上部的载荷分布到井壁四周。瓶塞用毛石混凝土浇筑而成，或用 3∶7 灰土分层夯成，应视井口的大小及计算而定，较大的井口还应配筋； 2. 过梁法：遇到建筑物轴线通过井口，在上部做钢筋混凝土过梁跨过井口，但应有适当的支承长度 a； 3. 换填法：井深在 3～5m 可直接采用换填的方法，将井内的松土全部挖去，用 3∶7 灰土分层夯实至设计基底标高

(3) 软硬地基处理。局部软硬地基的处理方法参见表 6.1.3。

表 6.1.3　　局部软硬地基的处理方法

地基情况	处理简图	处理方法
基础下局部遇基岩、旧墙基、大孤石、老灰土或圬工构筑物	基础1；沥青胶；原土层；基岩1；基础；沥青胶；褥垫；基岩；1—1	尽可能挖去，以防建筑物由于局部落于坚硬地基上，造成不均匀沉降而使建筑物开裂；或将坚硬地基部分凿去 30～50cm 深，再回填土砂混合物或砂作软性褥垫，使软硬部分可起到调整地基变形作用，避免裂缝
基础一部分落于基岩或硬土层上，一部分落于软弱土层上，基岩表面坡度较大	基础；地梁；现浇混凝土短桩；基岩；软土层；基础；地梁；基岩；混凝土支承墙或墩	在软土层上采用现场钻孔灌筑桩至基岩；或在软土部位作混凝土或砌块石支承墙（或支墩）至基岩；或将基础以下基岩凿去 30～50cm 深，填以中粗砂或土砂混合物作软性褥垫，使之能调整岩土交界部位地基的相对变形，避免应力集中出现裂缝；或采取加强基础和上部结构的刚度，来克服软硬地基的不均匀变形

续表

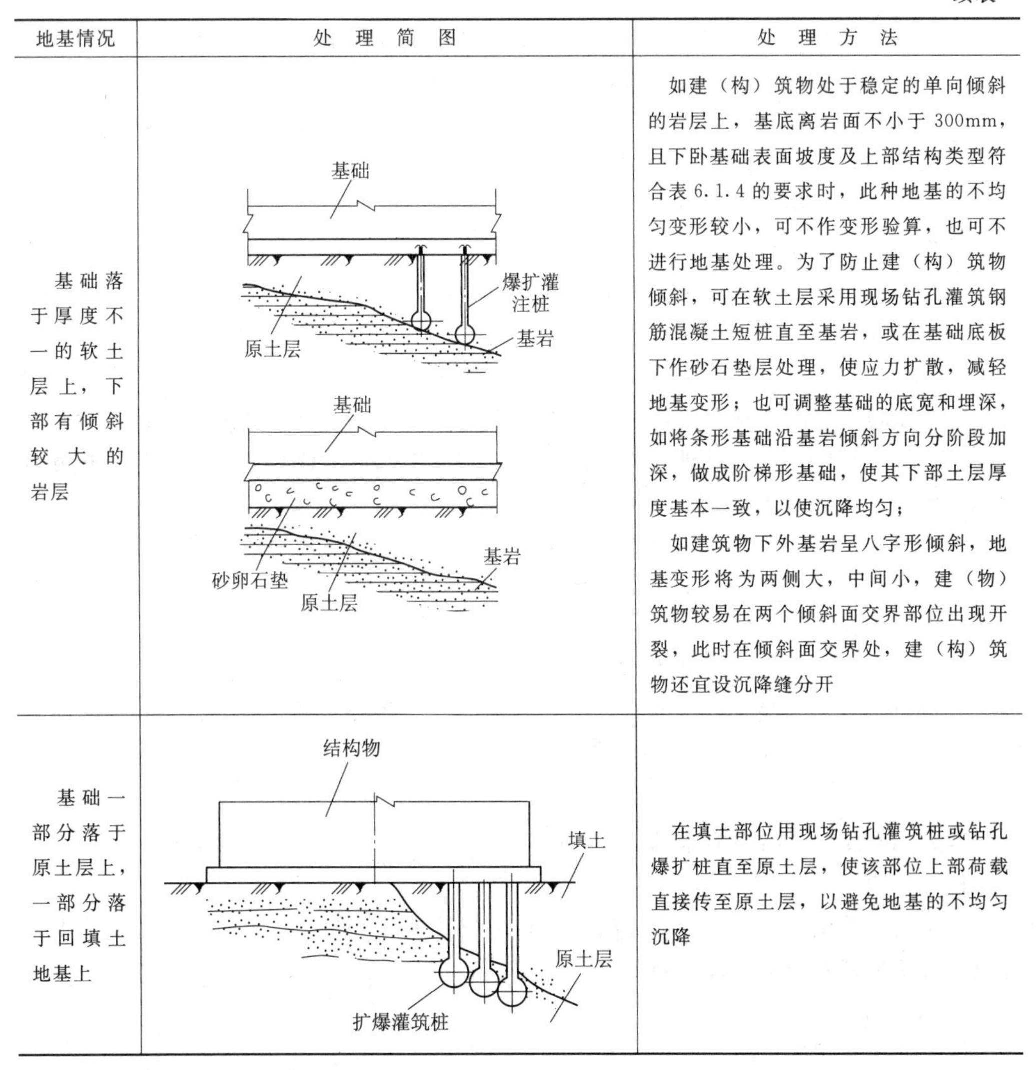

地基情况	处理简图	处理方法
基础落于厚度不一的软土层上，下部有倾斜较大的岩层	基础；爆扩灌注桩；原土层；基岩；基础；砂卵石垫；原土层；基岩	如建（构）筑物处于稳定的单向倾斜的岩层上，基底离岩面不小于300mm，且下卧基础表面坡度及上部结构类型符合表6.1.4的要求时，此种地基的不均匀变形较小，可不作变形验算，也可不进行地基处理。为了防止建（构）筑物倾斜，可在软土层采用现场钻孔灌筑钢筋混凝土短桩直至基岩，或在基础底板下作砂石垫层处理，使应力扩散，减轻地基变形；也可调整基础的底宽和埋深，如将条形基础沿基岩倾斜方向分阶段加深，做成阶梯形基础，使其下部土层厚度基本一致，以使沉降均匀； 如建筑物下外基岩呈八字形倾斜，地基变形将为两侧大，中间小，建（物）筑物较易在两个倾斜面交界部位出现开裂，此时在倾斜面交界处，建（构）筑物还宜设沉降缝分开
基础一部分落于原土层上，一部分落于回填土地基上	结构物；填土；原土层；扩爆灌筑桩	在填土部位用现场钻孔灌筑桩或钻孔爆扩桩直至原土层，使该部位上部荷载直接传至原土层，以避免地基的不均匀沉降

下卧基岩表面允许坡度值见表6.1.4。

表6.1.4　　下卧基岩表面允许坡度值

上覆土层的承载力标准值 f_k/kPa	四层和四层以下的砌体承重结构，三层和三层以下的框架结构	具有15t和15t以下吊车的一般单层排架结构	
		带墙的边柱和山墙	无墙的中柱
≥150	≤15%	≤15%	≤30%
≥200	≤25%	≤30%	≤50%
≥300	≤40%	≤50%	≤70%

注　本表适用于建筑地基处于稳定状态，基岩坡面为单向倾斜，且基岩表面距基础底面的土层厚度大于0.3m时。

（4）管道的处理。对于基槽底以上的上、下水管道，应切实采取防止漏水的措施，以免造成局部地基因漏水浸湿下沉，产生不均匀沉降。在湿陷性黄土地区施工，这个问题尤应引起足够的重视。

当管道位于槽底以下时，最好拆迁，或将基础局部落低，否则需采用在管道周围包筑混凝土或用铸铁管代替瓦管等防护措施，以免管道被基础压坏。

当管道穿过基础或基础墙时，必须在管道的周围，特别是上部，留有足够的空隙，以防建筑物产生沉降后，引起管道变形或损坏。

当管道穿过基础，而基础又不允许切断时，可将基础局部落深，使管道穿过基础墙、并按上述留出足够的空隙。

6.12

橡皮土

（5）橡皮土的处理。施工中有时会遇到这样的情况：当地基为黏性土，且含水量很大趋于饱和时，地基不但夯拍不实，而且夯拍后人踏上去有一种颤动的感觉，俗称“橡皮土”。遇到这种情况，要避免直接夯拍，应采用晾晒基槽或掺白灰末的办法来降低土的含水量，然后再根据具体情况选择施工方法及基础类型。如果基土已发生颤动现象则应采取措施，进行处理。如利用碎石或卵石将泥挤紧或将泥挖除，再将挖除部分填以砂土或级配砂石。

（6）其他情况的处理。基础工程开工前，施工单位应向建设单位索取建设场地范围内地下建筑物、管线、防空洞等的分布情况图，以便基槽开挖时做到心中有数，防止出现意外情况。

如建设单位不能提供建设场地的地下情况，在开挖基槽时遇到古墓、文物、电缆、管道时，应及时联系有关部门，研究处理解决的办法，再行施工。

6.1.2 教学实训

6.1.2.1 阅读某工程验槽报告

1. 实训任务

以小组为单位，阅读某工程验槽报告，了解基坑验槽的参与单位，验槽的主要内容以及天然地基基础基槽检验要点。

2. 实训目标

知道基坑验槽的内容，会编制基坑验槽报告。

3. 实训内容

6.13

某工程基础验槽自评报告

6.1.2.2 验槽实习

1. 实习任务

在指导教师带领下，通过到某工地现场实习，掌握验槽的主要内容及常用的验槽方法。

2. 实习目标

能编制工程验槽报告，完成分部工程隐蔽工程验收单。

3. 实习内容

到达现场后，通过驻场工程师讲解，了解该工程的概况，依据该工程设计图纸，通过实地观察学习，了解验槽的内容、验槽的常用方法，并编写验槽报告，完成隐蔽工程验收单（表6.1.5）。

表 6.1.5　　　　　隐蔽工程验收单附表

单位工程名称		桩号	
分布工程名称		施工单位	
单元工程名称		工程量	
单元号		验收日期	

简图：

项次		名称	验收记录
验收项目	1	基建面处理	
	2	基坑断面宽	
	3	基坑开挖底部高程	
联合验收记录			

施工单位	初检负责人		监理单位		设计单位		建设单位	
	复检负责人							
	终检负责人							

学习任务6.2　常用地基处理方法

常用地基处理方法

6.2.1　基础知识学习

当拟建建筑物或构筑物的地基坐落在软弱土、新近回填土、不均匀土、湿陷性土、膨胀土、冻胀土、液化土等之上时，将会直接导致地基原状土不能满足工程的承载力、变形或抗震要求，或者地基土较好，但上部荷载较大时，为保证上部结构安全，均需进行地基加固处理。通过地基处理能够改善地基土的不良工程性质，防止工程事故的发生。依据我国表层岩土的特性，目前可采用的地基处理方法很多，如换土垫层法、强夯法、挤密桩法、预压法、化学加固法等。

6.2.1.1 机械压实法

1. 碾压法

碾压法是用压路机、推土机、平碾、羊足碾或其他碾压机械在地基表面来回开动，利用机械自重把松散土地基压实加固。这种方法常用于地下水位以上大面积填土的压实以及一般非饱和黏性土和杂填土地基的浅层处理。

碾压机组图

原位分层填土压密一般不需要其他建筑材料，但需较好的土料和土源场地。有时也可适量添加石灰、水泥、碎砖、碎石等，以提高地基强度。

碾压法施工时应根据压实机械的压实能量，控制碾压土的含水量符合最优百分比，还应选择适当的碾压分层厚度和碾压遍数。对于一般黏性土，通常用 8～10t 的平碾或 12t 的羊足碾，每层铺土厚度 30cm 左右，碾压 8～12 遍。对饱和黏性土进行表面压实，要考虑适当的排水措施以加快土体的固结。对于淤泥及淤泥质黏土，一般应予挖除或者结合碾压进行挤淤充填，先在土面上堆土、块石、片石等，然后用机械压入以置换和挤出淤泥，堆积碾压分层进行，直到把淤泥全部挤出、置换完毕为止。

碾压法对表层地基加固的深度一般可达 2～3cm。

碾压的质量标准，以分层压实土的干密度和含水量来控制，如控制干密度为 ρ_d，最大干密度为 $\rho_{d\max}$（由试验确定），则 ρ_d 和 $\rho_{d\max}$ 的比值 λ_c 称为压实系数，压实系数和现场含水量的控制值应符合表 6.2.1 的规定。一般黏性土经表层压实处理，其地基承载力可达 80～100kN/m²。

表 6.2.1　　填土地基质量控制值

结构类型	填土部位	压实系数 λ_c	控制含水量/%
砌体承重结构和框架结构	在地基主要受力层范围内	≥0.97	$\omega_{op}\pm2$
	在地基主要受力层范围以下	≥0.95	
排架结构	在地基主要受力层范围内	≥0.96	
	在地基主要受力层范围以下	≥0.94	

注　1. ω_{op} 为最优含水量。

2. 地坪垫层以下及基础底面标高以上的压实填土，压实系数不应小于 0.94。

杂填土的碾压，可先将建筑范围的设计加固深度内的杂填土挖出，开挖表面从基础纵向放出 3m 左右，横向放出 1.5m 左右，然后将槽底碾压 2～3 遍，再将原土分层回填碾压，每层土虚铺厚度 30cm 左右。

由于杂填土的性质比较复杂，碾压后的地基承载力差别较大，根据一些地区的经验，用 8～12t 压路机碾压后的杂填土地基，承载力为 100～120kN/m²。

2. 振动压实法

振动压实法是用振动压实机械在地基表面施加振动力以振实浅层松散土的地基处理方法。地基土的颗粒受振动而发生相对运动，移动至稳固位置，减小土的空隙而压实。实践证明：用振动压实法处理砂土地基以及碎石、炉渣等渗透性较好的无黏性土为主的松散填土地基效果良好。振密后的地基有较强的抗震能力。

振动压实的效果与填土成分、机械功率及振动时间等因素有关。

振实范围应从基础边缘放出0.6m左右，先振基槽两边，再振中间，振实标准是以振动机原地振实不再继续下沉为合格，一般杂填土地基经过振实处理后，地基承载力可达100～150kN/m²。

6.16 Ⓟ
振动压实机械组图

地下水位过高会影响振实效果，当地下水位距振实面小于60cm时，应降低地下水位。另外，施振前应对工程场地周围环境进行调查。一般情况下，振源与邻近建筑物、地下管线或其他设施的距离应大于3m。如有危房和重要地下管线，应事先进行加固处理。

3. 强夯法

强夯法是通过8～40t的重锤（最重可达200t），以6～40m的落距（最高可达40m）自由落下，对地基土反复施加冲击和振动能量，将地基土夯实的地基处理方法。强夯法在地基土中所产生的冲击波和动应力，可提高地基土的强度、降低土的压缩性、改善砂土的抗液化条件、消除湿陷性黄土的湿陷性等。同时，夯击能还可提高土层的均匀程度，减少可能出现的差异沉降。

6.17 Ⓟ
强夯法施工组图

强夯法适用于处理碎石土、砂土、低饱和度的粉土与黏性土、湿陷性黄土、素填土和杂填土等地基。同时，该种方法适用于塑性指数$I_p \leqslant 10$的土，且强夯法不得用于不允许对工程周围建筑物和设备有振动影响的场地地基加固，必需时，应采取防振、隔振措施。

6.18 Ⓟ
强夯法加固地基示意图

强夯法具有施工简单、加固效果好、工期短、使用经济等优点，因而被世界各国工程界广泛应用于各类土的地基处理中。我国于20世纪70年代末首次在天津新港三号公路进行了强夯试验，随后在各地进行了多次实践和应用。到目前为止，国内已有多项工程使用了强夯法，并取得了良好的加固效果。

6.2.1.2 换土垫层法

6.19 Ⓟ
换土垫层法施工

1. 换土垫层法的处理原理及适用范围

当建筑物基础下持力土层比较软弱，不能满足设计荷载或变形的要求时，而软弱土厚度又不是很大时，可将基础底面下处理范围内的软弱土层部分或全部挖去，然后分层换填强度较大的砂、碎石、素土、灰土、高炉干渣、粉煤灰或其他性能稳定、无侵蚀性的材料，并夯实或振实至要求的密实度为止，这种地基处理方法称为换土垫层法。按回填材料可分为砂垫层、碎石垫层、素土垫层、灰土垫层等。

换土垫层法适用于淤泥、淤泥质土、湿陷性黄土、素填土、杂填土地基及暗沟、暗塘等不良地基的浅层处理。通常开挖后，利用分层回填压实，也可处理较深的软弱土层，但经常由于地下水位高而需要采取降水措施，同时由于施工土方量大、弃土多等因素，使处理费用增加、工期拖长，因此全部置换法的处理深度通常宜控制在3m以内，且呈局部分布的软土。

换土垫层法是一种处理软基的物理方法，其原理简单、明晰，施工技术难度小，是浅层软基处理首选的方法之一。

2. 垫层的主要作用

(1) 提高地基承载力。地基中的剪切破坏从地基底面开始，随着基底压力的增大，逐渐向纵深发展。故强度较大的砂石等材料代替可能产生剪切破坏的软弱土，就可避免地基的破坏。

(2) 减少地基沉降量。一般基础下浅层部分的沉降量在总沉降量中所占的比例较大，若以密实的砂石替换上部软弱土层，就可减少这部分沉降量。此外，砂石垫层对基底压力的扩散作用，使作用在软弱下卧层上的压力减小，也相应地减少了软弱下卧层的沉降量。

(3) 垫层用透水材料可加速软弱土层的排水固结。透水材料做垫层，为基底下软土提供了良好的排水面，不仅可使基础下面的孔隙水迅速消散，避免地基土的塑性破坏，还可加速垫层下软土层的固结及强度提高。但固结效果仅限于表层，对深部的影响并不显著。

(4) 防止冻胀。砂、石本身为不冻胀土，垫层切断了下卧软土层中地下水的毛细管上升，因此可以防止冬季结冰造成的冻胀。

(5) 消除膨胀土的涨缩作用。在膨胀土地基中采用换土垫层法，应将基础底面与两侧的膨胀土挖出一定的范围，换填非膨胀材料，则可消除涨缩作用。

3. 设计要点

换土垫层法设计要点

垫层设计的主要内容是确定断面的合理宽度和厚度。设计的垫层不但要求满足建筑物对地基变形及稳定的要求，而且应符合经济合理的原则。

(1) 垫层厚度的确定。如图 6.2.1 所示，从上述垫层的作用原理出发，垫层的厚度必须满足当上部荷载通过垫层按一定的扩散角传至下卧软弱土层时，该下卧软弱土层顶面所受的自重压力与附加应力之和不大于该处软弱土层经深度修正后的地基承载力特征值。其表达式为

$$p_z + p_{cz} \leqslant f_{az} \tag{6.2.1}$$

式中 p_z——垫层底面处的附加应力，kPa；

p_{cz}——垫层底面处土的自重应力，kPa；

f_{az}——垫层底面处软弱土层经深度修正后的地基承载力特征值，kPa。

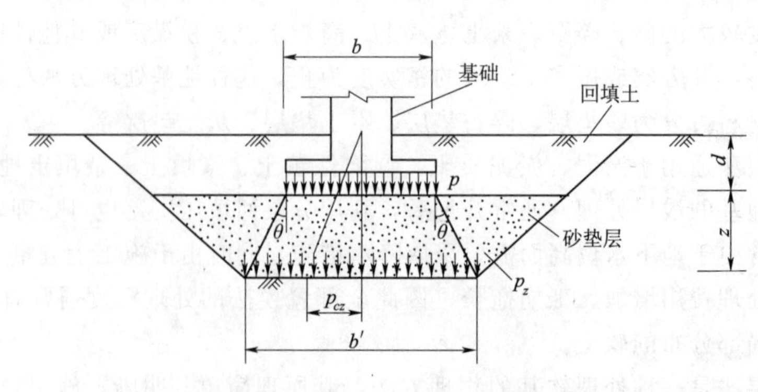

图 6.2.1 砂垫层压力分布图

垫层底面处的附加应力值 p_z，除了可用弹性理论土中应力的计算公式求得外，也可按应力扩散角 θ 进行简化计算。

条形基础

$$p_z = \frac{b(p_k - p_c)}{b + 2z\tan\theta} \tag{6.2.2}$$

矩形基础

$$p_z = \frac{bl(p_k - p_c)}{(b + 2z\tan\theta)(l + 2z\tan\theta)} \tag{6.2.3}$$

式中　b——矩形基础或条形基础底面的宽度，m；

l——矩形基础底面的长度，m；

P_k——相应于荷载效应标准组合时基础底面平均压力，kPa；

P_c——基础底面处土的自重应力，kPa；

z——基础底面下垫层的厚度，m；

θ——垫层的压力扩散角，(°)，见表 6.2.2。

表 6.2.2　压力扩散角 θ　单位：(°)

z/b	中砂、粗砂、砾砂、圆砾、角砾、卵石、碎石	黏性土和粉土（$8\leqslant I_p\leqslant 14$）	灰土
<0.25	20	6	28
$\geqslant 0.25$	30	23	28

注　1. 表中当 $z/b < 0.25$ 时 时，除灰土仍取 $\theta = 28°$ 外，其余材料均取 $\theta = 0$。

2. 当 $0.25 \leqslant z/b < 0.5$ 时，θ 值可用内插求得。

一般计算时，先根据初步拟定的垫层厚度，再用式（6.2.2）和式（6.2.3）进行复核。如不符合要求，则需加大或减小厚度，重新验算，直至满足为止。垫层厚度一般为1～2m 左右，不宜大于 3m，太厚施工困难；也不宜小于 0.5m，太薄则换土垫层的作用不显著。

（2）砂垫层底面尺寸的确定。垫层底面尺寸的确定，应从两方面考虑：一方面要满足应力扩散的要求；另一方面要防止基础受力时，因垫层两侧土质较软弱出现砂垫层向两侧土挤出，使基础沉降增大。关于垫层宽度的计算，目前还缺乏可行的理论方法，在实践中常常按照当地某些经验数据（考虑砂垫层两侧土的性质）或按经验方法确定。常用的经验方法是扩散角法。此时（图 6.2.1）矩形基础的垫层底面的长度 l' 及宽度 b' 为

$$l' \geqslant l + 2z\tan\theta \tag{6.2.4}$$

$$b' \geqslant b + 2z\tan\theta \tag{6.2.5}$$

式中　b'、l'——垫层底面宽度及长度；

θ——垫层的压力扩散角，(°)，见表 6.2.2。

条形基础则只按式（6.2.5）计算垫层底面宽度 b'。

垫层顶面每边最好比基础底面大 300mm，或从垫层底面两侧向上按当地开挖基坑经验的要求放坡延伸至地面。整片垫层的宽度可根据施工的要求适当加宽。当垫层

的厚度、宽度和放坡线一经确定，即得垫层的设计断面。

至于垫层的承载力一般应通过现场试验确定，对一般工程，当无试验资料时，可按表6.2.3选用，并应验算下卧层的承载力。

表6.2.3　　各种垫层的承载力表

施工方法	换填材料类别	压实系数 λ_c	承载力标准值 f_k/kPa
碾压或振密	碎石、卵石	0.94～0.97	200～300
	砂夹石（其中碎石、卵石占全重的30%～50%）		200～250
	土夹石（其中碎石、卵石占全重的30%～50%）		150～200
	中砂、粗砂、砾砂、石屑		150～200
	黏性土和粉土（$8 \leqslant I_p \leqslant 14$）		130～180
	灰土	0.93～0.95	200～250
重锤夯实	土或灰土	0.93～0.95	150～200

注　1. 压实系数小的垫层，承载力标准值取低值，反之取高值。
2. 重锤夯实土的承载力标准值取低值，灰土取高值。
3. 压实系数 λ_c 为土的控制干密度 ρ_d 与最大干密度 $\rho_{d\max}$ 的比值；土的最大干密度采用击实试验确定，碎石或卵石的最大干密度可取 $2.0\times10^3\sim2.2\times10^3\text{kg/m}^3$。

砂垫层剖面确定后，对于比较重要的建筑，还要求按分层总和法计算基础的沉降量，以便使建筑物基础的最终沉降量小于建筑物的容许沉降值。建筑物沉降由两部分组成：一部分是垫层的沉降，另一部分是垫层下压缩层范围内的软弱土层的沉降。验算时可不考虑垫层的压缩变形，仅计算下卧软土层引起的基础沉降。

（3）垫层的材料选择。

1）砂石应为级配良好，不含植物残体、垃圾等杂质。当使用粉细砂时，应掺入30%的碎石或卵石，最大粒径不宜大于50mm。对湿陷性黄土地基，不得选用砂石等透水材料。

2）粉质黏土土料中有机质含量不得超过5%。不得含有冻土或膨胀土，当含有碎石时，其粒径不得大于50mm。用于湿陷性黄土或膨胀土地基的素土垫层，土料中不得夹有砖、瓦和石块。

3）灰土体积配合比宜为2∶8或3∶7。土料宜用粉质黏土，不宜使用块状黏土和砂质粉土，不得含有松软杂质，并应过筛，其粒径不得大于15mm。石灰宜用新鲜的消石灰，其颗粒不得大于5mm。

4）工业废渣应质地坚硬、性能稳定和无腐蚀性，其最大粒径及级配宜通过试验确定。易受酸、碱影响的基础或地下管网不得采用矿渣垫层；作为建筑物垫层的粉煤灰和矿渣应符合有关放射性安全标准的要求，大量填筑粉煤灰和矿渣时，应考虑对地下水或土壤的环境影响。

5）所用土工合成材料的品种与性能及填料的土类应根据工程特性和地基土条件，按照《土工合成材料应用技术规范》（GB/T 50290—2014）的要求，通过设计并进行现场试验后确定。

（4）施工要点。

1）施工机械应根据不同的换填材料选择。粉质黏土、灰土宜采用平碾、振动碾或羊足碾，砂石等宜用振动碾。当有效压实深度内土的饱和度小于并接近60%时，可采用重锤夯实。

2）施工方法、分层厚度、每层压实遍数等宜通过试验确定。一般情况下，分层铺厚度可取200～300mm，但接近下卧软土层的垫层底层应根据施工机械设备及下卧层土质条件的要求具有足够的厚度。严禁扰动垫层下的软土。

3）素填土和灰土垫层土料的施工含水量宜控制在最优含水量±2.0%范围。灰土应拌合均匀并应当日铺填夯压，且压实后3d内不得受水浸泡。垫层竣工后，应及时进行基础施工和基坑回填。

4）重锤夯实的夯锤宜采用圆台形，锤重宜大于2t，锤底面单位静压力宜为15～20kPa。夯锤落距宜大于4m。重锤夯实宜一夯挨一夯顺序进行。在独立柱基坑内，宜先外后里顺序夯击；同一基坑底面标高不同时，应先深后浅逐层夯实。同一夯点夯击一次为一遍，夯击宜分2～3遍进行，累计夯击10～15次，最后两遍平均夯击下沉量应控制在：砂土不超过5～10mm，细颗粒土不超过10～20mm。

6.2.1.3　挤密桩法

挤密桩法是以振动、冲击或带套管等方法成孔，然后向孔内填入砂、石、土（灰土、二灰、水泥土）、石灰或其他材料，再振实成为直径较大的密实桩体，并和桩周土组成复合地基的地基处理方法。

根据填入的材料和工艺的不同可分为砂石桩、土桩（灰土桩）、石灰桩、水泥粉煤灰桩和夯实水泥桩。下面着重介绍砂石桩法。

1. *砂石桩法*

砂石桩法是指利用振动、冲击或水冲等方式在地基中成孔后，再填入砂、砾石、卵石、碎石等材料并将其挤压到已成的孔中，形成砂石所构成的密实桩体，并和原桩周土组成复合地基的地基处理方法。

（1）加固机理及适用范围。对松散的砂土层，砂石桩的主要目的是提高地基土承载力、减少变形和增强抗液化性，其加固机理主要有三方面的作用，即挤密作用、排水减压作用和抗液化作用。对于松软黏性土地基，黏性土结构为蜂窝状或絮状结构，颗粒之间的分子吸引力较强，渗透系数小，特别是对于饱和黏性土地基，砂石桩的主要作用有两个，即置换作用和排水固结作用。

砂石桩法适用于挤密松散砂土、粉土、黏性土、素填土和杂填土等地基。对于饱和黏性土地基上变形控制要求不严的工厂，也可采用砂石桩置换处理。砂石桩法也可用于处理可液化地基。

（2）砂石桩设计要点。

1）处理范围。砂桩加固的范围应大于基础面积，一般认为宽度应超出基础宽度，每边宽度不少于1～3排；对可液化地基，在基础外缘扩大宽度不应小于可液化图层厚度的1/2，且不小于5m。

2）桩直径及桩位布置。桩径可根据地基土质情况、成桩方式和成桩设备等因素确定，桩的平均直径可根据每根桩所用填料量计算。砂石桩直径可选 300～800mm，对饱和黏性土地基宜选用较大的直径。

砂石桩孔位宜采用正方形或等边三角形布置，如图 6.2.2 所示。

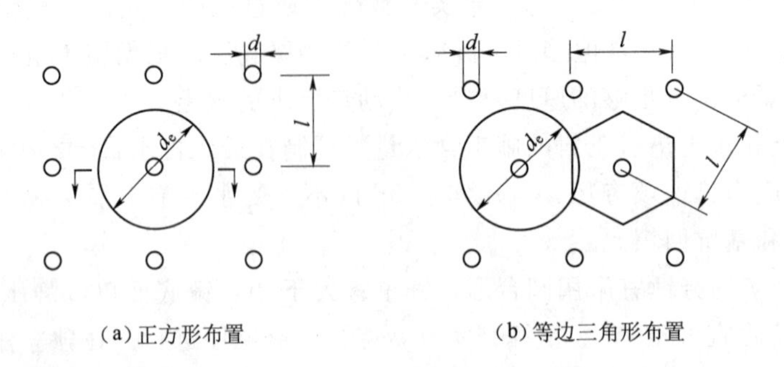

图 6.2.2　砂土桩孔位布置图

3）砂石桩间距。砂石桩的间距应通过现场试验确定。对粉土和砂土地基，不宜大于砂石桩直径的 4.5 倍；对黏性土地基，不宜大于砂石桩直径的 3 倍。初步设计时，砂石桩的间距也可按照下列公式估算，对于松散粉土和砂土地基，可根据挤密后要求达到的孔隙比 e_1 来确定。

当于布置为等边三角形时　$s=0.95\xi d\sqrt{\dfrac{1+e_0}{e_0-e_1}}$　(6.2.6)

当布置为正方形时　$s=0.89\xi d\sqrt{\dfrac{1+e_0}{e_0-e_1}}$　(6.2.7)

$$e_1=e_{\max}-D_{r1}(e_{\max}-e_{\min}) \tag{6.2.8}$$

式中　s——砂石桩间距，m；

d——砂石桩直径，m；

ξ——修正系数，考虑振动下沉密实作用可取 1.1～1.2，不考虑振动下沉作用时可取 1.0；

e_0——地基处理前砂土的孔隙比，可按原状土样试验确定，也可根据动力或经历触探等对比试验确定；

e_1——地基挤密后要求达到的孔隙比；

$e_{\max}$、$e_{\min}$——砂土的最大、最小孔隙比，可按《土工试验方法标准》（GB 50123—2019）的有关规定确定；

D_{r1}——地基挤密后要求砂土达到的相对密度，可取 0.7～0.85。

对于黏性土地基，当布置为等边三角形时：

$$s=1.08\sqrt{A_e} \tag{6.2.9}$$

当布置为正方形时：

$$s=\sqrt{A_e} \tag{6.2.10}$$

$$A_e=\frac{A_p}{m} \tag{6.2.11}$$

$$m=\frac{d^2}{d_e^2} \tag{6.2.12}$$

式中　s——砂石桩间距，m；

A_e——1根桩承担的处理的面积，m^2；

A_p——砂石桩的截面积，m^2；

m——面积置换率；

d——桩身平均直径，m；

d_e——一根桩承担的地基处理面积的等效圆直径，m。对于等边三角形布桩，$d_e=1.05s$，对于正方形布桩 $d_e=1.13s$。

4）桩长。如软弱土层不很厚，砂桩一般应穿透软土层，如软弱土层很厚，砂桩长度可按桩底承载力和沉降量的要求，根据地基的稳定性和变形验算确定，并应符合下列规定：当相对硬土层埋深较浅时，可按相对硬层埋深确定；当相对硬土层埋深较大时，应按建筑物地基变形允许值确定；对按稳定性控制的工程，桩长应不小于最危险滑动面以下2.0m的深度；对可液化的地基，桩长应按要求处理液化的深度确定；桩长不宜小于4m。

5）填入材料。桩体材料可采用碎石、卵石、角砾、圆砾、砾砂、粗砂、中砂等硬质材料，含泥量不大于5%，最大粒径不宜大于50mm。

砂石桩桩孔内材料填料量，应通过现场试验确定，估算时，可按设计桩孔体积乘以充盈系数确定，充盈系数可取1.2～1.4。

砂桩顶部宜铺设厚度为300～500mm的垫层，垫层材料宜用中砂、粗砂、级配砂石和碎石等，最大粒径不宜大于3mm，其夯填度（夯实后的厚度与虚铺厚度的比值）不应大于0.9。

6）砂石桩复合地基承载力特征值。砂石桩复合地基承载力特征值应通过现场复合地基荷载试验确定，初步设计时，也可通过式（6.2.13）进行估算。

$$f_{spk}=[1+m(n-1)]f_{sk} \tag{6.2.13}$$

式中　f_{spk}——复合地基承载力特征值，kPa；

f_{sk}——处理后桩间土承载力特征值，kPa，可按地区经验确定，当无经验时，对于一般黏性土地基可取天然地基承载力特征值，松散的砂土、粉土可取原天然地基承载力特征值的1.2～1.5倍；

m——面积置换率；

n——桩土应力比，宜采用实测值确定，如无实测资料，对于黏性土可取

2.0～4.0，对于砂土、粉土可取1.5～3.0。

7）变形计算。砂石桩处理地基的变形计算应符合《建筑地基基础设计规范》（GB 50007—2011）有关规定。复合土层的压缩模量可按式（6.2.14）计算。

$$E_{sp}=[1+m(n-1)]E_s \qquad (6.2.14)$$

式中 E_{sp}——复合土层压缩模量，MPa；

E_s——桩间土压缩模量，宜按当地经验取值，当无经验时，可取天然地基压缩模量，MPa。

（3）砂石桩施工。砂桩施工可采用振动式或锤击式成孔。振动式是靠振动机的垂直上下振动作用，把带桩靴或底盖的钢套管打入土中成孔，填入砂料振动密实成桩（一边振动一边拔出套管）；锤击式是将钢套管打入土中，其他工艺与振动式基本相同，但灌砂成桩和扩大是用内管向下冲击而成的。

对饱和松散的砂性土，一般选用振动成桩法；而对于软弱黏性土，则选用锤击成桩法，也可以采用振动成桩法。当砂石桩用于消除粉细砂及粉土液化时，宜采用振动成桩法。

6.23
振动成桩机组图

6.24
锤击成桩机组图

1）施工方法与要求。当采用振动成桩法时，用振动打桩机成桩的步骤如下：

a. 移动桩机及导向架，把桩管及桩尖对准桩位。

b. 开动桩管顶部的振动机，将套管打入中设计深度。

c. 将砂石料从套管上部的送料斗投入套管中。

d. 向上拉拔桩管一定高度（1～2m），压缩空气将砂石从套管底端压出。

e. 降落桩管，振动桩管振密底端下部砂石并挤密周围土体。

f. 重复上述步骤，直至地面，即成砂石桩。

施工质量要求：控制每次填入砂石量、套管提升的高度、速度、挤压次数及电机的工作电流等，以保证挤密均匀且保证砂石桩桩身的连续性。

锤击成桩法的成桩工艺与振动成桩法基本相同，用内管向下冲击代替振动器。

2）成桩挤密试验。在砂石桩正式施工前进行现场挤密试验，试验桩的数量应不小于7～9个。如发现问题，则应及时调整设计或改进施工。

3）施工顺序。对于砂土地基，砂石桩主要以挤密为目的，施工时应间隔进行，并宜从外围或两侧向中间进行；对于黏性土地基，砂石桩主要起到置换作用，为保证设计置换率，宜从中间向外围或隔排施工；在既有建（构）筑物邻近施工时，应背离建（构）筑物方向进行。砂石桩施工应控制成桩速度，必要时采取防挤土措施。

4）砂石桩质量检验。施工后，应间隔一定时间方可进行质量检验，对于粉质黏土地基不宜少于21d，粉土地基不宜少于14d，砂土和杂填土地基不宜少于7d。质量检验方法对桩体可采用重型动力触探试验，对桩间土可采用标准贯入、静力触探、动力触探或其他原位测试等方法；对于消除液化的地基检验应采用标准贯入试验。桩间土质量的检测位置应在等边三角形或正方形的中心。检验深度不应小于处理地基深度，检测数量不应少于桩孔总数的2%。竣工验收时，地基承载力检验应采用复合地基静载荷试验，试验数量不应少于总桩数的1%，且每个单体建筑不应少于3点。

2. 灰土挤密桩法和土挤密桩法

灰土挤密桩法和土挤密桩法由机械成孔，将灰土或素土填入孔中，用机械压实形成。

(1) 加固机理及适用范围。灰土挤密桩法和土挤密桩是利用成孔过程中的横向挤压作用，桩孔内土被挤向周围，使桩间土挤密，然后将灰土或素土（黏性土）分层填入桩孔内，并分层夯填密实至设计标高。用灰土分层夯实的桩体，称为灰土挤密桩；用素土分层夯实的桩体，称为土挤密桩。两者分别与挤密的桩间土组成复合地基，共同承担上部荷载。

灰土挤密桩法和土挤密桩法适用于处理地下水位以上的湿陷性黄土、素填土和杂填土等地基。可处理地基的深度为5～15m。但当地基土的含水量大于24%、饱和度大于65%时，不宜选用灰土挤密桩法或土挤密桩法。当以消除地基土的湿陷性为主要目的时，宜选用土挤密桩法；当以提高地基承载力或增强水稳性为主要目的时，宜选用灰土挤密桩法。

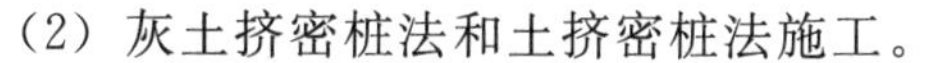
(2) 灰土挤密桩法和土挤密桩法施工。

1) 成孔方法。成孔应按设计要求、成孔设备、现场土质和周围环境等情况，选用振动沉管、锤击沉管、冲击或钻孔等方法。

2) 预留覆盖土层厚度。桩顶设计标高以上的预留覆盖土层厚度，宜符合下列规定：

a. 沉管成孔不宜小于0.5m。

b. 冲击成孔或钻孔夯扩法成孔不宜小于1.2m。

3) 成孔时地基土宜接近最优（或塑限）含水量。当土的含水量低于12%时，宜对拟处理范围内的土层进行增湿，应在地基处理前4～6天，将需增湿的水通过一定数量和一定深度的渗水孔，均匀地浸入拟处理范围内的土层中。增湿土的加水量可按式（6.2.15）估算。

$$Q = v\overline{\rho_d}(\omega_{op} - \overline{\omega})k \tag{6.2.15}$$

式中　Q——计算加水量，t；

v——拟加固土的总体积，m^3；

$\overline{\rho_d}$——地基处理前土的平均干密度，t/m^3；

ω_{op}——土的最优含水量，%，通过室内击实试验求得；

$\overline{\omega}$——地基处理前土的平均含水量，%；

k——损耗系数，可取1.05～1.10。

4) 成孔和孔内回填夯实要求。

a. 成孔和孔内回填夯实的施工顺序，当整片处理地基时，宜从里（或中间）向外间隔1～2孔依次进行，对大型工程，可采取分段施工；当局部处理地基时，宜从外向里间隔1～2孔依次进行。

b. 向孔内填料前，孔底应夯实，并应检查桩孔的直径、深度和垂直度。

c. 桩孔的垂直度允许偏差应为±1%。

d. 孔中心距允许偏差应为桩距的±1.5%。

e. 经检验合格后，应按设计要求，向孔内分层填入筛好的素土、灰土或其他填料，并应分层夯实至设计标高。

(3) 质量检验。桩孔质量检验应在成孔后及时进行，所有桩孔均需检验并作出记录，检验合格或经处理后方可进行夯填施工。

6.27 灰土

应随机抽样检测夯后桩长范围内灰土或土填料的平均压实系数，抽检的数量不应少于桩总数的1%，且不得少于9根。对灰土桩桩身强度有怀疑时，尚应检验消石灰与土的体积配合比。应抽样检验处理深度内桩间土的平均挤密系数车，检测探井数不应少于总桩数的0.3%，且每项单体工程不得少于3个。

承载力检验应在成桩后14～28天后进行，检测数量不应少于总桩数的1%，且每项单体工程复合地基静载荷试验不应少于3点。

竣工验收时，灰土挤密桩、土挤密桩复合地基的承载力检验应采用复合地基静载荷试验。

6.2.1.4 预压法

我国东南沿海和内陆广泛分布着饱和软黏土，该地基土的特点是含水量大、孔隙比大、颗粒细，因而压缩性高、强度低、透水性差。在该地基上直接修建筑物或进行填方工程时，由于在荷载作用下会产生很大的固结沉降和沉降差，且地基土强度不够，其承载力和稳定性也往往不能满足工程要求，在工程实践中，常采用预压法对软黏土地基进行处理。

预压法是对天然地基或在设置有袋装砂井、塑料排水带等竖向排水体的地基上，利用建筑物本身重量分级逐渐加载或在建筑物建造前在场地上先行加载预压，使土中的孔隙水排出，提前完成土体固结沉降，从而逐步增加地基强度的处理方法，又称为排水固结法。该法常用于解决软黏土地基的沉降和稳定问题，可使地基的沉降在加载预压期间基本完成或大部分完成，使建筑物在使用期间不致产生过大的沉降和沉降差。同时，可增加地基土的抗剪强度，从而提高地基的承载力和稳定性。

对沉降要求较高的建筑物，如机场跑道等，常采用预压法处理地基。待预压期间的沉降达到设计沉降后，移去预压荷载再建造建筑物。对于主要应用排水固结法来加速地基土抗剪强度的增加、缩短工期的工程，如路堤、土坝等，则可利用其本身的重量分级逐渐施加，使地基土强度的提高适应上部荷载的增加，最后达到设计荷载。

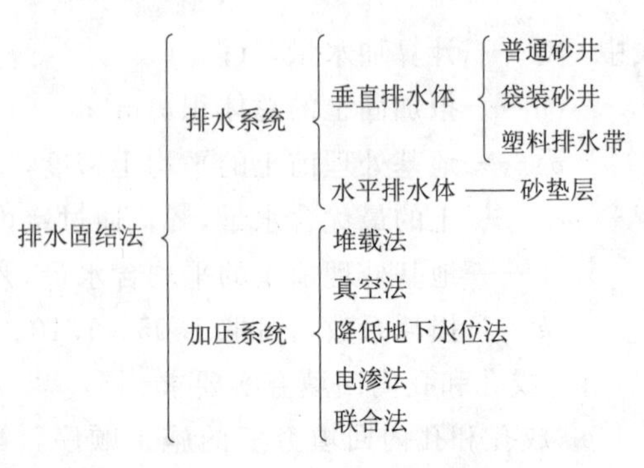

图6.2.3 预压法常用系统

实际上，预压法是由排水系统和加压系统两部分共同组合而成的，如图6.2.3所示。

排水系统的作用，主要在于改变地基原有的排水边界条件，增加孔隙水排出的途径，缩短排水距离。该系统是由水平排水垫层和竖向排水体构成的。当软土层较薄，或土的渗透性较好而施工期允许较长时，可仅在地面铺设一定厚度的砂垫层，然后加载。当工程上遇到透水性很差的深厚软土层时，可在地基中设置砂井等竖向排水体，地面铺设排水砂垫层，构成排水系统，加快土体固结。

加压系统的作用，通过对地基施加预压荷载，使地基土的固结压力增加而产生固结。其材料有固体（土、石料等）、液体（水等）、真空负压力荷载等。

排水系统是一种手段，如没有加压系统，孔隙中的水没有压力差就不会自然流出，地基也就得不到加固。如果只增加固结压力，不缩短土层的排水距离，则不能在预压期间尽快地完成设计所要求的沉降量，强度不能及时提高，加载也不能顺利进行。所以，上述两个系统在设计时总是联系起来考虑的。

在地基中设置竖向排水体，常用的是砂井，它是先在地基中成孔，然后灌砂使之密实而成。近十年来袋装砂井在我国得到较广泛的应用，它具有用砂料省、连续性好、不致因地基变形而折断、施工简便等优点，但砂井阻力对袋装砂井的效应影响较为显著。

由工程上广泛使用的、行之有效的增加固结压力的方法是堆载法，如图6.2.4所示。此外，还有真空法、降低地下水位法、电渗法和联合法等。采用真空法、降低地下水位法和电渗法不会像堆载法那样可能会引起地基土的剪切破坏，所以较为安全，但操作技术比较复杂。

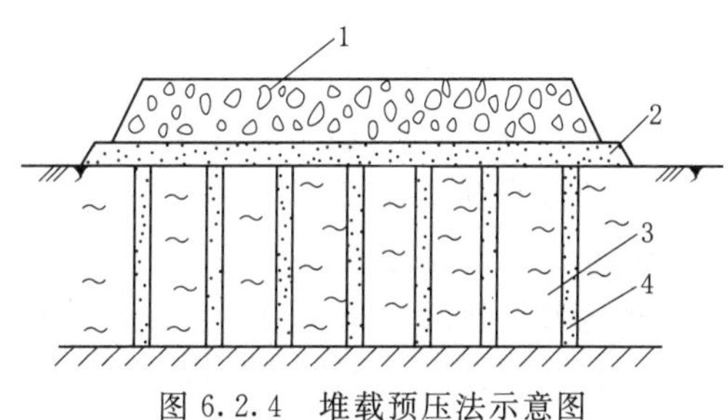

图6.2.4　堆载预压法示意图

1—堆料；2—砂垫层；3—淤泥；4—砂井

排水固结法的设计，主要是根据上部结构荷载的大小、地基土的性质以及工期要求，确定竖向排水体的直径、间距、深度和排列方式，以及预压荷载的大小和预压时间，通过预压，使地基能满足建筑物对变形和稳定性的要求。

1. 预压法的加固机理

通过预压，使饱和软黏土地基在荷载作用下，孔隙中的水逐渐地排出，孔隙体积不断减小，地基发生固结变形。同时，随着超静孔隙水压力逐渐消散，有效应力逐渐提高，地基土的强度逐渐增长。

如图6.2.5所示，当土体的天然固结压力为σ_0'，其孔隙比为e_0，在$e_0-\sigma_0'$曲线上为相应的A点。当压力增加$\Delta\sigma'$，达到固结终了的C点，孔隙比减少了Δe，曲线ABC称为土的压缩曲线。与此同时，在$\tau-\sigma_c'$曲线上，土的抗剪强度由A点上升至C点。由此可见，土体在受固结压力时，因孔隙比的减少，使其抗剪强度得到提高。

由C点开始卸荷至F点，卸下压力为$\Delta\sigma'$，土体产生膨胀，见图6.2.4中CEF卸荷膨胀曲线。如从F点再加压$\Delta\sigma'$，使土体产生再压缩，沿虚线变化到C'，从再

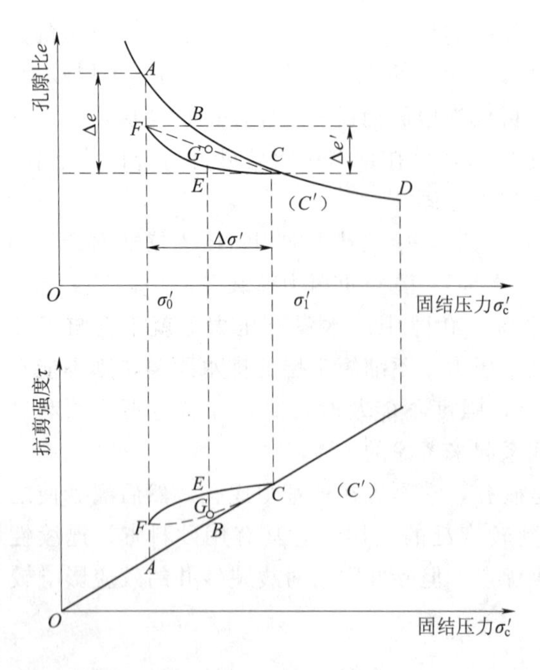

图 6.2.5 排水固结法加固地基原理

压缩曲线 FGC' 可看出，固结压力又从 σ'_0 增加至 σ'_1，增幅为 $\Delta\sigma'$，相应的孔隙比减少值为 $\Delta e'$（比 Δe 小）。同样，在土体卸荷及再压缩过程中，其抗剪强度与孔隙比变化相似，也经历了下降与上升恢复。

根据以上排水固结法加固地基的原理，如果在建筑场地先加一个和上部建筑物相同的压力进行预压，使土层固结完后卸除荷载再建造建筑物，这样，建筑物所引起的沉降即可大大减小。如果预压荷载大于建筑物荷载，即所谓超载预压，则效果更好，经过超载预压，固结压力大于使用荷载下的固结压力时，原来的正常固结黏土层将处于超固结状态，从而使土层在使用荷载下的变形大为减小。但超载过快易发生地基失稳，工程施工中需逐步施加超载压力。

土层的排水固结效果和它的排水边界条件有关。当土层厚度相对荷载宽度（或直径）比较小时，土层中孔隙水将向上下的透水层排出而使土层发生固结，如图 6.2.6 所示，称为竖向排水固结。根据太沙基固结理论，黏性土固结所需时间与排水距离的平方成正比。因此，为了加速土层的固结，常在被加固地基中置入砂井、塑料排水板等竖向排水体，如图 6.2.7 所示，以增加土层的排水途径，缩短排水距离，达到加速地基固结的目的。

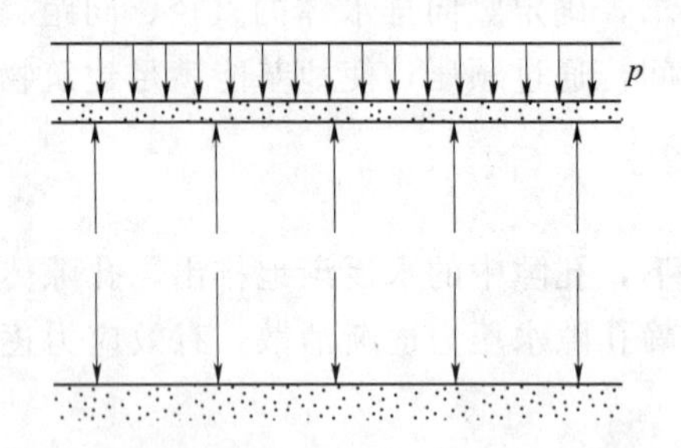

图 6.2.6 天然地基竖向排水

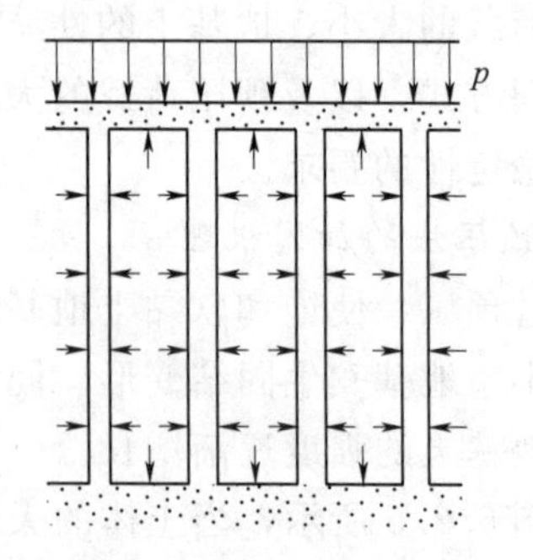

图 6.2.7 砂井地基竖向排水

综上所述，预压法的实施有两个方面：一方面是加载预压；另一方面是排水，即在地基中做排水通道，以缩短孔隙水渗流距离，加速地基土固结过程。

2. 预压方法

预压方法有堆载法、真空法、降低地下水位法等。在实际工程中，可单独使用一种方法，也可将几种方法联合使用。

(1) 堆载预压法。堆载预压法是工程上常用的有效方法，堆载一般用填土、砂石等散粒材料，当采用加载预压时必须控制加载速度，制定出分级加载计划，以防地基在预压过程中丧失稳定性，因而所需工期较长。

(2) 真空预压法。真空预压法是在需要加固的软黏土地基内设置砂井，然后在地面铺设砂垫层，其上覆盖不透气的密封膜，使之与大气隔绝，通过埋设于砂垫层中的吸水管道，用真空装置进行抽气，将膜内空气排出，因而在膜内产生一个负压，促使孔隙水从砂井排出，达到固结的目的。

真空预压法适用于一般软黏土地基，但在黏土层与透水层相间的地基，抽真空时地下水会大量流入，不可能得到规定的负压，故不宜采用此法。

(3) 降低地下水位法。地基土中地下水位下降，则土的自重有效应力增加，促使地基土体固结。降低地下水位法最适用于砂或砂性土地基，也适用于软黏土层上存在砂或砂性土的情况。对于深厚的软黏土层，为加速其固结，可设置砂井，并采用井点降低地下水位。但降低地下水位，可能引起邻近建筑物基础的附加沉降，对此必须引起足够的重视。

3. 排水方法

排水方法是在地基中置入排水体，以缩短土层排水距离。竖向排水体可用砂井、袋装砂井、塑料排水板等做成如图6.2.8和图6.2.9所示。水平排水体一般由地基表面的砂垫层组成。当软黏土层较薄，或土的渗透性较好而施工期又较长时，可仅在地表铺设一定厚度的砂垫层，当加载后，土层中的孔隙水竖向流入砂垫层而排出。对于厚度大、透水性又很差的软黏土，需同时用水平排水体和竖向排水体构成排水系统，使土层孔隙水由竖向排水体流入水平排水体。

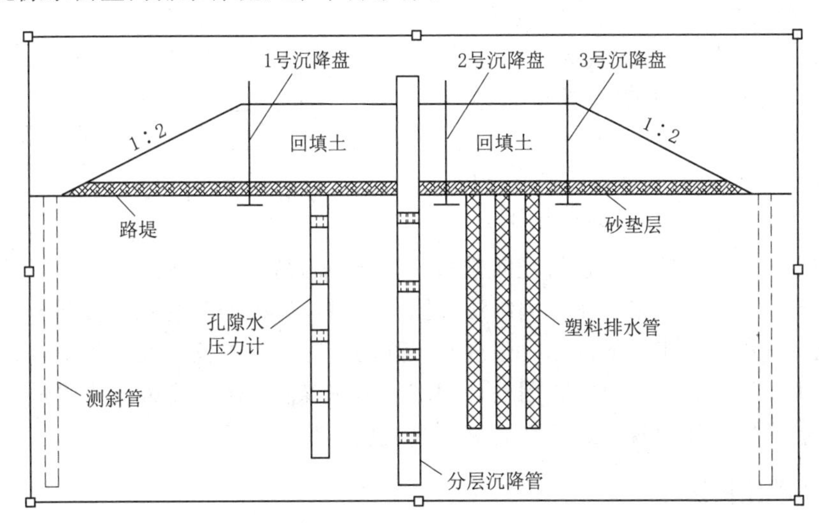

图6.2.8　塑料排水板与观测仪器断面布置示意图

一般工程应用总是综合考虑预压和排水两种措施，最常用的方法是砂井堆载预压固结法。

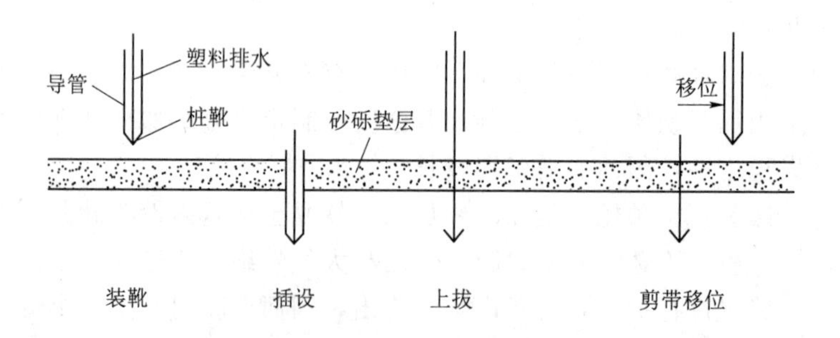

图 6.2.9 塑料排水板插板作业流程图

砂井堆载预压法，其实质是合理安排排水系统与预压荷载之间的关系，使地基通过该排水系统在逐级加载过程中排水固结，地基强度逐渐增长，以满足每级加载条件下地基的稳定性要求，并加速地基固结沉降，在尽可能短的时间内，使地基承载力达到设计要求，其施工流程如图 6.2.10 所示。

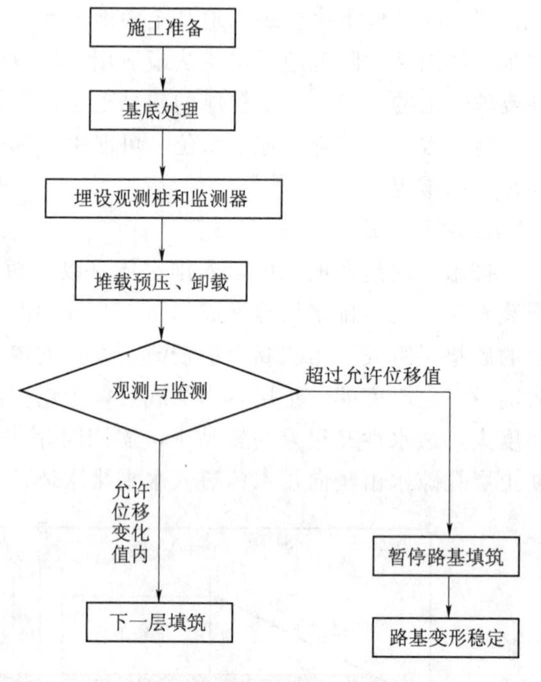

图 6.2.10 堆载预压施工工艺流程

4. 预压法施工工艺与现场检测

(1) 应用预压法加固软黏土地基，其施工顺序为：①铺设水平排水垫层；②设置竖向排水体；③埋设观测设备；④实施预压；⑤检查预压效果；⑥若不满足设计要求，则更改设计至满足设计要求为止。

从施工角度分析，要保证排水固结法的加固效果，主要要做好三个环节，即铺设水平排水垫层、设置竖向排水体、施加固结压力。

(2) 现场观测。在采用排水固结法加固地基时，应根据现场观测资料分析地基在堆载预压过程中和竣工后的固结、强度和沉降的变化，其不仅是发展理论及评价处理效果的依据，同时也可及时防止因设计和施工不完善而引起的意外工程事故。工程上通常应进行孔隙水压力观测、沉降观测、侧向位移观测等。

6.2.1.5 灌注桩法

灌注桩是先用机械或人工成孔，然后放入钢筋笼、灌注混凝土而成的桩。按其成孔方式的不同，可分为钻孔灌注桩、沉管灌注桩、爆扩成孔灌注桩、人工挖孔灌注桩等。钻孔灌注桩包括泥浆护壁成孔灌注桩、干作业成孔灌注桩和沉管灌注桩等。本节重点介绍泥浆护壁成孔灌注桩施工。泥浆护壁成孔灌注桩是指在进行成孔时，为防止塌孔，在孔内注入相对密度大于1的泥浆进行护壁。其施工流程图如图6.2.11所示。

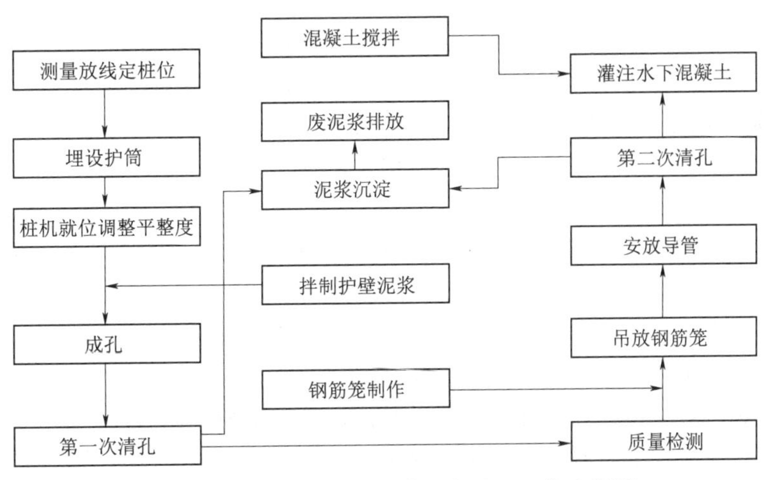

图6.2.11　泥浆护壁成孔灌注桩施工工艺流程图

1. 材料要求

材料要求如下：

（1）水泥：根据设计要求确定水泥品种、强度等级，不得使用不及格水泥。

（2）砂、石：中砂或粗砂，含泥量不大于5%；粒径为5～32mm的卵石或碎石，含泥量不大于2%。

（3）水：使用自来水或不含有害物质的洁净水。

（4）黏土：可就地选择塑性指数$I_P \geqslant 17$的黏土。

（5）外加剂：通过试验确定。

（6）钢筋：钢筋的品种、级别或规格必须符合设计要求，有产品合格证、出厂检验报告和进场复检报告。

2. 施工设备

泥浆护壁成孔灌注桩使用的钻孔机械有潜水钻机、回旋钻机、冲击钻机、冲抓钻机等。常用潜水钻机，它适用于地下水位较高的软硬土层，不得用于漂石层。潜水钻机由潜水电机、齿轮减速器及钻头、钻杆等组成，它将动力、变速机构加以密封并与钻头连在一起，潜入水中工作，具有体积小而轻的特点。钻孔直径450～1500mm，钻孔深20～30m，最深可达50m。

其他施工机具有钻孔机、翻斗车、混凝土导管、套管、水泵、水箱、泥浆池、混凝土搅拌机、振捣棒等。

3. 施工工艺

下面就护筒施工、水下浇筑混凝土施工过程中的要点和施工中可能出现的问题与防治措施加以详细介绍。

（1）护筒施工：护筒一般由4～8mm厚的钢板卷制而成，护筒内径宜比设计桩径大100mm，上部宜开设1～2个溢浆孔。护筒的埋深，一般情况下，在黏性土中不宜小于1m，在砂土中不宜小于1.5m，护筒顶面宜高出地面300mm。

（2）采用导管法灌注水下混凝土。

1）灌注水下混凝土时的混凝土搅拌物供应能力，应满足桩孔在规定时间内灌注完毕，混凝土灌注时间不得长于首批混凝土初凝时间。

2）混凝土运输宜选用混凝土泵或混凝土搅拌运输车。在运距小于200m时，可采用机动翻斗车或其他严密、不漏浆、不吸水、便于装卸的工具运输，需保证混凝土不离析，具有良好的和易性和流动性。

3）灌注水下混凝土一般采用钢制导管回顶法施工，导管内径为200～250mm，视桩径大小而定，壁厚不小于3mm；直径制作偏差不应超过2mm；导管接口之间采用丝扣或法兰连接，连接时必须加垫密封圈或橡胶垫，并上紧丝扣或螺栓。导管使用前应进行水密承压和接头抗拉试验（试水压力一般为0.6～1.0MPa），确保导管口密封性。导管安放前应计算孔深和导管的总长度，第一节导管的长度一般为4～6m，标准节长度一般为2～3m，在上部可放置2～3根长0.5～1.0m的短节，用于调节导管的总长度。导管安放时应保证导管在孔中的位置居中，防止碰撞钢筋骨架。

（3）水下混凝土配置。

1）水下混凝土必须具备良好的和易性，在运输和灌注过程中应无显著离析、泌水现象，灌注时应保持足够的流动性。配合比应通过试验，坍落度宜为180～220mm。

2）混凝土配合比的含砂率宜采用0.4～0.5，并宜采用中砂；粗骨料的最大粒径应小于40mm；水灰比宜采用0.5～0.6。

3）水泥用量不少于360kg/m^3，当掺有适宜数量的缓凝剂或粉煤灰时，可不小于300 kg/m^3。

4）混凝土中应加入适宜数量的缓凝剂，使混凝土的初凝是时间长于整根桩的灌注时间。

5）首批灌注混凝土数量应能满足导管埋入混凝土中0.8m以上。

如图6.2.12所示，所需混凝土数量可参考式（6.2.16）计算。

$$V \geqslant \pi R^2(H_1 + H_2) + \pi r^2 h_1 \tag{6.2.16}$$

式中 V——灌注首批混凝土所需数量，m^3；

R——桩孔半径，m；

H_1——桩孔底至导管底端间距，一般为0.3～0.5m；

H_2——导管初次埋置深度，不小于0.8m；

r——导管半径，m；

h_1——桩孔内混凝土达到埋置深度H_2时，导管内混凝土柱平衡导管外泥浆压力所需的高度，m。

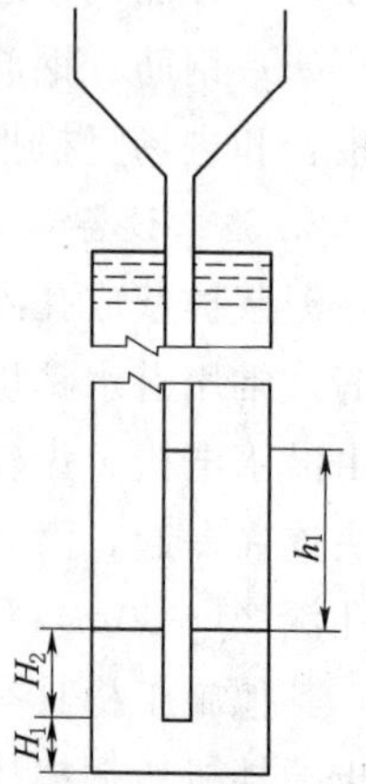

图6.2.12 首批灌注混凝土数量计算图

混凝土灌注时，可在导管顶部放置混凝土漏斗，其容积大于首批灌注混凝土数量，确保导管埋入混凝土中的深度。

（4）灌注水下混凝土的技术要求。

1）混凝土开始灌注时，漏斗下的封水塞可采用预制混凝塞、木塞或充气球胆。

2）混凝土至灌注地点时，应检查其均匀性和坍落度，如不符合要求应进行第二次拌和，二次拌和后仍不符合要求时不得使用。

3）第二次清孔完毕，检查合格后应立即进行水下混凝土灌注，其时间间隔不宜大于30min。

4）首批混凝土灌注后，混凝土应连续灌注，严禁中途停止。

5）在灌注过程中，应经常测探井孔内混凝土面的位置，及时调整导管埋深，导管埋深宜控制在2～6m。严禁导管提出混凝土面，应有专人测量导管埋深及管内外混凝土面的高差，填写水下混凝土灌注记录。

6）在灌注过程中，应时刻注意观测孔内泥浆返出情况，倾听导管内混凝土下落声音，如有异常必须采取相应的处理措施。

7）在灌注过程中宜使导管在一定范围内上下窜动，防止混凝土凝固，增加灌注速度。

8）为防止钢筋笼上浮，当灌注的混凝土顶面距钢筋笼底部1m左右时，应降低混凝土的灌注速度，当混凝土拌和物上升到骨架底口4m以上时，提升导管，使其底口高于钢筋笼底部2m以上，即可恢复正常灌注速度。

（5）成品保护措施。

1）成孔过程中，应随地层变化调整泥浆性能，控制进尺速度，避免塌孔及缩径，并应检查钻具连接的牢固性，避免掉钻头。

2）钢筋骨架制作完毕后，应按桩分节编号存放；存放时，小直径桩堆放层数不能超过两层，大直径桩不允许堆放，以防止变形；存放时，骨架下部用方木或其他物品铺垫，上部覆盖。

3）钢筋骨架安放完毕后，应用钢筋或钢丝绳固定，保证其平面位置和高程满足规范要求。

4）混凝土灌注完成后的24h内，5m范围内相邻的桩禁止进行成孔施工。

钻孔灌注桩施工工艺流程

（6）施工要点。

1）桩孔的定位放线必须准确，误差严格控制在规范的范围以内。

2）必须严格控制成孔质量，保证成孔后的平面布置、垂直度、有效直径、孔深符合设计和规范要求。

3）钢筋笼放入后必须进行二次清孔，降低孔底的泥浆比重，检查清孔后孔底的实际标高和泥浆指标是否满足规范要求。

4）严格控制泥浆土料的质量，必须选用优质高塑性黏土或膨润土拌制。泥浆的性能指标必须符合规划要求。

5）保证护筒埋设准确、稳定，护筒中心与桩位中心对正且应垂直，偏差控制在规范范围内。

6）保证钢筋笼的绑扎正确牢固。钢筋规格、间距、长度、箍筋均应符合设计要求，必须统一配料绑扎。浇筑混凝土时严格防止箍筋上浮。

7）严格控制混凝土的配合比。混凝土的搅拌、浇筑、振捣等严格按工艺标准操作。保证混凝土的强度达到设计要求。

8）使用隔水性能好、并能顺利排出的隔水栓。严格使用袋装混凝土或袋装砂子等不合格隔水栓。

（7）可能出现的问题与防治。

1）护筒外壁冒浆：护筒外壁冒浆，会造成护筒倾斜、位移、桩孔偏斜等，甚至无法施工。其原因可能是埋设护筒时周围填土不密实，或是起落钻头时碰到护筒。若是钻进初始时发现冒浆，则应用黏土在护筒四周填实加固；若护筒严重下沉或位移，则应重新埋设。

2）孔壁坍塌：指成孔过程中孔壁土层不同程度地坍塌。在钻孔过程中，如果发现排出的泥浆中不断出气泡，护筒内的泥浆面突然下降，这都是塌孔的迹象。其原因主要是土质松散，护壁泥浆密度太小，护筒内泥浆面高度不够。处理措施：加大泥浆密度，保持护筒内泥浆面高度。若坍塌严重，应立即回填黏土到塌孔位置以上1～2m，待孔壁稳定后再进行钻孔。

3）钻孔偏斜：其原因主要是钻杆不垂直、钻头导向部分太短、导向性差、土质软硬不一或遇上孤石等。处理措施：调整钻杆的垂直度。钻进时减慢钻进速度，并提起钻头，上下反复扫钻若干次，以削去硬土，使钻土正常。若偏斜过大，应填入石子、黏土，重新成孔。

4）孔底虚土：虚土会影响桩的承载力，所以必须清除。虚土产生的原因主要是安放钢筋笼时碰撞孔壁造成孔壁塌落及孔口落入虚土。处理措施：采用孔底夯实机具对孔底虚土进行夯实。

5）断桩：水下灌注混凝土桩的质量除混凝土本身质量外，是否断桩是鉴定其质量的关键。预防断桩的方法是正确计算第一罐混凝土下料量，严格控制混凝土的混合比；在流塑地层浇灌混凝土容易引起缩颈，预防缩颈的方法是避免灌浆停时过长；避免灌浆过程中离析的方法是浇灌混凝土时不得使混凝土自由落体。

6）孤石：钻进过程中遇到孤石的征兆为钻速明显变低，当判断有可能钻到孤石后，应该提钻，接着用凿子或冲击钻。

4. 质量检验标准

（1）泥浆护壁成孔灌注桩的允许偏差应符合表6.2.4的规定。

表6.2.4　　泥浆护壁成孔灌注桩的允许偏差

设计桩径	桩径允许偏差/mm	垂直度允许偏差/%	桩位允许偏差/mm	
			1～3根、单排桩基垂直于中心线方向和群桩基础的边缘	条形桩基沿中心线方向和群桩基础的中间桩
$D \leqslant 1000$mm	±50	<1	$D/6$，/且不大于100	$D/4$，且不大于150
$D > 1000$mm	±50		$100+0.01H$	$150+0.01H$

注　1. 桩径允许偏差的负值是指个别断面。

2. H为施工现场地面标高与桩顶设计标高的距离，D为设计桩径。

（2）混凝土灌注桩钢筋笼质量检验标准见表6.2.5。

表6.2.5　　　　混凝土灌注桩钢筋笼质量检验标准

项目	序号	检查项目	允许偏差或偏差值/mm	检查方法	项目	序号	检查项目	允许偏差或偏差值/mm	检查方法
主控项目	1	主筋间距	±10	用钢尺量	一般项目	1	钢筋材质检验	设计要求	抽样送检
主控项目	2	长度	±100	用钢尺量	一般项目	2	箍筋间距	±20	用钢尺量
					一般项目	3	直径	±10	用钢尺量

（3）混凝土灌注桩质量检验标准见表6.2.6。

表6.2.6　　　　混凝土灌注桩质量检验标准

项目	序号	检查项目		允许偏差或允许值		检查方法
				单位	数值	
主控项目	1	桩位		见6.2.4		基坑开挖前量护筒，开挖后量桩中心
主控项目	2	孔深		mm	+300	只浅不深，用重锤测，或测钻杆、套管长度，嵌岩桩应确保进入设计要求的嵌岩深度
主控项目	3	桩体质量检验		按桩基检测技术规范。如钻芯取样，大直径嵌岩桩应钻至桩尖下50cm		按《建筑基桩检测技术规范》（JGJ 106—2014）
主控项目	4	混凝土强度		设计要求		试件报告或钻芯取样送检
主控项目	5	承载力		按《建筑基桩检测技术规范》(JGJ 106—2014)		按《建筑基桩检测技术规范》（JGJ 106—2014）
一般项目	1	垂直度		见表6.2.4		测套管或钻杆，或用超声波探测，干施工时吊锤球
一般项目	2	桩径		见表6.2.4		井径仪或超声波检测，干施工时用钢尺量，人工挖孔桩不包括内衬厚度
一般项目	3	泥浆比重（黏土或砂性土）		1.15～1.20		用比重计测，清孔后在距孔底50cm处取样
一般项目	4	泥浆面标高（高于地下水位）		m	0.5～1.0	目测
一般项目	5	沉渣厚度	端承桩	mm	≤50	用沉渣仪或重锤测量
			摩擦桩	mm	≤150	
一般项目	6	混凝土坍落度	水下灌注	mm	160～220	坍落度仪
			干施工	mm	70～100	
一般项目	7	钢筋笼安装深度		mm	±100	用钢尺量
一般项目	8	混凝土充盈系数①		>1		检查每根桩的实际灌注量
一般项目	9	桩顶标高		mm	+30，−50	水准仪，需扣除桩顶浮浆层及劣质桩体

① 充盈系数指实际灌注混凝土体积和桩身设计计算体积加预留长度体积之比。

6.2.1.6 化学加固法

上述各种地基加固处理方法，不论强夯法、预压法或振冲法，都是运用各类机具将土加密，但并未改变原地基土的化学成分，都属于物理加固法。下面阐述的方法与前述不同，是各种机具将化学浆液灌入地基土中，并与地基土发生化学变化，胶结成新的坚硬的物质，从而提高地基强度，消除液化，减少沉降量。

帷幕灌浆

1. 帷幕灌浆

帷幕灌浆是在受灌体内建造防渗帷幕的灌浆，是防止坝基渗漏的重要措施。帷幕灌浆通常布置在靠近坝基面的上游，是应用最普遍、工艺要求较高的灌浆工程。其使用的材料绝大多数是水泥浆，但当裂缝宽度小于0.15mm时，水泥浆不易灌进；而地下水流速超过120m/d时，则水泥浆易被冲走。地下水对水泥有侵蚀性时，也不宜用水泥浆灌注，可采用丙凝等其他化学材料灌浆，但价格昂贵。

基岩帷幕灌浆通常应当在具备了以下条件后实施：灌浆地段上覆混凝土已经浇筑了足够厚度，或灌浆隧洞已经衬砌完成；上覆混凝土的具体厚度，各工程规定不一，具体情况应视灌浆压力的大小而定；同一地段的固结灌浆已经完成；基岩帷幕灌浆应当在水库开始蓄水以前，或蓄水位达到灌浆区孔口高程以前完成。

帷幕灌浆的施工工艺主要包括钻孔、钻孔冲洗、压水试验、灌浆和质量检查等。

（1）钻孔。帷幕灌浆孔宜采用回转式钻机和金刚石钻头或硬质合金钻头钻进，这样钻出来的孔孔形圆整，钻孔方向较易控制，有利于灌浆。为了提高工效，国内外已经越来越多地采用冲击钻进和冲击回转钻进。但是由于冲击钻进要将全部岩芯破碎，因此产生的岩粉比其他钻进方式多，故应当加强钻孔和裂隙冲洗。另外，在同样情况下，冲击钻进的孔斜率较回转钻进的大，这也是应当加以注意的。

钻孔质量要求如下：

1）钻孔位置与设计位置的偏差不得大于10cm。

2）孔深应符合设计规定。

3）帷幕灌浆孔宜选用较小的孔径，钻孔孔径上下均一、孔壁平直完整。

4）必须保证孔向准确。

（2）钻孔冲洗。灌浆孔在灌浆前应进行钻孔冲洗，孔内沉积厚度不得超过20cm。帷幕灌浆孔在灌浆前宜采用压力水进行裂隙冲洗，直至回水清净时止。冲洗压力可为灌浆压力的80%，该值若大于1MPa，采用1MPa。

冲洗的目的是用压力水将岩石裂隙或空洞中所填充的松软、风化的泥质充填物冲出孔外，或是将充填物推移到需要灌浆处理的范围外，这样裂隙被冲洗干净后，利于浆液流进裂隙并与裂隙接触面胶结，起到防渗和固结的作用。

（3）压水试验。压水试验应在裂隙冲洗后进行。简易压水试验可在裂隙冲洗后或结合裂隙冲洗进行。压力可采用灌浆压力的80%，该值若大于1MPa，采用1MPa。压水20min，每5min测读一次压入流量，取最后的流量值作为计算流量，其成果以透水率表示。帷幕灌浆采用自上而下分段灌浆法时，先导孔应自上而下分段进行压水试验，各次序灌浆孔的各灌浆段在灌浆前宜进行简易压水；采用自下而上分段灌浆法时，先导孔仍应自上而下分段进行压水试验。各次序灌浆孔在灌浆前全孔应进行一次钻孔冲洗和裂隙冲洗。除孔底段外，各灌浆段在灌浆前可不进行裂隙冲洗和简易压水。压水试验应在裂隙冲洗后进行。

（4）灌浆。

1）灌浆方式。优先采用循环式，射浆管距孔底不得大于50cm。

2）灌浆方法。基岩帷幕灌浆通常由一排孔、二排孔或多排孔组成。由二排孔组成的帷幕，一般应先进行下游排的钻孔和灌浆，然后再进行上游排的钻孔和灌浆；由多排孔组成的帷幕，一般应先进行边排孔的钻孔和灌浆，然后向中间排逐排加密。

如图6.2.13所示，单排孔组成的帷幕应按三个次序施工，各次序按“中插法”逐渐加密，先导孔最先施工，接着顺次施工：Ⅰ、Ⅱ、Ⅲ次序孔，最后施工检查孔。由两排或多排孔组成的帷幕，每排可以分为两个次序施工。

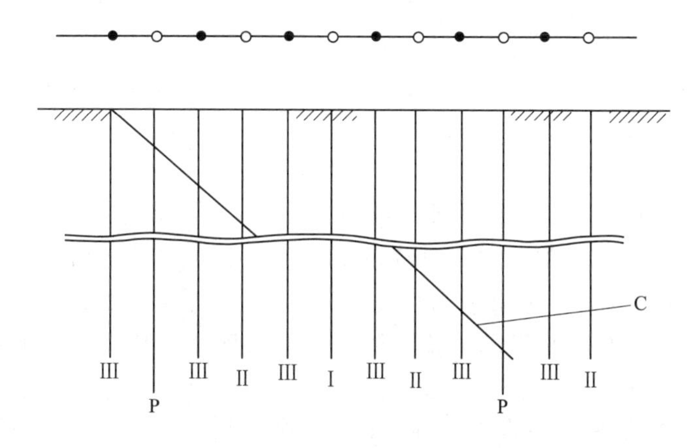

图6.2.13 帷幕灌浆孔的施工顺序

P—先导孔；Ⅰ、Ⅱ、Ⅲ—第一、二、三次序孔；C—检查孔

原则上说，各排各次序都要按照先后次序施工，但是为了加快施工进度、减少窝工，灌浆规范规定，当前一序孔保持领先15m的情况下，相邻后序孔也可以随后施工。

3）灌浆压力和浆液变换。灌浆压力是灌浆能量的来源，一般地说使用较大的灌浆压力对灌浆质量有利，因为较大的灌浆压力有利于浆液进入岩石的裂隙，也有利于水泥浆液的泌水与硬结，提高结石强度；较大的灌浆压力可以增大浆液的扩散半径，从而减少钻孔灌浆工程量。但是，过大的灌浆压力会使上部岩体或结构物产生有害的变形，或使浆液渗流到灌浆范围以外的地方，造成浪费；较高的灌浆压力对灌浆设备和工艺的要求也更高。

决定灌浆压力的主要因素有：一是防渗帷幕承受水头的大小，通常建筑物防渗帷幕承受的水头大，帷幕防渗标准也高，因而灌浆压力要大；二是地质条件，通常岩石坚硬、完整，灌浆压力可以高一些，反之灌浆压力应当小一些。

灌浆压力宜通过灌浆试验确定，也可通过公式计算或根据经验先行拟定，而后在灌浆施工过程中调整确定。采用循环式灌浆，压力表应安装在孔口回浆管路上；采用纯压式灌浆，压力表应安装在孔口进浆管路上。灌浆应尽快达到设计压力，但注入率大时应分级升压。灌浆浓度应由稀到浓，逐级变换。

在灌浆过程中，浆液浓度的使用一般是从稀浆开始，逐级变浓，直到达到结束标准。一般灌浆段内细小的裂隙多时，稀浆灌注的时间应长一些；反之，如果灌浆段中的大裂隙多时，则应较快换成较浓的浆液，使灌注浓浆的历时长一些。当灌浆压力保持不变、注入率持续减少时，或当注入率不变而压力持续升高时，不得改变水灰比；当某一级浆液的注入量已达300L以上或灌注时间已达1h，而灌浆压力和注入率均无改变或改变不显著时，应改浓一级；当注入率大于30L/min时，可根据具体情况越级变浓。

4）灌浆结束标准和封孔方法。帷幕灌浆采用自上而下分段灌浆法时，在规定的压力下，当注入率不大于0.4L/min时，继续灌注60min，或不大于1L/min时，继续灌注90min，灌浆可以结束。采用自下而上分段灌浆法时，继续灌注的时间可相应地减少为30min和60min，灌浆可以结束。封孔方法采用自上而下分段灌浆法时，灌浆孔封孔应采用“分段压力灌浆封孔法”；采用自下而上分段灌浆时，应采用“置换和压力灌浆封孔法”。

5）特殊情况的处理。灌浆施工过程中经常会遇到一些特殊情况，使得灌浆施工无法按正常方法进行，这时必须针对不同的情况采取处理措施。

a. 冒浆，指某一孔段灌浆时在其周围的地面或者其他临空面，或结构物的裂隙冒出浆液来。轻微的冒浆，可让其自行凝固封闭；严重者，可变浓浆液、降低灌浆压力或间歇中断待凝，必要时应采取堵漏措施，如用棉纱、麻刀、木楔等嵌填漏浆的缝隙。

b. 串浆，是指正在灌浆的孔段与相邻的钻孔串通，浆液在邻孔中串漏出来，对这种情况，应争取将所有互串孔同时进行灌浆。

c. 灌浆中断，一个孔段的灌浆作业应连续进行直到结束，尽量避免中断。实际施工中发生的中断若是被迫中断的，如机械故障、停电、停水、器材问题，应立即采取措施排除故障，尽快恢复灌浆；若是有意中断的，如实行间歇灌浆、制止串冒浆等，恢复时一般应从稀浆开始，如注入率与中断前接近，则可尽快恢复到中断前的浆液稠度，否则应逐级变浓。

（5）质量检查。帷幕灌浆质量检查应以检查孔压水试验成果为主，结合对竣工资料和测试成果的分析，综合评定。

帷幕灌浆检查孔应在下述部位布置：

1）帷幕中心线上。

2）岩石破碎、断层、大孔隙等地质条件复杂的部位。

3）注入量大的孔段附近。

4）钻孔偏斜过大、灌浆情况不正常以及经分析资料认为对帷幕灌浆质量有影响的部位。

帷幕灌浆检查孔的数量宜为灌浆孔总数的10%。一个坝段或一个单元工程内，至少应布置一个检查孔。检查孔压水试验应在该部位灌浆结束14d后进行。同时，应自上而下分段卡塞进行压水试验，试验采用五点法或单点法。

2. 固结灌浆

固结灌浆是对水工建筑物基础浅层破碎、多裂隙的岩石进行灌浆处理，改善其力学性能，提高岩石弹性模量和抗压强度。

在混凝土重力坝或拱坝的坝基、混凝土面板堆石坝趾板基岩以及土石坝防渗体坐落的基岩等通常都要进行固结灌浆。坝基固结灌浆的目的：一是提高基岩中软弱岩体的密实度，增加它的变形模量，从而减少大坝基础的变形和不均匀沉降；二是弥补因爆破松动和应力松弛所造成的岩体损伤。固结灌浆还可以提高岩体的抗渗能力，因此有的工程将靠近防渗帷幕的固结灌浆适当加深作为辅助帷幕。

与帷幕灌浆不同，固结灌浆有如下特点：固结灌浆要在整个或部分坝基面进行，常常与混凝土浇筑交叉作业，工程量大、工期紧、施工干扰大，特别需要做好多工种、多工序的统筹安排。固结灌浆主要用于加固大坝建基面浅表层的岩体，因而通常孔深较浅，灌浆压力较低。

如图 6.2.14 所示，固结灌浆孔通常采用方格形或梅花形布置，各孔按分序加密的原则分为二序或三序施工。

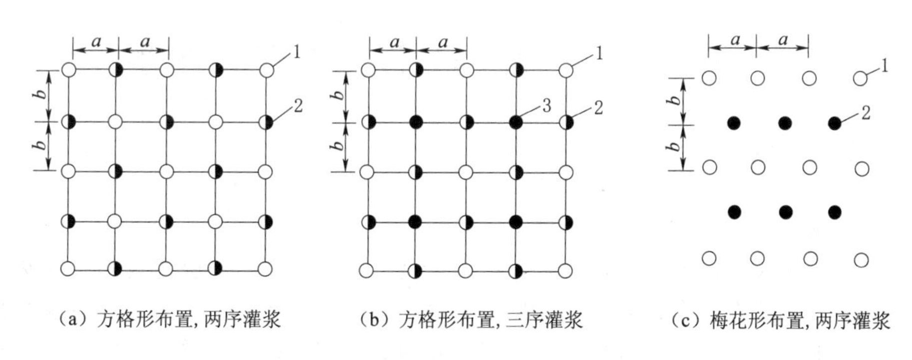

图 6.2.14 固结灌浆孔常用布置形式

(1) 固结灌浆孔的钻进。固结灌浆孔的孔径不小于 38mm 即可，几乎可以使用各种钻机钻进，包括风动或液动凿岩机、潜孔锤和回转钻机。工程上可以根据固结灌浆孔的深度、工期要求和设备供应情况选用。

(2) 裂隙冲洗。一般情况下固结灌浆孔不需要采取特别的冲洗方法。但对不良地基地段灌浆时常常要求进行裂隙冲洗，有时要求强力冲洗。

(3) 灌浆方法和压力。《水工建筑物水泥灌浆施工技术规范》(SL 62—2014) 规定，孔深小于 6m 的固结灌浆孔可以采用全孔一次灌浆法，有的工程规定 8m 或 10m 孔深以内可以进行全孔一次灌浆。对于较深孔，自下而上纯压式灌浆和自上而下循环式灌浆都可采用。固结灌浆的压力应根据坝基岩石状况、工程要求而定。

固结灌浆各灌浆段的结束条件为在该灌浆段最大设计压力下，当注入率不大于 1L/min 后，继续灌注 30min。

(4) 灌浆工程的质量检查。灌浆工程是隐蔽工程，灌浆施工过程是特殊过程，其工程质量不能进行直观的和完全的检查，质量缺陷常常要在运行中才能真正暴露出来。保证灌浆工程质量最好的办法就是保证施工过程质量，严格工艺流程，加强对工序质量的检查。

6.2.2 教学实训：地基处理施工方法实习

1. 实习任务

在指导教师带领下，通过到某工地现场实习，掌握某种地基处理施工方法。（各地表层土特征及工程特征不同，地基处理施工方法也不同。如东南沿海地区广泛分布软黏土，堆载预压排水固结法是常用的地基处理方法，可选择这类实际工程认识实习。）

2. 实习目标

掌握地基处理施工方法的工艺流程、监测要点及质量控制要点。

3. 实习内容

到达现场后，通过驻场工程师讲解，了解该工程的概况，依据土层特征及工程特征，理解地基处理方法的适用条件，通过实地观察学习，掌握地基处理施工方法的工艺流程、监测要点及质量控制要点。

学习任务6.3 地基处理施工方案编制

6.38
地基处理施工方案编制

6.3.1 基础知识学习

1. 地基处理施工方案编写基本要求

随着我国国民经济的建设发展，大型、重型、高层乃至超高层建筑和有特殊要求的建（构）筑物日渐增多，对地基提出了更高的要求。当地基土不能满足建筑物强度或变形要求时，均需进行地基处理。但每一项地基处理工程都有特殊性，同一种方法在不同地区应用其施工工艺也不尽相同。因此，地基处理工程除了在总体执行单位工程施工组织设计外，还应单独编制施工方案，用以具体指导、组织施工。

（1）须结合本地区和本工程的特点、施工现场的周围环境以及工程地质、水文情况，针对性强，具有可操作性，能确定起到组织、指导施工的作用。

（2）要详细深入了解所采用地基处理方法的原理、技术标准和质量要求，对多个方案进行分析比选，力求制定出一个最经济、最合理的施工方案。

（3）应着重研究地基处理工程的施工顺序、施工方法和施工机械的选择、主要技术组织措施等。要符合国家、地区的有关规范、标准以及企业标准，又要符合单位工程施工组织设计和施工工艺的要求，相互协调一致。

2. 编写基本内容

（1）编制依据。

（2）工程概况。

（3）施工准备：包括场地条件、施工机械及配套设备选择、项目部管理人员及劳动力配套、材料供应计划、测量控制及质量检验设置等。

（4）地基处理的施工顺序、施工工艺、操作要点、施工注意事项、进度安排等。

（5）施工质量、工期、安全、文明施工、环境保护等保证措施。

6.3.2　教学实训：地基处理施工方案阅读

1．实训任务

以小组为单位，阅读某工程地基处理施工方案，掌握地基处理施工方法的施工工艺、机械器具及质量要求等。

2．实训目标

能阅读地基处理施工方案，会根据方案组织施工。

3．实训内容

【思考与练习】

1．参与基坑验槽的单位有哪些？

2．验槽主要包括哪些内容？

3．碾压法中，碾压分层厚度和碾压遍数的确定依据是什么？

4．砂石桩施工顺序一般是什么？

5．灰土挤密桩法和土挤密桩法适用于处理何种地基土？

6．排水固结法的现场监测项目有哪些？

7．试述预压法的主要施工工艺。

8．试述采用导管法灌注水下混凝土时的施工要点。

9．试述帷幕灌浆的施工工艺。

10．帷幕灌浆和固结灌浆的区别是什么？

11．编制地基处理施工方案的目的是什么？

12．地基处理施工方案应包括哪些内容？

学习项目7　土工技术应用拓展

7.1 土工技术应用拓展导读

7.2 土工技术应用拓展导读

7.3 房屋沉降破坏

7.4 基坑坍塌事故

【情景提示】

1. 某房屋建于山前坡积地上，上覆土层为第四纪洪积及坡积层，属新近堆积的压缩性较高的Ⅱ级自重湿陷性黄土。1992年发现建筑北外墙有多处裂缝，缝宽最大10mm，斜裂缝处在窗户的对角呈八字形，水平裂缝在窗台以下，内横墙与北外墙相交处也发现45°和垂直裂缝，斜裂缝北高南低，基础明显下沉，局部基础顶面与地圈梁已经脱开，且外墙向北倾斜。经调查，因地基没有做换土处理，水管距建筑物又太近，破裂后污水渗入地基，致使其含水率增大土质湿陷，承载能力降低，造成事故。

2. 上海某小区基坑开挖，由于未按要求进行基坑支护，组织施工时又违反操作规程，加之天气原因，基坑发生坍塌事故，导致四名工人被埋而窒息身亡。

【教学目标】

1. 了解常见特殊土的特性，熟悉特殊土地基的处理方法。

2. 掌握基坑支护结构的类型和适用条件，了解基坑监测的项目及方法。

3. 掌握基坑降水的方法和适用条件，熟悉基坑降水的布置及施工要求。

【内容导读】

1. 重点介绍了湿陷性黄土、膨胀土、红黏土三种特殊土地基的特性、原因和工程处理措施，并辅以特殊土地基处理典型案例阅读实训和膨胀土自由膨胀率试验指导。

2. 介绍了基坑开挖的原则、方法和施工注意事项，基坑支护类型和适用条件，以及基坑监测的项目与方法等，并辅以深基坑开挖与支护施工典型方案阅读实训和基坑支护方法实习指导。

3. 介绍了基坑降水的原理方法、适用条件、施工要求等，并辅以基坑降水典型专项施工方案阅读实训。

7.5 特殊土地基

7.6 特殊土地基

学习任务7.1　特殊土地基

7.1.1　基础知识学习

特殊土包括湿陷性黄土、膨胀土、红黏土等，这类地基土由于所处地理环境、气候条件和各自地质成因等不同，与一般土的工程性质有显著区别，并带有一定的区域性。为保证建筑物安全和正常使用，应根据其特点和工程要求，因地制宜，综合治理。

7.1.1.1　湿陷性黄土地基

1. 特征

黄土是第四纪以来在干旱和半干旱地区，由于水的动力作用等原因沉积的，以粉粒（0.075～0.005mm）为主，呈棕黄、灰黄或黄褐色，富含钙质的黏性土。黄土一般具有较高的强度和较低的压缩性，但有些黄土在上覆土自重压力或者自重压力与附加应力共同作用下受水浸湿，土的结构迅速破坏，并产生显著附加下沉，这类黄土称为湿陷性黄土，否则即为非湿陷性黄土。湿陷性黄土在我国分布很广，面积约占我国黄土总面积的60%左右，主要分布在山西、陕西、甘肃大部分地区以及河南的西部。此外，新疆、山东、辽宁、宁夏、青海、河北以及内蒙古的部分地区也有分布，但不连续。

湿陷性黄土的主要特性有颜色以黄色、褐黄色为主，有时呈微红、棕红、灰黄色等；颗粒以粉粒为主，几乎没有粒径大于0.25mm的颗粒；颗粒结构不稳定，具有多孔隙性，孔隙比一般大于0.8，有时存在肉眼可见的大孔隙，直径约为0.5～1.0mm，富含碳酸钙盐类（$CaCO_3$），垂直节理发育，在天然状态下能保持垂直边坡。

7.7
湿陷性黄土组图

湿陷性黄土又分为自重湿陷性与非自重湿陷性两种。自重湿陷性黄土是指在上覆土的自重压力下受水浸湿，发生显著附加下沉的土；非自重湿陷性黄土在土的自重压力下不发生湿陷，只有在自重压力及附加应力的共同作用下才发生湿陷。测定黄土湿陷性的试验，可分为室内压缩试验、现场静载荷试验和现场试坑浸水试验三种。黄土的湿陷性、湿陷类型及地基湿陷等级，按其湿陷系数、自重湿陷量及总湿陷量等指标进行判断，湿陷等级分为Ⅰ（轻微）、Ⅱ（中等）、Ⅲ（严重）、Ⅳ（很严重），具体参见《湿陷性黄土地区建筑规范》（GB 50025—2004）有关规定。

黄土湿陷变形不同于一般的压缩变形。通常压缩变形在荷载施加后立即产生，随着时间的增长而逐渐趋向稳定，对于大多数湿陷性黄土地基来说，（不包括饱和黄土和新近堆积的黄土），压缩变形在施工期间就能完成一大部分，竣工后三个月到半年即基本趋于稳定。湿陷变形的特点是变形量大，常常超过正常压缩变形的几倍甚至几十倍，且发生速度快，一般在浸水1～3h就开始湿陷，往往在1～2d内就可能产生20～30cm的变形量，这种量大、速率快而又不均匀的变形往往使建筑物发生严重变形甚至破坏。同时，湿陷的出现完全取决于受水浸湿的概率，有的建筑物在施工期间即产生湿陷事故，而有的则在几年甚至几十年后才出现湿陷事故。

2. 湿陷原因和主要影响因素

（1）黄土受水浸湿后，结合水膜增厚楔入颗粒之间，结合水联结消失，可溶性盐溶解和软化，骨架强度降低，在外力或自重作用下土体结构迅速破坏，土粒滑向大孔隙而产生沉陷。

（2）黄土中胶结物的含量和成分，以及颗粒的组成和分布，对于黄土的结构特点和湿陷性有着重要的影响。胶结物含量大，黏粒含量多，黄土的结构致密则湿陷性降低；反之，结构疏松则湿陷性强。此外，黄土中的盐类，若以难溶的碳酸钙为主，则湿陷性弱；若以石膏及易溶盐为主，则湿陷性强。

（3）黄土的湿陷性与其孔隙比和含水率等土的物理性质有关。天然孔隙比越大，或天然含水率越小，则湿陷性越强。饱和度 $S_r \geqslant 80\%$ 的黄土，称为饱和黄土，饱和黄土的湿陷性已退化。

（4）液限是决定黄土力学性质的另一重要指标。当黄土的液限超过30%时，黄土的湿陷性较弱，且多表现为非自重性湿陷；当黄土的液限小于30%时，黄土的湿陷性一般较强。

（5）黄土的湿陷性还与外加压力有关。外加压力越大，湿陷量也显著增加。但当压力超过某一数值后，再增加压力，湿陷量反而减少。

3. 工程措施

湿陷性黄土地基的设计和施工，应满足承载力、湿陷变形、压缩变形及稳定性要求。

（1）地基处理措施。目的在于破坏湿陷性黄土的大孔结构，以便全部或者部分消除地基的湿陷性。常用的地基处理方法见表7.1.1。在具体选用湿陷性黄土的处理方法时，应根据建筑场地的湿陷性类别、湿陷等级及地区特点，首先考虑因地制宜和就地取材等原则，并根据施工技术可能达到的条件，经过技术经济对比予以选用，必要时可几种方法综合考虑使用。

表7.1.1　湿陷性黄土地基常用的处理方法

方法名称		适用范围	一般可处理（或穿透）基底下的湿陷性土层厚度
垫层法		地下水位以上，局部或整片处理	1～3m
夯实法	强夯	$S_r < 60\%$ 的湿陷性黄土，局部或整片处理	3～6m
	重夯		1～2m
挤密法		地下水位以上，局部或整片处理	5～15m
桩基础		基础荷载大，有可靠的持力层	≤30m
预浸水法		Ⅲ级、Ⅳ级自重湿陷性黄土场地，6m以上尚应采用垫层等方法处理	可消除地面6m以下全部土层的湿陷性
单液硅化或碱液加固法		一般用于加固地下水位以上的已有建筑物地基	≤10m，单液硅化加固的最大深度可达20m

7.8 强夯法施工

7.9 预浸水试验

7.10 强夯置换法

（2）防水措施。防水目的是消除黄土发生湿陷变形的外因，要求做好建筑物在施工及长期使用期间的防水、排水工作，防止地基土受水浸湿。其基本防水措施包括：做好场地平整和防水系统，防止地面积水；压实建筑物四周地表土层，做好散水，防止雨水直接渗入地基；主要给排水管道离建筑物有一定防护距离。在做好基本防水措施的基础上，对防护范围内的地下管道，应增设检漏管沟和检漏井，避免漏水浸泡局部地基土体等；提高防水地面、排水沟、检漏管沟和井等设施的设计标准，如增设卷材防水层，采用钢筋混凝土排水沟。

（3）结构措施。从地基基础和上部结构相互作用概念出发，在建筑结构设计中采取适当措施，以减小建筑物的不均匀沉降或使结构能适应地基的变形，如选取适宜的结构体系和基础型式，加强上部结构整体刚度，预留沉降净空等。

7.1.1.2 膨胀土地基

1. 特性

膨胀土主要由亲水性黏粒矿物组成，一般粒径小于0.002mm的颗粒含量超过20%，液限大于40%，塑性指数大于17，液性指数小于0，天然含水量与塑限接近，呈坚硬或硬塑状态，自由膨胀率一般超过40%。具有胀缩性、多裂性、超固结性、崩解性、强度衰减性等。膨胀土的膨胀—收缩—再膨胀的周期性变化特性非常显著，普遍发育各种形态的裂隙，原始密度高，水平应力大，开挖时将产生明显的卸荷膨胀，易出现坍塌，浸水后体积膨胀并崩解，强膨胀土浸水后几分钟即完全崩解，还具有典型的"变动强度"特征，土体的强度随暴露时间延长而显著降低。我国膨胀土分布区域主要集中在西南、西北、东北以及黄河中下游地区等20多个省（直辖市，自治区），总面积在10万km^2以上。

7.11 膨胀土

膨胀土的胀缩变形是膨胀土的内在因素在外部适当的环境条件下的综合作用的结果。内在因素主要有矿物成分、微观结构特征、黏粒的含量、土的密度和含水量、土的结构强度，外部因素主要有气候条件、地形地貌条件、树根的吸水作用以及日照的时间和强度等。

膨胀土的工程危害主要有：对埋置深度较浅的低层建筑物，易出现山墙上、外纵墙下部、室内地坪和楼板等隆起开裂；膨胀土地区的道路产生幅度很大的横向波浪形变形，雨季路面溅浆冒泥；边坡坡面旱季坡面剥落，雨季溜塌及牵引式滑坡。

7.12 膨胀土区危害及措施

2. 评价与判别

在进行膨胀土的地基评价时，常采用自由膨胀率、膨胀率、收缩系数等指标。判别膨胀土的主要依据是工程地质特征与自由膨胀率。《膨胀土地区建筑技术规范》（GB 50112—2013）中规定，凡是具有下列工程地质特征的场地，且自由膨胀率不小于40%的土应判定为膨胀土：①裂隙发育，常有光滑面和擦痕，有的裂隙中充填着灰白、灰绿色的黏土，在自然条件下呈坚硬或硬塑状态；②多处露于二级或二级以上阶地、山前和盆地边缘丘陵地带，地形平缓，无明显自然陡坎；③常见浅层塑性滑坡、地裂，新开挖坑（槽）壁易发生坍塌等；④建筑物裂缝多呈倒八字、"X"形或水平状，随天气变化而张开和闭合。

3. 工程措施

膨胀土地基的工程建设，应根据当地气候条件、地基胀缩等级、场地工程地质和水文地质条件，因地制宜采取综合措施。

（1）地基处理。膨胀土地基常用的处理方法有换土垫层、土性改良、深基础等。换土应采用非膨胀性黏土、砂石或灰土等材料，厚度应通过变形计算确定，垫层宽度应大于基底宽度；土性改良可通过在膨胀土中掺入一定量的石灰来提高土的强度，也可采用压力灌浆将石灰浆液灌注膨胀土的裂缝中起加固作用。当大气影响深度较深，膨胀土层较厚，选用地基加固或墩式基础施工困难时，可选用深基础穿越。

(2) 设计措施。选择场地时应避开地质条件不良地段，坡地建筑物应避免大开挖，并设置必要的排洪、截流和导流等排水措施，防止局部浸水和渗漏现象。建筑物应按要求设置沉降缝，并合理确定与周围树木间的距离，避免选用吸水量和蒸发量大的树种进行绿化。结构上应加强建筑物的刚度，设置圈梁及连接处增设水平钢筋等。

(3) 施工措施。在施工中尽量减少地基中含水量的变化，基槽开挖施工宜分段快速作业，避免基坑岩土体受到暴晒或浸泡，雨季施工应采取防水措施；当基槽开挖接近基底设计标高时预留150～300mm厚土层，待下一工序开始前挖除；基槽验槽后应及时封闭坑底和坑壁，基坑施工完毕后，应及时分层回填夯实。

7.1.1.3 红黏土地基

红黏土

1. 特征

红黏土是碳酸盐系裸露区的岩石，在亚热带高温潮湿气候条件下，经长期化学风化作用（又称红土化作用）形成的棕红、褐黄等颜色的高塑性黏土。红黏土的黏土颗粒含量高（55%～70%），孔隙比较大（1.1～1.7），常处于饱和状态（$S_r>85\%$），天然含水率（30%～60%）、液限（60%～110%）及塑限（30%～60%）都很高，但液性指数较小（－0.1～0.4），即以含结合水为主，故其含水率虽高，但土体一般仍处于硬塑或坚硬状态，且具有较高的强度和较低的压缩性。在孔隙比相同时，其承载力约为软黏土的2～3倍。此外，红黏土的各种性能指标变化幅度很大，具有较高的分散性。红黏土主要分布在贵州、广西和云南，湖南、湖北及安徽等局部地区也有分布。

2. 不良工程特质

从土的性质来说，红黏土是较好的建筑物地基，但也存在一些不良工程特征。

(1) 厚度分布不均。常因石灰岩表面石芽、溶沟等的存在，其厚度在短距离内相差悬殊（有的1m之间相差竟达8m）。

(2) 上硬下软。从地表向下由硬至软明显变化，接近下卧基岩面处，土常呈软塑或流塑状态，土的强度逐渐降低，压缩性逐渐增大。

(3) 因地表水和地下水的运动引起的冲蚀和潜蚀作用，岩溶现象较为发育，在隐伏岩溶上的红黏土层常有土洞存在，影响场地稳定性。

(4) 裂隙发育，土中裂隙发育深度一般为2～4m，有些可达7～8m，在这类地层内开挖，开挖面暴露后其裂隙发展迅速，土体整体性遭到破坏而易丧失稳定性。

(5) 在天然状态下膨胀量很小，但具有强烈的失水收缩性。

3. 工程措施

在工程中，充分利用红黏土上硬下软的分布特征，基础尽量浅埋；当红黏土层下部存在局部的软弱下卧层和岩层起伏过大时，应考虑地基不均匀沉降的影响，采取相应的措施。

红黏土地基还常存在岩溶和土洞，为了清除红黏土中地基存在的石芽、土洞和土层不均匀等不利因素的影响，应采取换土、填洞、加强基础和上部结构整体刚度，或采用桩基和其他深基础等措施。

因为红黏土裂隙发育，所以在建筑物施工或使用期间均应做好防水排水措施，避免水分渗入地基。对于天然土坡和人工开挖的边坡及基槽，应防止破坏坡面植被和自然排水系统，坡面上的裂隙应加填塞，做好地表水、地下水及生产和生活用水的排泄、防渗等措施，保证土体的稳定性。对基岩面起伏大、岩质坚硬的地基，也可采用大直径嵌岩桩和墩基进行处理。

7.1.2　教学实训

7.1.2.1　阅读某湿陷性黄土路基施工方案

1. 实训任务

以小组为单位，阅读某湿陷性黄土路基施工方案，了解湿陷性黄土地基处理的方法、施工工艺及质量要求等。

2. 实训目标

能阅读特殊土地基处理施工方案，会根据方案组织施工。

3. 实训内容

7.1.2.2　膨胀土自由膨胀率试验

1. 方法与适用范围

自由膨胀率是人工制备的松散干燥试样在纯水中膨胀稳定后体积增量与原体积之比。此方法适用于测定黏性土试样在无结构的情况下的膨胀潜势。

2. 仪器设备

玻璃量筒（容积 50mL，分度值 1mL）、量土杯（容积 10mL，内径 20mm）、无颈漏斗（上口直径 50～60mm，下口直径 4～5mm）、搅拌器（由直杆和带孔圆盘构成，圆盘直径应略小于量筒直径）、天平、平口刮刀、漏斗支架、取土匙和 0.5mm 标准筛等。

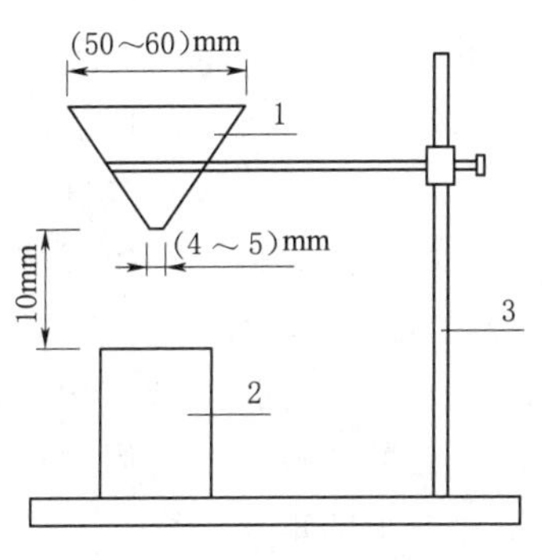

图 7.1.1　漏斗与量土杯示意图
1—无颈漏斗；2—量土杯；3—支架

3. 操作步骤

(1) 用四分对角法取代表性风干土 100g，应碾细并全部过 0.5mm 筛，石子、姜石、结核等应去除。

(2) 将过筛的试样拌匀，并应在 105～110℃ 下烘至恒重，同时应在干燥器内冷却至室温。

(3) 应将无颈漏斗放在支架上，漏斗下口应对准量土杯中心并保持 10mm 距离（图 7.1.1）。

(4) 用取土匙取适量试样倒入漏斗中，应边倒边用细铁丝轻轻搅动，避免漏斗堵塞。当试样装满量土杯并开始溢出时，应停止向漏斗倒土，移开漏斗刮去杯口多余的土，称量土杯中试样质量。将量土杯中试样倒入匙中，再次将匙中土按上述方法倒入漏斗，使其全部落入量土杯中，刮去多余土后称量试样质量，两次测定的差值不得大 0.1g。

(5) 在量筒内注入 30mL 纯水，并加入 5mL 浓度为 5%分析纯氯化钠溶液，将量土杯中试样倒入量筒内，用搅拌器搅拌悬液，上近液面，下至筒底，上下搅拌各 10 次，用纯水清洗搅拌器及量筒壁，使悬液达 50mL，静置 24h。

(6) 待悬液澄清后，应每隔 2h 测读一次土面高度（估读 0.1mL）。直至 6h 内两次读数差值不大于 0.2mL，可认为膨胀稳定；土面倾斜时，读数可取其中值。

4. 数据记录与整理

表 7.1.2　　自由膨胀率试验记录表

土样编号	干土质量/g	量筒编号	不同时间体积读数/mL						自由膨胀率 δ_{ef}/%
			2h	4h	6h	8h	10h	12h	

表中按式（7.1.1）计算自由膨胀率：

$$\delta_{ef}=\frac{V_{we}-V_0}{V_0}\times 100\% \tag{7.1.1}$$

式中　δ_{ef}——自由膨胀率，%；

V_{we}——土样在水中膨胀稳定后的体积，mL；

V_0——土样初始体积即量土杯体积，10mL。

本试验应进行 2 次测定，允许差值：当 $\delta_{ef}<60\%$ 时为 5%，当 $\delta_{ef}>60\%$ 时为 8%。

学习任务 7.2　基坑开挖与支护

7.2.1　基础知识学习

基坑是为进行建筑物（包括构筑物）基础与地下室的施工所开挖的地面以下空间。根据支护结构及周边环境对变形的适应能力和基坑工程对周边环境可能造成的危害程度，基坑工程划分为三个安全等级：一级基坑，重要工程，支护结构与基础结构合一工程，开挖深度大于 10m，邻近建筑物、重要设施在开挖深度以内，开挖影响范围内有历史或近代优秀建筑、重要管线需严加保护；三级基坑开挖深度小于 7m，且无特别要求的基坑；不属于一级或三级的其他基坑为二级基坑。随着我国城市化进程不断发展，城市中心区建筑物密集，高层建筑和超高层建筑大量涌现，基坑周围环境越来越复杂，基坑开挖和支护已成为现代建筑地基基础工程施工的重要内容。

7.2.1.1　基坑开挖

1. 浅基坑开挖

浅基坑开挖的工艺流程是：确定开挖顺序与坡度、沿灰线切出槽边轮廓线、分层开挖、修整边坡、清理槽底及验收。其施工要点如下：

(1) 确定开挖顺序与坡度时，要根据基础与土质及现场出土条件等合理确定开挖顺序，然后再分段分层平均下挖。相邻基坑开挖时，应遵循先深后浅或同时进行的施工顺序。根据开挖深度、土质、地下水等情况确定开挖宽度，还要考虑放坡、工作面、临时支撑和排水沟等宽度。一般土质较好、地下水位低于基坑（槽）底面标高，且开挖深度在1～2m时，可直立开挖不加支护（表7.2.1），否则应进行放坡或采用临时性支撑加固。

表7.2.1　　直立壁不加支撑挖方深度

土的类别	挖方深度/m
密实、中密的砂土和碎石类土（充填物为砂土）	1.00
硬塑、可塑的砂土及粉质黏土	1.25
硬塑、可塑的黏土和碎石类土（充填物为黏性土）	1.50
坚硬的黏土	2.00

当有条件时，基坑应采用局部或全部放坡开挖，放坡坡度应满足其稳定性要求。对深度10m以内的基坑，土质边坡的坡度允许值，应根据当地经验，参照同类土层的稳定坡度确定。当土质良好且均匀、无不良地质现象、地下水不丰富时，可按表7.2.2确定。边坡开挖时，应采取排水措施，边坡顶部应设置截水沟，在任何情况下不允许在坡脚及坡面上积水。

土质边坡

表7.2.2　　土质边坡坡度允许值

土的类别	密实度或状态	边坡坡度允许值（高宽比）	
		坡高在5m以内	坡高为5～10m
碎石土	密实	1∶0.35～1∶0.50	1∶0.50～1∶0.75
	中密	1∶0.50～1∶0.75	1∶0.75～1∶1.00
	稍密	1∶0.75～1∶1.00	1∶1.00～1∶1.25
粉土	$S_r \leqslant 50\%$	1∶1.00～1∶1.25	1∶1.25～1∶1.50
黏性土	坚硬	1∶0.75～1∶1.00	1∶1.00～1∶1.25
	硬塑	1∶1.00～1∶1.25	1∶1.25～1∶1.50

注　1. 表中碎石土的充填物为坚硬或硬塑状态的黏性土。
2. 对于砂土或充填物为砂土的碎石土，其边坡坡度允许值均按自然休止角确定。

（2）分层开挖时，挖土应自上而下水平分段分层进行，每层0.6m左右，每层应通过控制点拉线检查坑底坡度及宽度，不够时及时修整，边坡坡度控制按每3m左右做一条控制线，以此参照修坡；接近设计标高1m左右时，引测基底设计标高上50cm水平桩作为基准点，间距一般3m左右；为避免扰动，要控制开挖深度，应预留15～30cm的土层，待下道工序开始再人工挖至设计标高，如个别处超挖，应用相同土料填筑并夯实，或用低等级混凝填补。挖出的土除预留一部分用作回填外，不得在场地内任意堆放，应运至指定的弃土区，为防止坑壁滑坍，在坑顶0.8m距离内不得堆放弃土，在此距离外堆土高度不得超过1.5m。

（3）组织验槽前，要修整槽边及清底，通过控制线检查基坑宽度并进行修整，根据标高控制点把预留土层挖到设计标高，并进行清底，要求坑底凹凸不超过2cm，验槽后立即浇筑混凝土垫层进行覆盖。

2. 深基坑开挖

深基坑一般都采用支护结构以减小挖土面积，因此开挖前应熟悉支护结构支撑系统的设计图纸，掌握支撑设置的具体要求。为配合深基坑支护结构，其土方开挖顺序和方法必须与设计工况一致，并遵循“开槽支撑、先撑后挖、分层开挖、严禁超挖”的原则，分层分块、均衡对称进行。基坑深度较大时，应注意防止深基坑挖土后土体回弹变形过大、边坡失稳、桩位移和倾斜等现象发生。

(1) 开挖准备。深基坑土方开挖前应做好施工组织设计，包括开挖机械的选择、开挖程序的确定、施工现场平面布置、降排水措施及冬雨期施工措施的拟定、施工监测和应急措施的拟定等。基坑开挖优先选用机械开挖方案，常用的机械有推土机、铲运机、正铲挖土机及反铲、拉铲、抓铲挖土机等（图 7.2.1）。前三种机械适用于土的含水量较小且基坑较浅的情况，后三种机械适用于土质松软、地下水位较高，或不进行降水，或施工方案复杂的大型基坑等。较浅基坑可以一次挖到底，较深基坑则一般采用分层开挖方案，每层开挖深度可结合支撑位置来确定。进行两层或多层开挖时，挖土机和运土汽车需下至基坑内进行施工，应在适当部位留设坡道，坡道两侧必要时需加固处理。

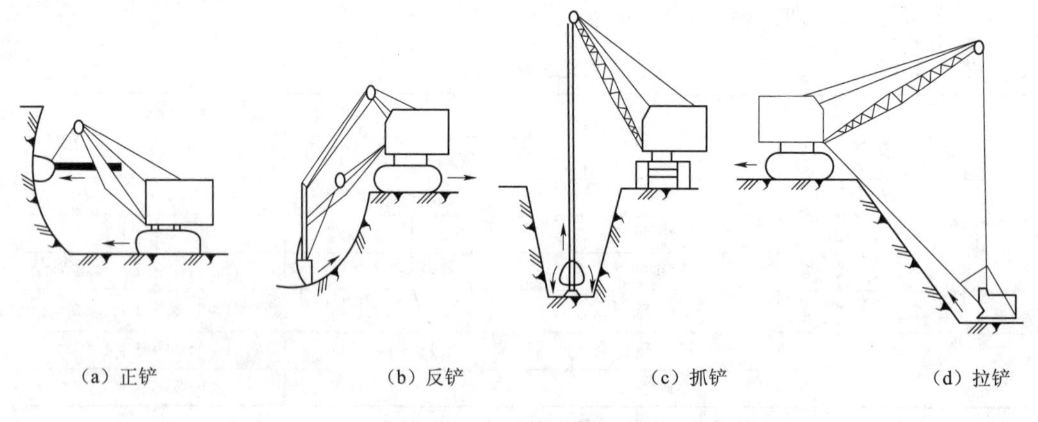

图 7.2.1 挖土机工作示意图

(2) 开挖方法。深基坑土方开挖方法主要有分层挖土、分段挖土、盆式挖土、中心岛式挖土等。

分层挖土是将基坑按深度分为多层进行逐层开挖，软土地基分层厚度应控制在2m以内，硬质土宜控制在5m以内，开挖顺序可平行开挖、对称开挖或交替分层开挖。

分段挖土是将基坑分为几段或几块分别进行开挖，分块开挖即开挖一块浇筑一块混凝土垫层或基础，必要时可在已封底的坑底与围护结构之间加设斜撑，以增强稳定性。

盆式挖土（图 7.2.2）是先分层开挖基坑中间部分的土方，基坑周边一定范围的土暂不开挖，可视土质情况放坡，使之形成对四周围护结构的被动土反压力区，增加围护结构稳定性，待中间部分混凝土垫层、基础或地下室结构施工完成之后，再用水

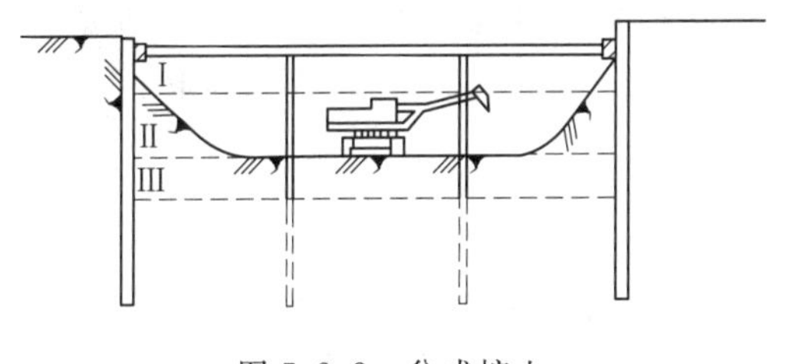

图 7.2.2　盆式挖土

平支撑或斜撑对四周围护结构进行支撑，并突击开挖周边支护结构内部分被动土区的土，每挖一层支一层水平横顶撑，直至坑底，最后浇筑该部分结构混凝土。此法优点是对支护挡墙受力有利，时间效应小，但大量土方不能直接运输，需集中提升后装车外运。

中心岛式挖土（图 7.2.3）是先开挖基坑周边土方，在中间留土墩作为支点搭设栈桥，挖土机可利用栈桥下到基坑挖土，运土的汽车也可利用栈桥进行基坑运土，挖土和运土的速度较快。挖土也应分层开挖，一般先全面挖去一层，然后中间部分留置土墩，周围部分分层开挖。

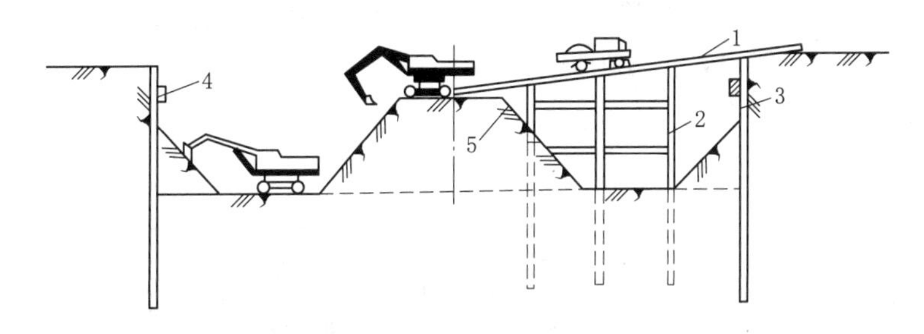

图 7.2.3　中心岛（墩）式挖土

1—栈桥；2—支架或利用工程桩；3—围护墙；4—腰梁；5—土墩

（3）注意事项。开挖前要编制包含安全技术措施的基坑开挖施工方案。挖土和坑内支撑安装要密切配合，遵循先撑后挖、分层分段、对称限时等原则，每次开挖深度不得超过将要加支撑位置以下 0.5m，防止立柱及支撑失稳。当采用分层分段开挖时，分层厚度不宜大于 5m，分段长度不宜大于 25m，并应快挖快撑，时间不宜超过 1～2d。为防止坑底突涌、边坡失稳等情况，挖土时应注意对称分层开挖。

要重视打桩效应，防止桩体位移和倾斜。对于先打桩后挖土的工程，打桩后应有一段停歇时间，待土体应力释放重新固结后再开挖，挖土时要分层对称，尽量减少压力差，保证桩位正确。对于打预制桩的工程，必须先打桩再施工支护结构，否则会由于打桩挤土效应，引起支护结构位移变形。

要减少坑边地面荷载，基坑开挖过程中，不宜在坑边堆置弃土、材料和工具设备等，尽量减轻地面荷载，严禁超载。开挖完成后，防止基坑暴露时间过长，应立即验槽并及时浇筑混凝土垫层以封闭基坑。部分超挖区应用素混凝土或砂石回填夯实，不能用素土回填。

当挖土至槽底 0.5m 左右时，应及时抄平，一般在坑底各拐角处和槽壁每隔 2～4m 处测设一水平小木桩，作为清理坑槽底和打基础垫层时控制标高的依据。

在基坑开挖及回填过程中应保持降水工作正常进行。土方开挖前做好降排水施工，待降水运转正常并符合要求后，方可开挖土方。在开挖过程中，要经常检查降水后的水位是否达到设计标高要求，要保持开挖面基本干燥，如坑壁有渗水应及时处理。通过对水位观察井和沉降观测点的定时测量，检查是否对邻近建筑物产生不良影响。

7.20

基坑支护

7.21

基坑支护事故

7.2.1.2 基坑支护

为保护地下主体结构施工和基坑周边环境的安全，对基坑采用的支挡、加固、保护与地下水控制的措施称为基坑支护。支挡或加固基坑侧壁的承受荷载的结构则称为基坑支护结构。支护结构通常是临时性结构，一旦基础施工完毕即失去作用。有些支护结构的材料可以重复利用，也有一些支护结构就永久地埋在地下，如钢筋混凝土板桩、灌注桩、水泥土搅拌桩和地下连续墙等。还有在基础施工时作为基坑支护结构、施工完毕即为永久性结构物的一个组成部分，成为复合式地下室外墙，如地下连续墙等。

基坑工程按支护工程损坏造成破坏的严重程度，根据《建筑基坑支护技术规程》(JGJ 120—2012) 的规定，可分为以下三级，见表7.2.3。

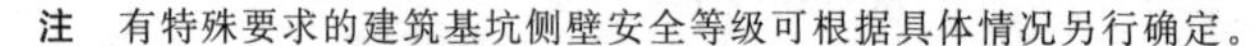

表7.2.3　　支护结构的安全等级

安全等级	破坏后果
一级	支护结构失效、土体过大变形对基坑周边环境或主体结构施工安全的影响很严重
二级	支护结构失效、土体过大变形对基坑周边环境或主体结构施工安全的影响严重
三级	支护结构失效、土体过大变形对基坑周边环境或主体结构施工安全的影响不严重

注　有特殊要求的建筑基坑侧壁安全等级可根据具体情况另行确定。

7.22

边坡支护

1. 一般基坑支护

开挖基坑时，如地质和周围条件允许，可放坡开挖。放坡开挖施工简单、费用低，但挖土及回填土方数量较大，有时为了增加边坡稳定性和减少土方量，常采用简易支护。深度不大的三级基坑，当放坡开挖有困难时，可采用短柱横隔板支撑、临时挡土墙支撑、斜柱支撑和锚拉支撑等支护方法，如图7.2.4～图7.2.7所示。

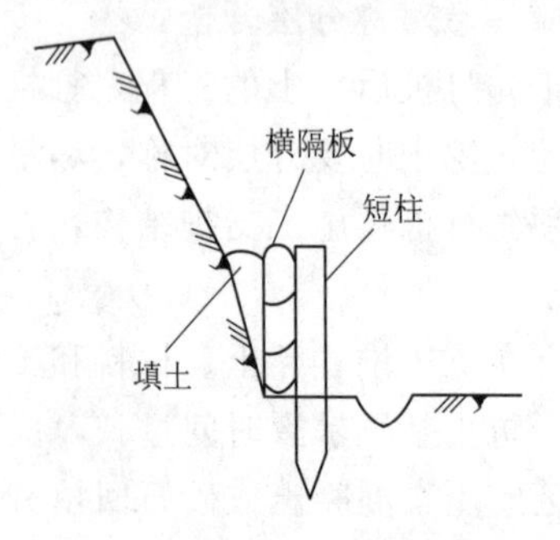

图7.2.4　短柱横隔板支撑

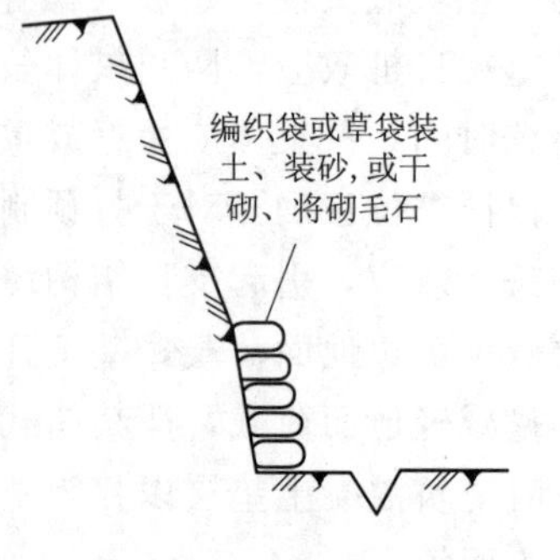

图7.2.5　临时挡土墙支撑

基槽（沟）开挖一般采用横撑式土壁支撑，可分为水平挡土板及垂直挡土板（图7.2.8）两大类。前者挡土板的布置又分为间断式和连续式两种。湿度小的黏性土挖土深度小于3m时，可用间断式水平挡土板支撑（图7.2.9）。对松散、湿度大的土可用连续式水平挡土板支撑，挖土深度可达 5m。对松散和湿度很高的土可用垂直挡土板式支撑，其挖土深度不限。

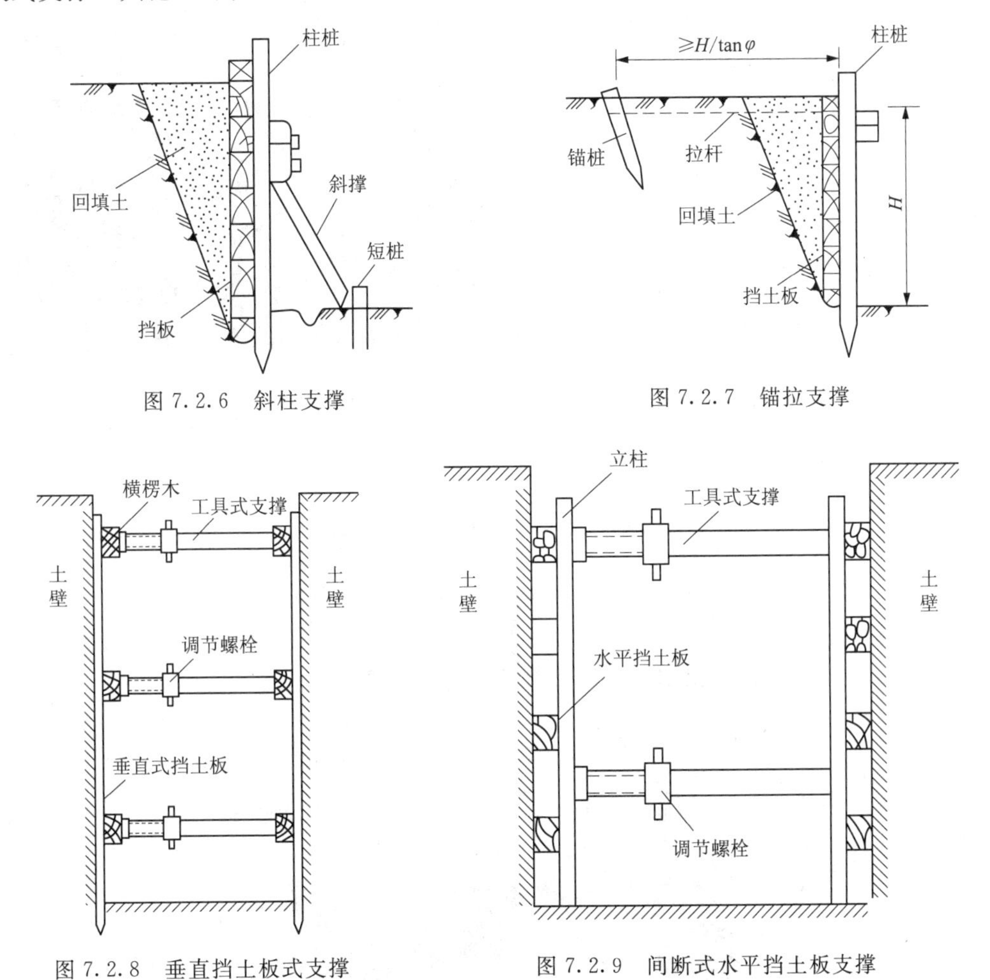

图 7.2.6　斜柱支撑

图 7.2.7　锚拉支撑

图 7.2.8　垂直挡土板式支撑

图 7.2.9　间断式水平挡土板支撑

2. 深基坑支护

深基坑指开挖深度超过 5m（含 5m）或地下室三层以上（含三层），或深度虽未超过 5m，但地质条件和周围环境及地下管线特别复杂的工程。深基坑支护结构可分为重力式和非重力式两类，常见的有钢板桩、排桩、水泥土墙、土钉墙、逆作拱墙、地下连续墙等。

（1）钢板桩。由槽钢正反扣搭接或并排组成钢板桩围护墙，槽钢长 6～8m，型号由计算确定。具有耐久性良好、二次利用率高，以及施工方便、工期短等优点，但抗弯能力较弱，支护刚度小，开挖后变形较大，在地下水位高的地区需采取隔水或降水措施，多用于深度不超过 4m 的较浅基坑或沟槽（图 7.2.10）。

（2）排桩。排桩有钢管桩、预制混凝土桩、钻孔灌注桩、挖孔灌注桩、加筋水泥土桩（SMW 工法，如图 7.2.11 所示）等多种类型。排桩支护适用于基坑侧壁安全等级为一级、二级、三级；悬臂式排桩结构在软土场地中不宜大于 5m；当地下水位高于基坑底面时，宜采用降水、排桩加截水帷幕或地下连续墙。

(3) 水泥土墙。水泥土墙依靠其本身自重和刚度保护坑壁，一般不设支撑，特殊情况下经采取措施后也可局部加设支撑。水泥土墙有深层搅拌水泥土桩墙、高压旋喷桩墙等类型，通常呈格构式布置。水泥土墙支护适用于基坑侧壁安全等级宜为二级、三级的情况，施工范围内地基土承载力不宜大于150kPa，基坑深度不宜大于6m，如图7.2.12所示。

图7.2.10 钢板桩

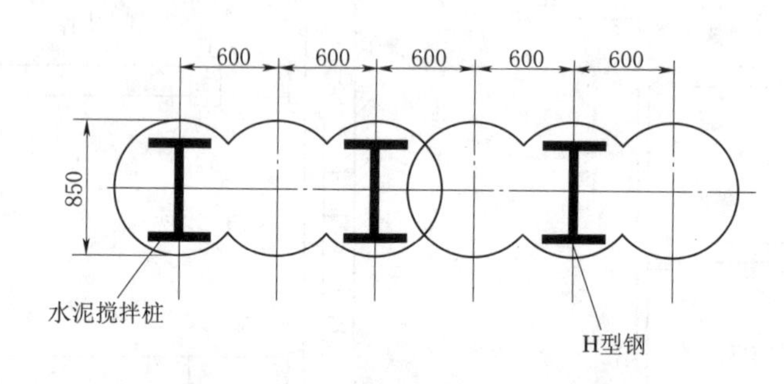

图7.2.11 SMW工法结构示意图

图7.2.12 水泥土墙

(4) 土钉墙。土钉墙由密集的土钉群、被加固的原位土体、喷射的混凝土面层等组成。土钉墙是一种边坡稳定式的支护，其作用与被动起挡土作用的围护墙不同，它是起主动嵌固作用，增加边坡的稳定性，使基坑开挖后坡面保持稳定。土钉墙支护适用于基坑侧壁安全等级宜为二级、三级的非软土场地；基坑深度不宜大于 12m；当地下水位高于基坑底面时，应采取降水或截水措施，如图 7.2.13 所示。

图 7.2.13　土钉墙

（5）逆作拱墙。逆作法施工技术的原理是将高层建筑地下结构自上往下逐层施工，即沿建筑物地下室四周施工连续墙或密排桩，作为地下室外墙或基坑的围护结构。同时在建筑物内部有关位置浇筑或打下中间支撑柱和桩，从而组成逆作的竖向承重体系，随之从上向下挖一层土方，浇筑一层地下室梁板结构。当达到一定强度后，即可作为围护结构的内水平支撑，以满足继续往下施工的安全要求。与此同时，由于地下室顶面结构的完成，也为上部结构施工创造了条件，所以也可以同时逐层向上进行地上结构的施工。当基坑平面形状适合时，可采用拱墙作为围护墙。拱墙有圆形闭合拱墙、椭圆形闭合拱墙和组合拱墙。逆作拱墙支护适用于基坑侧壁安全等级宜为三级的情况；淤泥和淤泥质土场地不宜采用；拱墙轴线的矢跨比不宜小于 1/8；基坑深度不宜大于 12m；地下水位高于基坑底面时，应采取降水或截水措施，如图 7.2.14 所示。

（6）地下连续墙。地下连续墙是用特殊的挖槽设备在地下构筑的连续墙体，常用于挡土、截水、防渗和承重等，在城市建设和公共交通的发展、高层建筑、重型厂房、大型地下设施和地铁、桥梁等工程领域广泛使用，其施工顺序如图 7.2.15 所示。

地下连续墙适用于基坑深度不小于 10m 的软土地基或砂土地基；在密集建筑群中施工，对周围地面沉降、建筑物沉降要求须严格限制时，维护结构与主体结构相结合，用作主体结构的一部分；对抗渗有较严格的要求时，采用逆作法施工，内衬与护壁形成复合结构的工程。

图 7.2.14 逆作拱墙

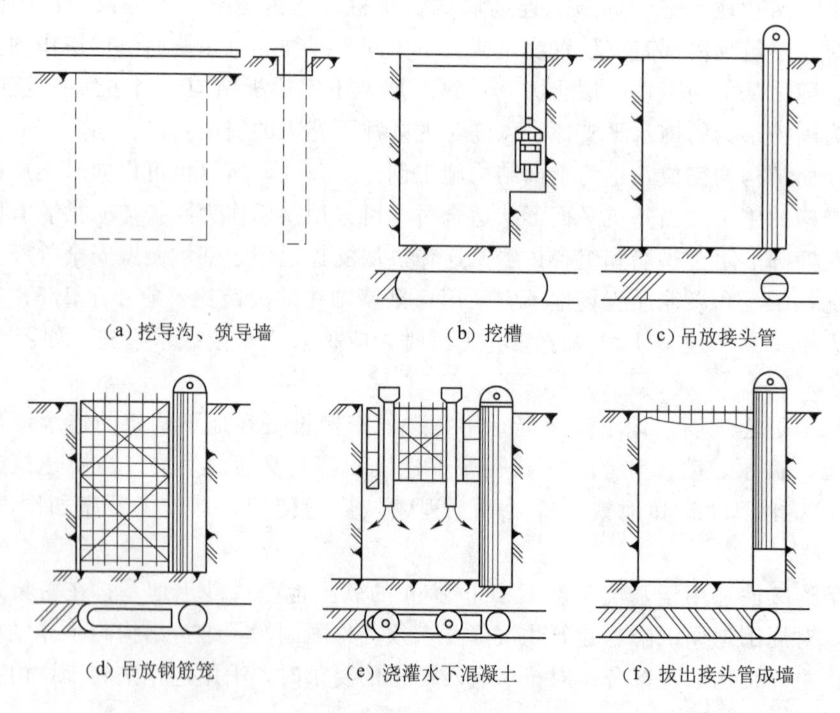

图 7.2.15 地下连续墙施工顺序

各类型支护结构的适用条件见表 7.2.4，在实际的工程中，应因地制宜，采用其中的一种或几种支护结构。

表 7.2.4　　　　各类支护结构的适用条件

<table>
<tr><th colspan="2" rowspan="2">结构类型</th><th rowspan="2">安全等级</th><th colspan="2">适　用　条　件</th></tr>
<tr><th colspan="2">基坑深度、环境条件、土类和地下水条件</th></tr>
<tr><td rowspan="5">支挡式结构</td><td>锚拉式结构</td><td rowspan="5">一级、二级、三级</td><td>适用于较深的基坑</td><td rowspan="5">1. 排桩适用于可采用降水或截水帷幕的基坑；
2. 地下连续墙宜同时用作主体地下结构外墙，可同时用于截水；
3. 锚杆不宜用在软土层和高水位的碎石土、砂土层中；
4. 当邻近基坑有建筑物地下室、地下构筑物等，锚杆的有效锚固长度不足时，不应采用锚杆；
5. 当锚杆施工会造成基坑周边建（构）筑物的损害或违反城市地下空间规划等规定时，不应采用锚杆</td></tr>
<tr><td>支撑式结构</td><td>适用于较深的基坑</td></tr>
<tr><td>悬臂式结构</td><td>适用于较浅的基坑</td></tr>
<tr><td>双排桩</td><td>当锚拉式、支撑式和悬臂式结构不适用时，可考虑采用双排桩</td></tr>
<tr><td>支护结构与主体结构结合的逆作法</td><td>适用于基坑周边环境条件很复杂的深基坑</td></tr>
<tr><td colspan="2">地下连续墙</td><td>一级、二级、三级</td><td colspan="2">适用于基坑周边环境条件很复杂或者地质条件较差的深基坑、采用逆作法施工的工程</td></tr>
<tr><td rowspan="4">土钉墙</td><td>单一土钉墙</td><td rowspan="4">二级、三级</td><td>适用于地下水位以上或经降水的非软土基坑，且基坑深度不宜大于 12m</td><td rowspan="4">当基坑潜在滑动面内有建筑物、重要地下管线时，不宜采用土钉墙</td></tr>
<tr><td>预应力锚杆复合土钉墙</td><td>适用于地下水位以上或经降水的非软土基坑，且基坑深度不宜大于 15m</td></tr>
<tr><td>水泥土桩垂直复合土钉墙</td><td>用于非软土基坑时，基坑深度不宜大于 12m；用于淤泥质土基坑时，基坑深度不宜大于 6m；不宜用在高水位的碎石土、砂土、粉土层中</td></tr>
<tr><td>微型桩垂直复合土钉墙</td><td>适用于地下水位以上或经降水的基坑，用于非软土基坑时，基坑深度不宜大于 12m；用于淤泥质土基坑时，基坑深度不宜大于 6m</td></tr>
<tr><td colspan="2">重力式水泥土墙</td><td>二级、三级</td><td colspan="2">适用于淤泥质土、淤泥基坑，且基坑深度不宜大于 7m</td></tr>
<tr><td colspan="2">放坡</td><td>三级</td><td colspan="2">1. 施工场地应满足放坡条件；
2. 可与上述支护结构形式结合</td></tr>
</table>

注　1. 当基坑不同部位的周边环境条件、土层性状、基坑深度等不同时，可在不同部位分别采用不同的支护形式。

2. 支护结构可采用上、下部以不同结构类型组合的形式。

各类支护结构组图

7.2.1.3　基坑监测

基坑的安全稳定状态决定了整个工程建设能否顺利完成，对基坑进行监测就是为了防患于未然，保障工程安全。在基坑开挖的过程中，基坑内外的土体将由原来的静止土压力状态向被动和主动土压力状态转变，应力状态的改变引起土体的变形，即使采取了支护措施，仍会产生一定变形。因此，只有对基坑支护结构、基坑周围的土体和相邻的建（构）筑物变形进行综合、系统的监测，才能对工程情况有全面的了解，确保工程顺利进行。基坑监测项目根据基坑侧壁安全等级按表 7.2.5 执行。

表 7.2.5　　基坑监测项目选择

监测项目	支护结构的安全等级		
	一级	二级	三级
支护结构顶部水平位移	应测	应测	应测
基坑周边建（构）筑物、地下管线、道路沉降	应测	应测	应测
坑边地面沉降	应测	应测	宜测
支护结构深部水平位移	应测	应测	选测
锚杆拉力	应测	应测	选测
支撑轴力	应测	宜测	选测
挡土构件内力	应测	宜测	选测
支撑立柱沉降	应测	宜测	选测
支护结构沉降	应测	宜测	选测
地下水位	应测	应测	选测
土压力	宜测	选测	选测
孔隙水压力	宜测	选测	选测

注　表内各监测项目中，仅选择实际基坑支护形式所含有的内容。

7.34
基坑监测组图

1. 水平位移监测

测定特定方向上的水平位移时可采用视准线法、小角度法、投点法等；测定监测点任意方向的水平位移时可视监测点的分布情况，采用前方交会法、自由设站法、极坐标法等；当基准点距基坑较远时，可采用 GPS 测量法或三角、三边、边角测量与基准线法相结合的综合测量方法。当监测精度要求比较高时，可采用微变形测量雷达进行自动化全天候实时监测。水平位移监测基准点应埋设在基坑开挖深度 3 倍范围以外不受施工影响的稳定区域，或利用已有稳定的施工控制点，不应埋设在低洼积水、湿陷、冻胀、胀缩等影响范围内；基准点的埋设应按有关测量规范、规程执行。宜设置有强制对中的观测墩；采用精密的光学对中装置，对中误差不宜大于 0.5mm。

2. 竖向位移监测

竖向位移监测可采用几何水准或液体静力水准等方法。坑底隆起（回弹）宜通过设置回弹监测标，采用几何水准并配合传递高程的辅助设备进行监测，传递高程的金属杆或钢尺等，应进行温度、尺长和拉力改正，基坑围护墙（坡）顶、墙后地表与立柱的竖向位移监测精度应根据竖向位移报警值确定。

3. 深层水平位移监测

围护墙体或坑周土体的深层水平位移的监测宜采用在墙体或土体中预埋测斜管、

通过测斜仪观测各深度处水平位移的方法。

4. 倾斜监测

建筑物倾斜监测应测定监测对象顶部相对于底部的水平位移与高差，分别记录并计算监测对象的倾斜度、倾斜方向和倾斜速率。应根据不同的现场观测条件和要求，选用投点法、水平角法、前方交会法、正垂线法、差异沉降法等。

5. 裂缝监测

裂缝监测应包括裂缝的位置、走向、长度、宽度及变化程度，需要时还包括深度。裂缝监测数量根据需要确定，主要或变化较大的裂缝应进行监测。裂缝监测可采用以下方法：

(1) 对裂缝宽度监测，可在裂缝两侧贴石膏饼、划平行线或贴埋金属标志等，采用千分尺或游标卡尺等直接量测的方法，也可采用裂缝计、粘贴安装千分表法、摄影量测等方法。

(2) 对裂缝深度量测，当裂缝深度较小时宜采用凿出法和单面接触超声波法监测，深度较大的裂缝宜采用超声波法监测。应在基坑开挖前记录监测对象已有裂缝的分布位置和数量，测定其走向、长度、宽度和深度等情况，标志应具有可供量测的明晰端面或中心。裂缝宽度监测精度不宜低于0.1mm，长度和深度监测精度不宜低于1mm。

6. 支护结构内力监测

基坑开挖过程中支护结构内力变化可通过在结构内部或表面安装应变计或应力计进行量测。对于钢筋混凝土支撑，宜采用钢筋应力计（钢筋计）或混凝土应变计进行量测；对于钢结构支撑，宜采用轴力计进行量测。围护墙、桩及围檩等内力宜在围护墙、桩钢筋制作时，在主筋上焊接钢筋应力计的预埋方法进行量测。支护结构内力监测值应考虑温度变化的影响，对钢筋混凝土支撑尚应考虑混凝土收缩、徐变及裂缝开展的影响。

7. 土压力监测

土压力宜采用土压力计量测，土压力计埋设可采用埋入式或边界式（接触式），埋设时应符合下列要求：

(1) 受力面与所需监测的压力方向垂直并紧贴被监测对象。

(2) 埋设过程中应有土压力膜保护措施。

(3) 采用钻孔法埋设时，回填应均匀密实，且回填材料宜与周围岩土体一致。

(4) 做好完整的埋设记录，土压力计埋设以后应立即进行检查测试，基坑开挖前至少经过1周时间的监测并取得稳定初始值。

8. 孔隙水压力监测

孔隙水压力宜通过埋设钢弦式、应变式等孔隙水压力计，采用频率计或应变计量测。孔隙水压力计应满足相应要求：量程应满足被测压力范围的要求，可取静水压力与超孔隙水压力之和的1.2倍；精度不宜低于0.5%F·S，分辨率不宜低于0.2%F·S。孔隙水压力计埋设可采用压入法、钻孔法等。

9. 地下水位监测

地下水位监测宜通过孔内设置水位管，采用水位计等方法进行测量，地下水位监测精度不宜低于10mm。

10. 锚杆拉力监测

锚杆拉力量测宜采用专用的锚杆测力计，钢筋锚杆可采用钢筋应力计或应变计，当使用钢筋束时应分别监测每根钢筋的受力。锚杆轴力计、钢筋应力计和应变计的量程宜为设计最大拉力值的1.2倍，量测精度不宜低于0.5%F·S，分辨率不宜低于0.2%F·S。应力计或应变计应在锚杆锁定前获得稳定初始值。

7.2.2 教学实训

7.2.2.1 阅读某工程深基坑开挖与支护施工方案

1. 实训任务

以小组为单位，阅读某工程深基坑开挖与支护施工方案，了解深基坑开挖与支护的方法、施工工艺及质量要求等。

7.35 某工程深基坑开挖与支护施工方案（节选）

7.36 基坑开挖与支护实习

2. 实训目标

能阅读深基坑开挖与支护施工方案，会根据方案组织施工。

3. 实训内容

7.2.2.2 基坑开挖与支护方法实习

1. 实习任务

在指导教师的带领下，到某工地现场了解基坑开挖方式、支护结构的类型、方法及施工工艺与质量要求等。

2. 实训目标

能根据基坑开挖与支护施工方案，组织现场施工与管理。

3. 实训内容

到达现场后，通过讲解，了解该项工程的概况，基坑开挖方法，支护结构的类型、方法及施工工艺与质量要求等，并实地观察学习，最后撰写实习报告书。

学习任务7.3 基 坑 降 水

7.37 基坑降水

7.3.1 基础知识学习

基坑工程位于地下，地下水往往会不断渗入坑内，雨季施工时，地面水也会向坑内流入。为保证施工的正常进行，必须做好基坑降水工作。基坑降水的方法有集水井降水和井点降水两类。当因降水危及周边环境安全时，宜在降水时采用截水或回灌方法。截水后，基坑中的水量或水压较大时，宜采用基坑内降水。当基坑底为隔水层且层底作用有承压水时，应进行坑底土层突涌验算，必要时可采取水平封底隔渗或钻孔减压等措施，以保证坑底土层稳定。

7.3.1.1　集水井降水法

集水井降水法又称表面排水法，它是在基坑开挖过程中以及基础施工和养护期间，在坑内开挖排水沟汇集坑壁及坑底渗水，并将其引向坑底集水井内，然后用水泵抽出坑外（图7.3.1）。

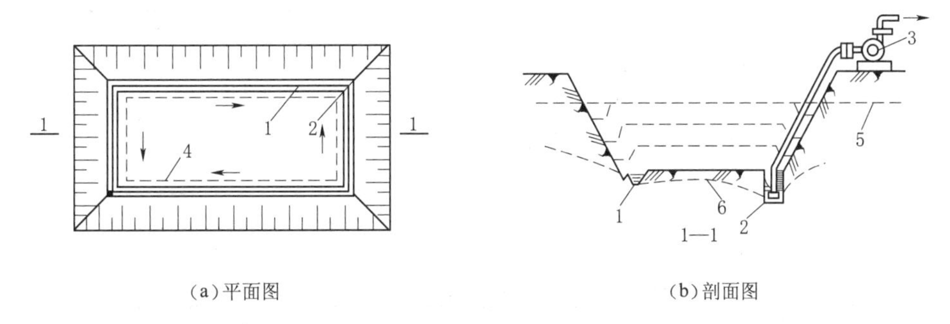

(a)平面图　　(b)剖面图

图7.3.1　集水井降水示意图

1—排水明沟；2—集水井；3—水泵；4—基础外缘线；5—开挖面；6—地下水位线

当基坑挖到接近地下水位时，沿坑底四周或中央开挖具有一定坡度的排水沟，沟底比挖土面低0.5m以上，底宽不小于0.3m，并根据地下水量的大小，每隔20～40m设置集水井，集水井底面低于挖土面1～2m，使水顺排水沟流入集水井中，然后用水泵抽出涌入集水井中的水，即可在基坑底面继续挖土。当基坑底接近排水沟底时，再加深排水沟和集水井的深度，如此反复循环，直到基坑挖到所需的深度为止。集水井的直径或宽度一般为0.6～0.8m，其深度随着挖土的加深而加深，并保持低于挖土面0.7～1.0m，坑壁可用竹、木材料等简易加固。当基坑挖至设计标高后，集水井底应低于基坑底面1～2m，并铺设碎石滤水层（0.3m）或下部砾石（0.1m）上部粗砂（0.1m）的双层滤水层，以免由于抽水时间过长而将泥沙抽出，并防止坑底土被扰动。

集水井降水法可单独采用，也可与其他方法结合使用。单独使用时，降水深度不宜大于5m，否则在坑底容易产生软化、泥化，坡角出现流砂、管涌，边坡塌陷，地面沉降等问题。与其他方法结合使用时，其主要功能是收集基坑中和坑壁局部渗出的地下水和地面水。

集水井降水法设备简单，费用低，一般适用于降水深度较小，且土层为粗粒土层或渗水量小的黏土层。但当地基土为饱和粉细砂土等黏聚力较小细粒土层时，由于抽水会引起流砂现象，造成基坑破坏和坍塌，此时应避免采用。

7.3.1.2　井点降水法

井点降水法是在基坑开挖前，预先在基坑四周埋设一定数量的滤水管（井），在基坑开挖前和开挖过程中，利用真空原理，通过抽水设备不断地抽出地下水，使地下水位降低到坑底以下。其作用主要表现在：改善施工操作条件，方便开挖土方和进行基础施工；动水压力增加土颗粒间的压力，改善土的性质，避免大量涌水、冒泥、翻浆；提高边坡稳定性，减少土方开挖量；减小支护结构侧向水平荷载；在粉细砂、粉土地层中施工时，可防止流砂现象发生。

井点降水类型有轻型井点、喷射井点、管井井点、深井井点等，各井点的适用范围见表 7.3.1，其中以轻型井点应用较广。

表 7.3.1 井点类型与适用范围

井点类型		土层渗透系数/(m/d)	降水水位深度/m
轻型井点	一级轻型井点	0.1～50	3～6
	多级轻型井点	0.1～50	6～12（视井点级数而定）
	喷射井点	0.1～5	8～20
	电渗井点	<0.1	（视选用的井点而定）
管井类	管井井点	20～200	3～5
	深井井点	10～250	>15

1. 轻型井点工作原理

当在井内抽水时，井中的水位开始下降，周围含水层的地下水流向井中，经一段时间后达到稳定，水位形成向井弯曲的“下降漏斗”，地下水位逐渐降低到坑底设计标高以下，使施工能在干燥无水的环境下进行。若要求降水深度大于 6m，可采用两级或多级井点降水（图 7.3.2）。

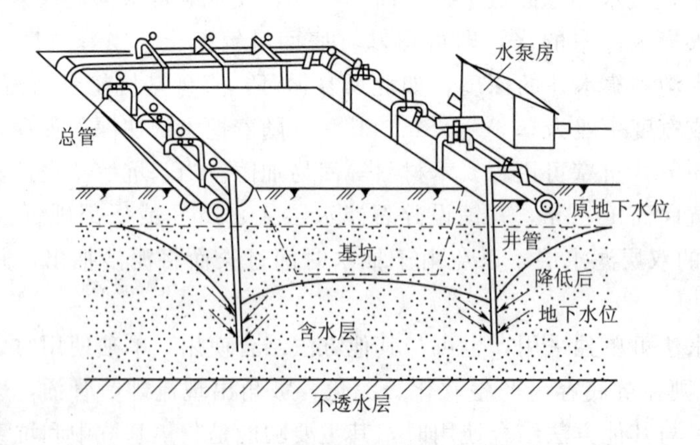

图 7.3.2 轻型井点降水工作示意图

2. 轻型井点平面布置

单排布置适用于基坑宽度小于 6m，且降水深度不超过 5m 的情况，井点管应布置在地下水的上游一侧，两端延伸长度不宜小于坑的宽度。双排布置适用于基坑宽度大于 6m 或土质不良的情况。环形布置适用于大面积基坑。如采用 U 形布置，则井点管不封闭的一段应设在地下水的下游方向。井管点距基坑壁不宜小于 0.7～1.0m，以防局部漏气，其间距一般为 0.8～1.6m，在总管四角部位应适当加密（图 7.3.3）。

3. 轻型井点高程布置

确定井点管埋深，即滤管上口至总管埋设面的距离（图 7.3.4）。

$$h \geqslant h_1 + \Delta h + iL \qquad (7.3.1)$$

式中 h——井点管埋深，m；

h_1——总管埋设面至基底的距离，m；

Δh——基底至降低后的地下水位线的距离，m，一般为 0.5～1.0m；

i——水力坡度，一般单排布置时取 1/4～1/5，双排布置时取 1/7，环形布置时取 1/10；

L——单排布置时，为井点管至基坑对边坡脚的水平距离；双排布置时，为井点管至基坑中心的水平距离，m。

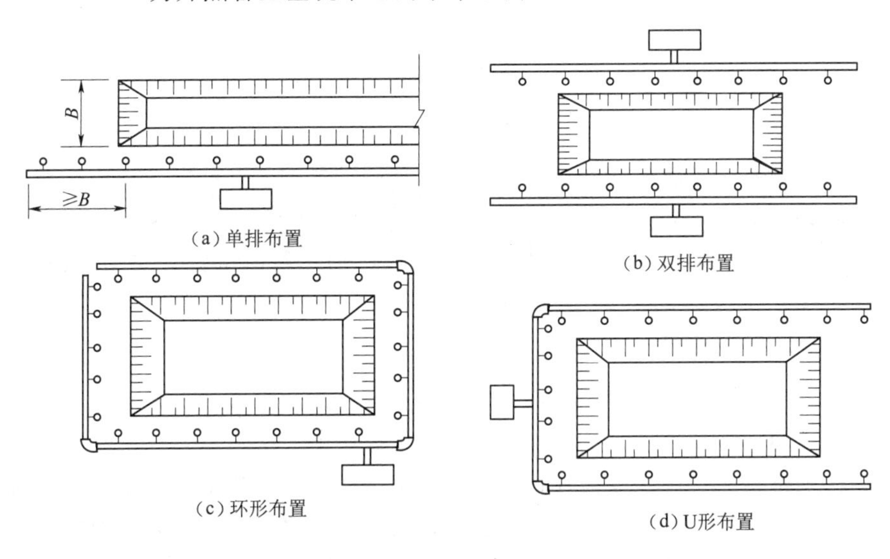

图 7.3.3　轻型井点平面布置图

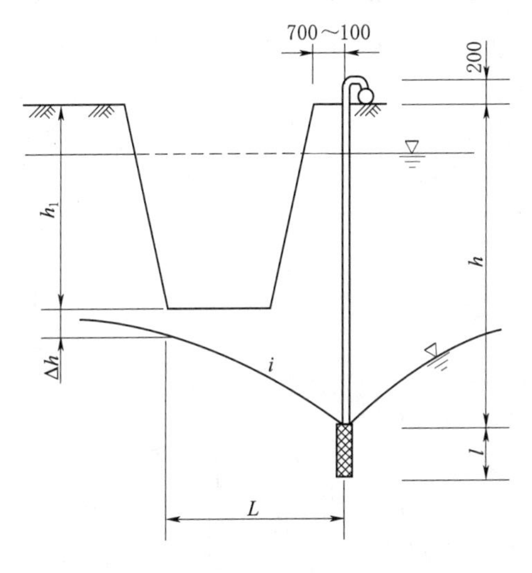

图 7.3.4　井点管埋深示意图

当一级井点系统达不到降水深度时，可采用二级或多级井点，即先挖去第一级井点所疏干的土，然后在基坑底部装设第二级井点等，使降水深度增加。

4. 轻型井点降水计算

根据降水井的类型（图 7.3.5）及土的渗透系数等，进行群井涌水量和单根井点管最大出水量计算，并确定井点管数量和间距，以及选用抽水设备等。

5. 轻型井点施工

(1) 准备工作：井点设备、动力、水源及必要材料的准备，排水沟开挖，附近建筑物的标高观测以及防止附近建筑物沉降措施的实施。

(2) 井点系统的埋设：先排放总管，再埋设井点管，用弯联管将井点与总管接通，然后安装抽水设备。井点管的埋设方法一般用水冲法，分冲孔与埋管两过程，冲孔深度宜比滤管底深 0.5m 左右。冲孔完成后，应在井点管与孔壁之间迅速填灌砂滤

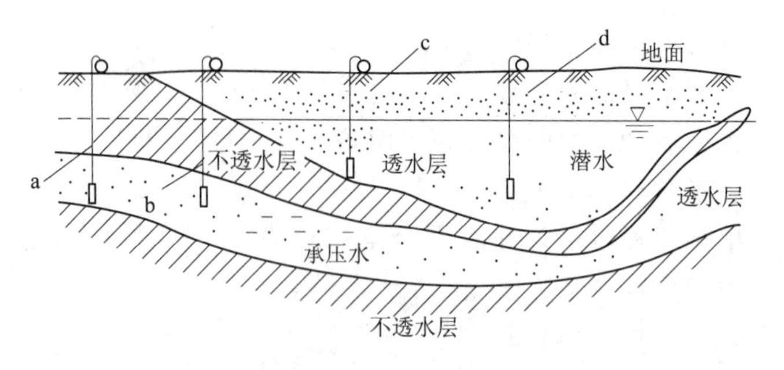

图 7.3.5 水井的类型

a—承压完整井；b—承压非完整井；c—无压完整井；d—无压非完整井

层，以防孔壁塌方。砂滤层的质量是保证井点顺利抽水的关键，宜选用干净粗砂，均匀填灌至滤管顶上 1～1.5m。井点填砂后，须在地面以下 0.5～1.0m 范围用黏土封口以防漏气。井点系统全部安装完毕后，需进行试抽水，以检查有无漏气漏水现象，正常的排水是“先大后小，先浊后清”。

7.3.1.3 截水与回灌

如果地下降水对基坑周围建（构）筑物和地下设施会带来不良影响时，可采用竖向截水帷幕或回灌补充地下水的方法避免或减少该影响。

竖向截水帷幕通常用水泥搅拌桩、旋喷桩等做成，其结构形式有两种：一种是当含水层较薄时，穿过含水层，插入隔水层中；另一种是当含水层相对较厚时，帷幕悬吊在透水层中。截水帷幕的厚度应满足基坑防渗要求，截水帷幕的渗透系数宜小于 1.0×10^{-6}cm/s。落底式竖向截水帷幕应插入下卧不透水层一定深度。当地下含水层渗透性较强、厚度较大时，可采用悬挂式竖向截水与坑内井点降水相结合或采用悬挂式竖向截水与水平封底相结合的方案。

竖向截水与坑内井点降水结合

回灌补充地下水的方式有两种：一种采用回灌沟回灌，另一种采用回灌井回灌。其基本原理是：在基坑降水的同时，向回灌井或沟中注入一定水量，形成一道阻渗水幕，使基坑降水的影响范围不超过回填点的范围，阻止地下水向降水区流失，保持已有建筑物所在地原有地下水位，使土压力仍处于原有平衡状态，从而有效地防止降水的影响，使建筑物的沉降达到最低限度。如果建筑物离基坑稍远，且为较均匀的透水层，中间无间隔水层，则采用最简单的回灌沟方法进行回灌较好，其经济易行。但如果建筑物离基坑近，且为弱透水层或透水层中间夹有弱透水层和隔水层时，则须用回灌井点进行回灌（图 7.3.6）。

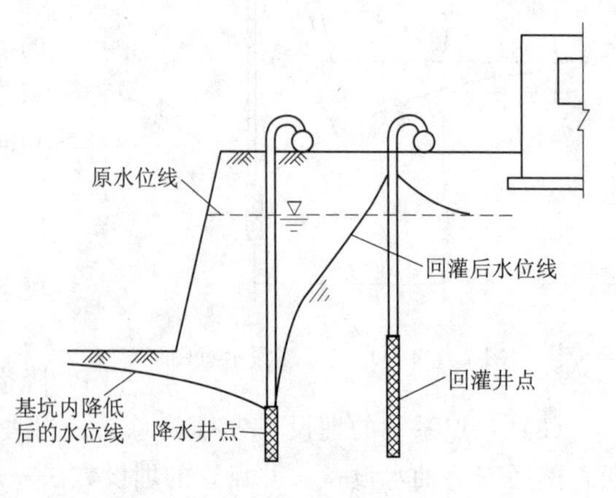

图 7.3.6 回灌井点

7.3.2　教学实训：阅读某工程基坑降水专项施工方案

1. 实训任务

以小组为单位，阅读某工程基坑降水专项施工方案，了解基坑降水的方法、施工工艺及质量要求等。

2. 实训目标

能阅读深基坑开挖与支护施工方案，会根据方案组织施工。

3. 实训内容

某工程基坑降水专项施工方案（节选）

【思考与练习】

1. 简述湿陷性黄土、膨胀土、红黏土的工程特性，其适用的处理方法有哪些？
2. 我国目前基坑工程发展的现状是什么？前景如何？
3. 基坑（槽）开挖应遵循什么原则？开挖方法有哪些？
4. 常用基坑支护结构类型有哪些？适用于哪些场合？
5. 简述地下连续墙施工的一般顺序。
6. 基坑降水方法有哪些？其适用范围是什么？

参 考 文 献

[1] 中华人民共和国住房和城乡建设部.GB 50007—2011 建筑地基基础设计规范 [S]. 北京：中国建筑工业出版社，2011.

[2] 中华人民共和国住房和城乡建设部.JGJ 79—2012 建筑地基处理技术规范 [S]. 北京：中国建筑工业出版社，2012.

[3] 中华人民共和国住房和城乡建设部.JGJ 94—2008 建筑桩基技术规范 [S]. 北京：中国建筑工业出版社，2008.

[4] 中华人民共和国住房和城乡建设部.JGJ 120—2012 建筑基坑支护技术规程 [S]. 北京：中国建筑工业出版社，2012.

[5] 中华人民共和国住房和城乡建设部.GB 50010—2011 混凝土结构设计规范 [S]. 北京：中国建筑工业出版社，2011.

[6] 中华人民共和国水利部.GB/T 50123—1999 土工试验方法标准 [S]. 北京：中国计划出版社，1999.

[7] 中华人民共和国水利部.GB/T 50145—2007 土的工程分类标准 [S]. 北京：中国计划出版社，2007.

[8] 中华人民共和国建设部.GB 50021—2001 岩土工程勘察规范（2009 年版）[S]. 北京：中国建筑工业出版社，2009.

[9] 中华人民共和国住房和城乡建设部.JGJ 120—2012 建筑基坑支护技术规程 [S]. 北京：中国建筑工业出版社，2012.

[10] 中华人民共和国住房和城乡建设部.JGJ 111—2016 建筑与市政工程地下水控制技术规范 [S]. 北京：中国建筑工业出版社，2016.

[11] 上海市建设和管理委员会.GB 50202—2002 建筑地基基础工程施工质量验收规范 [S]. 北京：中国建筑工业出版社，2002.

[12] 陕西省计划委员会.GB 50025—2004 湿陷性黄土地区建筑规范 [S]. 北京：中国建筑工业出版社，2004.

[13] 山东省建设厅.GB 50497—2009 建筑基坑工程监测技术规范 [S]. 北京：中国建筑工业出版社，2009.

[14] 中华人民共和国住房和城乡建设部.JGJ 311—2013 建筑深基坑工程施工安全技术规范 [S]. 北京：中国建筑工业出版社，2013.

[15] 中华人民共和国水利部.GB 50487—2008 水利水电工程地质勘察规范 [S]. 北京：中国计划出版社，2009.

[16] 杨太生.地基与基础 [M]. 北京：中国建筑工业出版社，2007.

[17] 巫朝新.工程地质与土力学 [M]. 北京：中国水利水电出版社，2005.

[18] 陈书申.土力学与地基基础 [M]. 武汉：武汉工业大学出版社，1999.

[19] 王保田.土力学与地基处理 [M]. 南京：河海大学出版社，2006.

[20] 王秀兰.地基与基础 [M]. 北京：人民交通出版社，2007.

[21] 吴湘兴.建筑地基基础 [M]. 广州：华南理工大学出版社，2006.

[22] 许富华.地基与基础工程施工 [M]. 北京：北京理工大学出版社，2011.

[23] 徐至钧.深基坑支护新技术 [M]. 北京：中国水利水电出版社，2012.

[24] 王启亮．地基与基础［M］．郑州：黄河水利出版社，2016.
[25] 董伟．基础工程施工技术［M］．北京：中国水利水电出版社，2016.
[26] 赵育红．地基与基础工程施工［M］．北京：高等教育出版社，2014.
[27] 谢永亮．工程地质与土工技术［M］．北京：中国水利水电出版社，2016.
[28] 赵继伟．地基与基础工程施工［M］．西安：西北工业大学出版社，2015.
[29] 苏巧荣．工程地质与土力学［M］．郑州：黄河水利出版社，2014.
[30] 夏建中．土力学与工程地质［M］．杭州：浙江大学出版社，2012.
[31] 李广信．土力学［M］．北京：清华大学出版社，2013.
[32] 郭群．岩土力学实验指导书［M］．长沙：中南大学出版社，2015.